土壌サイエンス入門 第2版

木村眞人・南條

文永堂出版

本書のスキャニング，デジタル化等の無断複製は著作権法上で例外を除き禁じられています．本書を代行業者等の第三者に依頼してスキャニングやデジタル化することは，たとえ個人や家庭内での利用であっても著作権法上認められていません．
　著作権法第35条（学校その他の教育機関における複製等）における条文では，教育利用において「必要と認められる限度において公表された著作物を複製，もしくは公衆送信」を行うことが認められております．しかしながら，授業目的公衆送信補償金制度における補償金を支払っていたとしても「著作権者の利益を不当に害することとなる場合」は例外としています．
　教科書の全ページまたは大部分をスキャンする等，それらが掲載されている教科書，専門資料の購入等の代替となる様態で複製や公衆送信（ネットワーク上へのアップロードを含む）を行う行為は，著作権者の利益を不当に害する利用として，著作権法違反になる可能性が高くなります．
　「著作権者の利益を不当に害することとなる」かどうかわからない場合，または学校内外から指摘を受けた場合には，発行元の出版者もしくは権利者にご確認下さい．

表紙デザイン：中山康子（株式会社ワイクリエイティブ）
写　真　提　供：南條正巳氏

序

　国連は，2015年を「国際土壌年」と決定した．その目標は，「土壌が農業開発，生態系の基本的機能と食糧安全保障の基盤であること，土壌の持続性は人口増加圧力に対処するための要であること，優良な土壌管理を含めた土地管理が特に経済成長，生物多様性，持続可能な農業と食糧の安全保障，貧困撲滅，女性の地位向上，気候変動への対応および水利用の改善に貢献すること，そして，これらの経済的および社会的な重要性を世界的に認識すること」にあり，「これらの問題はすべての国々が持続的な発展を遂げるために解決していくべき課題であり，そのすべての段階において，最適な科学的情報を用いる」とされた．

　この決定を受けて，世界各地でさまざまな催しが実施され，地球にとってかけがえのない土壌への人類の理解が深まった．換言すれば，農業，環境，社会・文化などの諸側面において現在の急速な社会発展が拡大再生産してきた問題点を，地球上の生命と環境を支える要である土壌の現状に投影して理解し，緑の地球に向けた土壌の未来図を描くことが「国際土壌年」の主旨であった．国際土壌科学連合では国際土壌年の活動を1年で終えることなく，2015年から2024年までを「国際土壌の10年」と決議し，活動の継続を促している．

　『土壌サイエンス入門』の第1版が出版されて以来12年が経過し，この間土壌の成立ちや機能に対する理解が多いに進む一方，土壌に対する人間活動の影響がさらに拡大するとともに，地殻変動の活発化，気象現象の激化などが土壌環境を変動させ，社会の土壌に対する関心が深まった．

　特に2011年3月11日の東日本大震災では，大津波が内陸側に最大数km侵入し，農地には土壌の撹乱と塩害をもたらした．大津波はさらに原発事故を引き起こし，広い農地に放射性物質が沈着した．それらへの対応は6年以上が経過した現在も続き，社会的関心事となっている．

　このような背景のもと第2版の新しい編集方針を次の2つとした．

①全体を3部構成とし，第1部でわが国の自然土壌，農地土壌の現況を解説し，第2部では土壌学の基礎と応用に関する新しい進歩を取り入れ，第3部には土壌に対する社会的関心の高まりへの対応を含む章を多数加えた．

②第1部と第2部の各章にコラム欄を設けて各章の主題の理解増進に心掛けるとともに，第3部により土壌をめぐる新しい状況変化への対応力が養われることを期待した．

他方で第2版においても，第1版同様その基本方針を踏襲し，食料生産，地球環境問題に関心を寄せる学生，社会人のための教養の学としての「土壌学」の理解を目的に，入門書としてできるだけ平易に要点だけを簡潔に記述するよう努めた．

2018年1月

編集者 木村眞人
南條正巳

執 筆 者

編 集 者

木 村 眞 人	名古屋大学名誉教授
南 條 正 巳	東北大学名誉教授

執筆者（執筆順）

木 村 眞 人	前 掲
南 條 正 巳	前 掲
田 村 憲 司	筑波大学生命環境系
舟 川 晋 也	京都大学大学院地球環境学堂
今 矢 明 宏	国立研究開発法人森林研究・整備機構 森林総合研究所立地環境研究領域
隅 田 裕 明	元・日本大学生物資源科学部
三 枝 俊 哉	酪農学園大学農食環境学群
松 山 信 彦	弘前大学農学生命科学部
伊 藤 豊 彰	新潟食料農業大学食料産業学部
安 藤 豊	山形大学名誉教授
角 田 憲 一	山形大学農学部
浅 川 晋	名古屋大学大学院生命農学研究科
藤 井 弘 志	元・山形大学農学部
櫻 井 克 年	高知大学
森 裕 樹	九州大学大学院農学研究院
高 橋 正	秋田県立大学名誉教授
渡 邉 彰	名古屋大学大学院生命農学研究科

執 筆 者

眞家 永光	北里大学獣医学部
妹尾 啓史	東京大学大学院農学生命科学研究科
犬伏 和之	千葉大学名誉教授
立石 貴浩	岩手大学農学部
大塚 重人	東京大学大学院農学生命科学研究科
波多野 隆介	北海道大学名誉教授
石黒 宗秀	北海道大学名誉教授
平井 英明	宇都宮大学農学部
小﨑 隆	京都大学名誉教授
矢内 純太	京都府立大学大学院生命環境科学研究科
真常 仁志	京都大学大学院地球環境学堂
金田 吉弘	秋田県立大学名誉教授
松本 真悟	島根大学生物資源科学部
川東 正幸	東京都立大学大学院都市環境科学研究科
藤嶽 暢英	神戸大学大学院農学研究科
豊田 剛己	東京農工大学農学研究院生物システム科学部門
八木 一行	愛知大学国際コミュニケーション学部
齋藤 雅典	東北大学名誉教授
後藤 逸男	東京農業大学名誉教授
岡崎 正規	有限会社 日本土壌研究所
中尾 淳	京都府立大学大学院生命環境科学研究科
荒木 茂	京都大学名誉教授
陽 捷行	北里大学名誉教授

目　次

第1部　わが国の自然土壌，農地土壌……………（木村眞人・南條正巳）… 1

第1章　森林と土壌………………………………………………………… 3
1．わが国の森林の分布と土壌………………………………（田村憲司）… 3
　1）わが国の森林帯……………………………………………………… 3
　2）亜高山帯針葉樹林下の土壌………………………………………… 6
　3）冷温帯落葉広葉樹林および暖温帯常緑広葉樹林下の土壌……… 6
　4）亜熱帯常緑広葉樹林下の土壌……………………………………… 7
2．森林における物質循環……………………………………（舟川晋也）… 8
　1）森林生態系における養分獲得と一次生産………………………… 8
　2）森林土壌における分解過程………………………………………… 11
　3）森林土壌の形態および生成プロセスの特徴……………………… 13
コラム：わが国の森林土壌の特徴…………………………（今矢明宏）… 18

第2章　牧草地の土壌……………………………………………………… 19
1．わが国の草地の分布と土壌………………………………（隅田裕明）… 19
　1）日本の草地の特徴…………………………………………………… 19
　2）日本の草地の分布と土壌…………………………………………… 19
　3）草　地　造　成……………………………………………………… 22
　4）草地土壌の経年変化………………………………………………… 23
　5）草地土壌の特徴……………………………………………………… 23
2．草地における物質循環……………………………………（三枝俊哉）… 28
　1）循環型農業としての草地酪農……………………………………… 28
　2）窒素の循環…………………………………………………………… 29
　3）リンの循環…………………………………………………………… 32

4）カリウムの循環……………………………………………………………… 34
　　5）炭素の循環…………………………………………………………………… 35
　　6）健全な物質循環に基づく酪農経営に向けて……………………………… 36
　コラム：牧草地と比べた野草地，特に黒ボク野草地の特徴……（三枝俊哉）…37

第3章　畑の土壌……………………………………………………………… 39
　1．わが国における主要な畑土壌……………………………（松山信彦）…39
　　1）畑土壌の土壌群別分布面積………………………………………………… 39
　　2）畑地化に伴う土壌の理化学性の変化……………………………………… 41
　　3）わが国の畑土壌の特徴……………………………………………………… 42
　　4）畑土壌に求められる諸性質と土壌改良の重要性………………………… 48
　2．畑土壌の作物への養水分供給……………………………（伊藤豊彰）…49
　　1）穀類と野菜栽培における畑土壌の養分供給能と施肥…………………… 49
　　2）畑土壌における養分蓄積と環境負荷……………………………………… 54
　　3）畑土壌の水分供給能………………………………………………………… 56
　　4）持続的作物生産のための畑土壌の養水分管理…………………………… 57
　コラム：畑地としての利用は土壌肥沃度を低下させる…………（安藤　豊）…60

第4章　水田の土壌…………………………………………………………… 61
　1．水田の分布と土壌の特異性………………………（角田憲一・安藤　豊）…61
　　1）水田の立地と土壌…………………………………………………………… 61
　　2）水田土壌の有機物蓄積と養分供給………………………………………… 63
　2．水稲栽培期の土壌…………………………………（角田憲一・安藤　豊）…64
　　1）田　面　水　層……………………………………………………………… 65
　　2）作　土　層…………………………………………………………………… 67
　　3）鋤　床　層…………………………………………………………………… 70
　　4）下　層　土…………………………………………………………………… 70
　3．水田における物質循環……………………………………（浅川　晋）…71
　　1）水田土壌の養分供給能と灌漑水および表面水（田面水）からの養分供給… 71
　　2）作土還元層における有機物の分解とそれに伴う物質の形態変化……… 74

コラム：水田土壌はなぜ肥沃なのか……………………………（藤井弘志）… 81

第2部　土壌の成立ちと機能……………………（木村眞人・南條正巳）… 83
第5章　土壌の素材…………………………………………（櫻井克年）… 85
1．岩石の風化と土壌の生成……………………………………………… 85
　　1）主要な母岩（土壌の材料）……………………………………… 85
　　2）主要な土壌鉱物……………………………………………………… 89
　　3）岩石および鉱物の風化と土壌生成……………………………… 98
2．生成した土壌の特徴…………………………………………………… 101
　　1）土壌の風化と化学的組成………………………………………… 101
　　2）土壌養分の流亡…………………………………………………… 102
　　3）土壌の粒度組成…………………………………………………… 103
コラム：土壌素材としての火山灰の特徴…………………（南條正巳）…106

第6章　土壌の化学……………………………………………………… 107
1．土壌のイオン吸着…………………………………………（森　裕樹）…107
　　1）吸着反応とは……………………………………………………… 107
　　2）吸着サイトの種類と吸着反応…………………………………… 107
　　3）イオン交換反応…………………………………………………… 110
　　4）表面錯形成反応…………………………………………………… 113
　　5）土壌溶液組成と吸着反応………………………………………… 115
2．土壌のpH …………………………………………………（高橋　正）…117
　　1）土壌pHと交換性陽イオン，塩基飽和度……………………… 117
　　2）土壌の酸性化……………………………………………………… 119
　　3）土壌のアルカリ性………………………………………………… 120
　　4）土壌の緩衝能……………………………………………………… 120
　　5）土壌pHと土壌の分散性………………………………………… 121
　　6）土壌のpHと植物および土壌生物の生育……………………… 121
　　7）酸性土壌のアルミニウム過剰障害……………………………… 123
3．土壌の有機物………………………………………（渡邉　彰・眞家永光）…126

1）土壌有機物の量と給源……………………………………………126
　2）土壌有機物の生成と蓄積…………………………………………130
　3）土壌有機物の組成…………………………………………………133
　4）土壌有機物の機能…………………………………………………136
コラム：もしもイオン交換能がなかったら……………（森　裕樹）…138

第7章　土壌中の生物とその働き……………………………………139
1．土壌中の生物の種類………………………………（妹尾啓史）…139
　1）土壌微生物の種類…………………………………………………139
　2）エネルギーと炭素の獲得様式による微生物の分類……………142
　3）土壌動物の種類と働き……………………………………………143
　4）土壌生物の土壌中での分布………………………………………145
2．土壌生物による有機物の分解と各種元素の循環…（犬伏和之）…149
　1）有機物の分解過程…………………………………………………149
　2）窒素，リン，イオウ，金属の循環と土壌生物…………………153
3．微生物バイオマス…………………………………（立石貴浩）…157
　1）微生物バイオマスの定義…………………………………………157
　2）陸域生態系での土壌微生物バイオマスの位置づけ……………158
　3）微生物バイオマス測定法…………………………………………159
　4）土壌微生物バイオマスの量………………………………………160
　5）微生物バイオマスの量に影響を及ぼす要因……………………160
　6）微生物バイオマスの機能…………………………………………163
　7）微生物バイオマスの生理生態的特徴……………………………166
コラム：もしも土壌微生物がいなかったら……………（大塚重人）…168

第8章　土壌の構造と機能……………………………（波多野隆介）…169
1．土壌の構造……………………………………………………………169
　1）固相，液相，気相の割合と土壌による違い……………………169
　2）植物の生育と土壌の三相との関係………………………………170
　3）ペッドと団粒構造…………………………………………………171

2．土壌中の水の分布･･･ 172
　　1）土壌中における水の存在状態･･････････････････････････････････････ 172
　　2）植物根が吸収できない土壌水の存在･･････････････････････････････ 175
　　3）土壌水は根にどのように吸収されるのか････････････････････････ 177
　3．土壌中の空気の分布･･･ 180
　　1）根にとって必要な新鮮な空気･････････････････････････････････････ 180
　　2）気相と液相の関係，大気からの新鮮な空気の更新･･････････････ 181
　コラム：もしも土壌構造がなかったら，土壌三相の重要性…（石黒宗秀）…184

第9章　日本の土壌，世界の土壌･････････････････････････････････････ 185
　1．日本の土壌･･（平井英明）…185
　　1）日本の土壌生成因子･･ 186
　　2）日本の主な土壌（土壌大群を構成する10の土壌）････････････ 189
　2．世界の土壌････････････････････････････････････（小﨑　隆・矢内純太）…194
　　1）極地ツンドラ生態系の土壌･･･････････････････････････････････････ 197
　　2）湿潤温帯森林生態系の土壌･･･････････････････････････････････････ 197
　　3）亜湿潤から半乾燥草原生態系の土壌･････････････････････････････ 198
　　4）砂漠から半砂漠生態系の土壌･････････････････････････････････････ 198
　　5）湿潤熱帯森林生態系の土壌･･･････････････････････････････････････ 198
　　6）湿地環境の土壌･･ 199
　　7）母材の影響を強く反映した土壌･･････････････････････････････････ 200
　　8）発達未熟な土壌･･ 201
　　9）ま　と　め･･ 202
　コラム：世界の中で日本の土壌を位置づける････････････････（真常仁志）…203

第10章　作物の生育と土壌管理･････････････････････････････（金田吉弘）…205
　1．耕耘と作物生育･･ 205
　　1）耕　耘　とは･･ 205
　　2）耕耘の問題点と最少耕起･･ 206
　　3）耕耘方式が土壌に及ぼす影響･････････････････････････････････････ 207

4）耕耘方式が作物の生育に及ぼす影響……………………………209
　2．作物の養水分要求量と土壌……………………………………213
　　1）作物の養水分要求量と土壌の役割……………………………213
　　2）施　肥　法………………………………………………………217
　　3）灌　　　漑………………………………………………………219
　3．作土と下層土の役割……………………………………………220
　　1）作物の根域と養水分吸収………………………………………220
　　2）畑作における下層土の役割……………………………………220
　　3）水稲における下層土の役割……………………………………222
コラム：地力の意義………………………………（松本真悟）…225

第3部　土壌に対する社会的関心の高まり………（木村眞人・南條正巳）…227

第11章　地球を支える土壌の機能………（川東正幸・藤嶽暢英）…229
　1．土壌の機能不全と地球環境問題………………………………229
　2．土壌の複合的機能………………………………………………230
　3．環境圏としての土壌圏…………………………………………231
　　1）大気圏と土壌圏…………………………………………………232
　　2）水圏と土壌圏……………………………………………………232
　　3）生物圏と土壌圏…………………………………………………233
　　4）岩石圏と土壌圏…………………………………………………236
　　5）現代人と土壌圏…………………………………………………236
　4．生態系と土壌圏…………………………………………………237

第12章　生物資源の宝庫（生物性の利用）……………（豊田剛己）…239
　1．作物生産性向上に貢献する土壌微生物………………………239
　　1）有機物の無機化…………………………………………………239
　　2）植物生育促進根圏微生物………………………………………240
　　3）エンドファイト…………………………………………………241
　　4）群　集　機　能…………………………………………………241
　2．環境浄化に貢献する土壌微生物………………………………244

1）難分解性化合物を分解する微生物……………………………………… 244
　　　2）農薬分解菌…………………………………………………………… 246
　　　3）バイオレメディエーション………………………………………… 246
　　3．有用物質を作る土壌微生物………………………………………………… 247
　　　1）抗生物質, 医薬品…………………………………………………… 247
　　　2）新規, 未利用な土壌微生物資源を開拓するための新しい方策………… 247
　　4．生物多様性, 生物機能の安定性……………………………………………… 248

第13章　地球規模での土壌の変化 ………………………（八木一行）… 249
　　1．地球規模での土壌変化を引き起こす要因…………………………………… 249
　　2．地球規模での土壌の機能不全………………………………………………… 251
　　　1）食料安全保障………………………………………………………… 251
　　　2）水資源と水質………………………………………………………… 253
　　　3）大気の質と気候調節………………………………………………… 254
　　　4）生物多様性…………………………………………………………… 255
　　3．世界の土壌劣化の現状………………………………………………………… 255
　　4．適切な土壌管理に向けた国際的取組み……………………………………… 257

第14章　環境保全に配慮した耕地管理 ………………（齋藤雅典）… 259
　　1．農業活動が環境に及ぼす影響………………………………………………… 259
　　2．環境保全に必要な土壌管理…………………………………………………… 260
　　　1）地下水および河川などの水域への影響……………………………… 261
　　　2）大気および地球環境への影響………………………………………… 265
　　　3）農地土壌の役割と周辺環境への影響………………………………… 266

第15章　バイオマス資源の肥料化とその課題 ………（後藤逸男）… 269
　　1．バイオマス資源とその発生量………………………………………………… 269
　　2．堆肥と肥料の違い……………………………………………………………… 270
　　3．バイオマス資源の肥料化……………………………………………………… 271
　　　1）家畜排泄物（家畜ふん尿）の肥料化………………………………… 271

2）下水汚泥の肥料化 …………………………………………………… 273
3）食品循環資源（生ごみ）の肥料化 …………………………………… 276
4）その他のバイオマス資源の肥料化 …………………………………… 277
4．バイオマス資源を原料とする新規肥料 ………………………………… 278

第16章　土壌汚染 ……………………………………（岡崎正規）… 279
1．重金属類による土壌汚染とその修復 …………………………………… 279
　1）重金属類による土壌汚染 ……………………………………………… 279
　2）重金属類汚染土壌の修復 ……………………………………………… 287
2．有機塩素系殺虫剤による土壌汚染と修復 ……………………………… 288
　1）有機塩素系殺虫剤による土壌汚染 …………………………………… 288
　2）有機塩素系殺虫剤汚染土壌の修復 …………………………………… 291
3．有機塩素化合物による土壌汚染と修復 ………………………………… 291
　1）有機塩素化合物による土壌汚染 ……………………………………… 291
　2）揮発性有機塩素化合物汚染土壌の修復 ……………………………… 292

第17章　原発事故で放出された放射性セシウムの土壌中における動態 ……
　　　　　 ………………………………………………（中尾　淳）… 295
1．土壌に捉えられる放射性セシウム ……………………………………… 295
2．何が放射性セシウムを固定するのか …………………………………… 296
3．土壌に固定された放射性セシウムの再放出リスクと対策 …………… 298
4．原発事故を受けて土壌学が果たしてきた役割と今後の課題 ………… 299

第18章　古土壌学 ……………………………………（荒木　茂）… 301
1．古土壌とは ………………………………………………………………… 301
2．地表面プロセスとしての地形，風化，古土壌 ………………………… 302
3．地球の歴史と最古の土壌 ………………………………………………… 305

第19章　土壌教育 ……………………………………（平井英明）… 307
1．森の土が生命を支える水を保つ様子を実感する観察実験 …………… 308

2．米の消費量を活用した人の生命を支える土の役割··························309

第 20 章　土壌と文化 ··（陽　捷行）···313
  1．土壌と人々の関わり···313
  2．土壌は生命の源···313
  3．土壌と文化···314
    1）土 と 字 解···315
    2）土 壌 と 霊···316
    3）土壌と思想・宗教···317
  4．土壌と文化形成···318

参 考 図 書··319
索　　　引··323

本書において，参照してほしい他の個所を（☞ 7-1-3）のように示しています．
例えば，
（☞ 7-1）は「第 7 章の 1．土壌中の生物の種類」
（☞ 7-1-3）は「第 7 章 1．の 3）土壌動物の種類と働き」
（☞ 7-1-3-2）は「第 7 章 1.3）の（2）土壌動物の働き」
（☞ 7-1-3-2-a）は「第 7 章 1.3）（2）の a. 植物遺体の摂食および粉砕」
の項目を表しています．

口絵 1 亜高山帯針葉樹林下のポドゾル
コメツガ林, 埼玉県十文字峠. (写真提供:田村憲司氏)

口絵 2 冷温帯落葉広葉樹林下の褐色森林土
ブナ林, 埼玉県秩父市. (写真提供:田村憲司氏)

口絵 3 亜熱帯常緑広葉樹林下の赤黄色土
イタジイ林, 沖縄県北部. (写真提供:田村憲司氏)

口絵 4 赤色土の土壌侵食
沖縄県北部真平原地区. (写真提供:田村憲司氏)

口絵 5　黒ボク土大群
左から，アロフェン質黒ボク土（栃木県日光市），アロフェン質黒ボク土（栃木県日光市），多湿黒ボク土（北海道帯広市），未熟黒ボク土（鹿児島県指宿市）．（写真提供：平井英明氏）

口絵 6　褐色森林土大群
左：褐色森林土（徳島県高城山），右：褐色森林土（滋賀県不動寺）．（写真提供：平井英明氏）

口絵 7a　低地土大群
左から，低地水田土（香川県国分寺町），低地水田土（香川県坂出市），低地水田土（茨城県関城町）．（写真提供：平井英明氏）

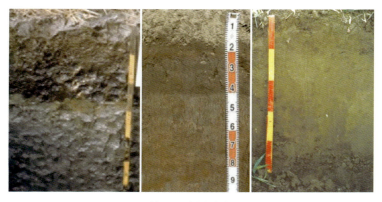

口絵 7b　低地土大群
左から，グライ低地土（宮城県仙南平野），灰色低地土（茨城県つくばみらい市），褐色低地土（茨城県筑西市）．（小原　洋ら，2015 より引用）

口絵 8　赤黄色土大群
左から，虎斑土壌（兵庫県加西市），粘土集積質赤黄色土（沖縄県南明治山），フェイチシャ（沖縄県南明治山）．（写真提供：平井英明氏）

口絵 9　未熟土大群
左：岡山県児島湾干拓地，右：滋賀県田上山．（写真提供：平井英明氏）

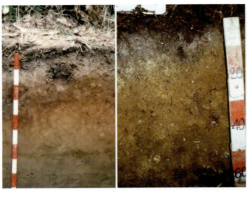

口絵 10　ポドゾル大群
左：北海道浜頓別，右：京都府美山町芦生．（写真提供：左は小原　洋ら，2015 より引用；右は平井英明氏）

口絵 11　有機質土大群
左：沖縄県西表島，右：沖縄県西表島．（写真提供：平井英明氏）

口絵 12　停滞水成土大群
疑似グライ土（北海道滝川）．（写真提供：平井英明氏）

口絵 13　暗赤色土大群
石灰性暗赤色土（沖縄県石垣市）．（小原　洋ら，2015 より引用）

口絵 14　造成土大群
茨城県つくば市．黒ボク土の下層土の上に沖積地の水田土壌を持ってきて造成した．（小原　洋ら，2015 より引用）

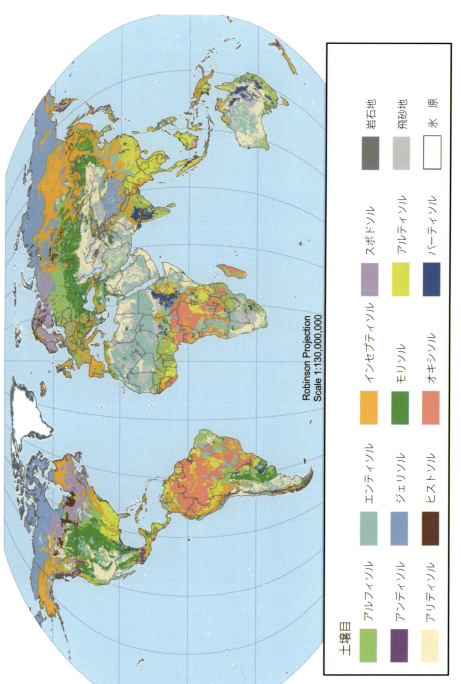

口絵 15 世界土壌資源図（土壌タクソノミーによる分類）
(USDA & NRCS, 2005)

口絵16　世界の土壌

①ジェリソル（ロシア），②スポドソル（ドイツ），③アルフィソル（ハンガリー），④モリソル（中国），⑤アリディソル（カザフスタン），⑥アルティソル（タイ），⑦オキシソル（タンザニア），⑧ヒストソル（日本・北海道），⑨バーティソル（インドネシア），⑩アンディソル（日本・宮城県），⑪インセプティソル（日本・京都府），⑫エンティソル（日本・新潟県）．（写真提供：①は角野貴信氏，⑤は舟川晋也氏，②，③，⑧，⑫は小﨑　隆氏，④，⑥，⑦，⑨～⑪は矢内純太氏）

口絵 17 水田の土壌

a：水稲の移植作業, b：水稲の刈取り作業, c：水稲不耕起移植栽培, d：収穫期の水稲と落水によるひびわれ水田, e：耕起土壌と根, f：不耕起土壌と根. (写真提供：a～dは三枝正彦氏, e～fは金田吉弘氏)

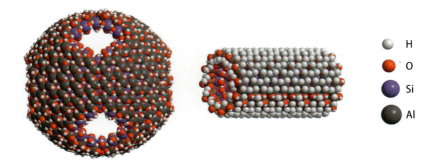

口絵 18 アロフェン（左）とイモゴライト（右）の分子構造模式図
(逸見彰男氏 原図)

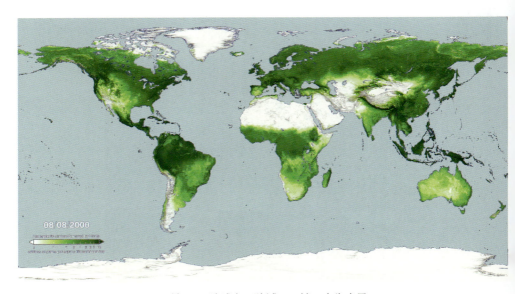

口絵 19 地球上の陸域での純一次生産量
(NASA, 2010)

# 第1部　わが国の自然土壌，農地土壌

わが国の国土は環太平洋火山帯に位置し，亜寒帯から亜熱帯にわたって細長く分布する．自然植生は森林でわれらの祖先は森林を開墾し農業を営んできた．第1部では，まずわが国の森林土壌を気候帯との関連で解説し，そのあと，草地，畑地，水田の土壌を紹介する．小さな国土にもかかわらず各種土壌が分布し地形も複雑で，これら農耕地の分布，特性，維持管理も多様であり，森林，草地，畑地，水田の各土壌中では特徴的な物質循環が進行している．

第1章

森林と土壌

1. わが国の森林の分布と土壌

1）わが国の森林帯

　日本列島は，北緯20°（沖ノ鳥島）から45°（択捉島）にわたり，南北に細長く，長さは合わせて3,500 km以上にも及ぶ．そのため，気候も亜熱帯気候から亜寒帯気候まで広く変異している．また，中部日本では，標高が3,000 m以上にもなり，標高の違いで，気候も大きく異なる．

　気候を区分する指数として温量指数（warmth index, WI）（吉良，1949）があり，植物の生育できる気温の下限を5℃として，各月の平均気温が5℃以上の月の平均気温から5を引いて，1年間合計した値をいう（WI = $\Sigma (t - 5)$，和は$t > 5$℃についてだけ計算）．吉良（1976）による気候・植生帯区分を以下に示す．

　日本には，亜熱帯から亜寒帯気候が分布しており，その気候帯（climatic

表1-1　吉良（1976）による気候区分とそれに対応する日本に分布する森林帯

温量指数(WI)	気候区分	日本に分布する森林帯
0	極氷雪帯	なし
0～15	寒帯	なし
15～45	亜寒帯	亜寒帯常緑針葉樹林（boreal evergreen coniferous forest）
45～85	冷温帯	冷温帯落葉広葉樹林（cool temperate deciduous broad-leaved forest）
85～180	暖温帯	暖温帯常緑広葉樹林（warm temperate evergreen broad-leaved forest）
180～240	亜熱帯	亜熱帯常緑広葉樹林（subtropical evergreen broad-leaved forest）
240以上	熱帯	なし

図 1-1 日本の森林分布
（林 一六，1990 を参考に作図）

zone）に対応して，森林帯（forest zone）がある．主な森林帯として，亜熱帯に分布している亜熱帯常緑広葉樹林（subtropical evergreen broad-leaved forest），暖温帯に分布している暖温帯常緑広葉樹林（warm temperate evergreen broad-leaved forest），冷温帯に分布している冷温帯落葉広葉樹林（cool temperate deciduous broad-leaved forest），そして亜寒帯に分布している亜寒帯常緑針葉樹林（boreal evergreen coniferous forest）がある（図 1-1）．

また，森林帯は，標高の違いにより明瞭な垂直分布を示す．本州中部では海岸から標高 500～600 m までのスダジイやシラカシからなる常緑広葉樹の優占する丘陵帯（hill zone），500～600 m から 1,500 m までのブナやミズナラなどの落葉広葉樹が主体の山地帯（montane zone），1,500 m から 2,500 m でコメツガ，シラビソ，オオシラビソなどの常緑針葉樹が優占する亜高山帯（subalpine zone），そして 2,500 m 以上のハイマツなどの優占する高山帯（alpine zone）が，植生（vegetation）の垂直分布帯である（図 1-2）．

図 1-2　本州中部における森林の垂直分布

森林帯	土壌帯
常緑針葉樹林	ポドゾル
冷温帯落葉広葉樹林	褐色森林土
暖温帯常緑広葉樹林	
亜熱帯常緑広葉樹林	赤黄色土

WI: 45, 85, 180, 240

図 1-3　日本の土壌の成帯性
WI：温量指数.

　森林帯と並行した土壌の分布帯（土壌帯，soil zone）を土壌の成帯性（soil zonality）といい，森林の水平分布に対応する土壌帯の変化過程を緯度的成帯性，森林の垂直分布に対応する土壌帯の変化過程を垂直成帯性という．

　日本の土壌の成帯性を図 1-3 に示す．北海道北部の亜寒帯や本州中部の亜高山帯にはポドゾルが，東北地方のような落葉広葉樹林下には褐色森林土が，西日本に分布している常緑広葉樹林下には黄褐色森林土が，沖縄本島などの南西諸島の亜熱帯常緑広葉樹林下には，赤黄色土が分布している．このように，気候帯，森林帯，土壌帯はきれいに対応している．それは，土壌の生成と密接な関係があることに起因している．

2）亜高山帯針葉樹林下の土壌

　本州中部の 1,500 m 以上の山岳地帯の亜高山帯，あるいは北海道北部の平野部や中央部の山岳地帯の亜寒帯では，常緑針葉樹の優占した森林地帯となっている（口絵 1）．本州中部では，シラビソ，オオシラビソ，コメツガ，トウヒなどが優占種（dominant species）となっており，北海道では，エゾマツ，トドマツが優占している．これらの林の林床（forest floor）は暗く，蘚苔類で被われていることが多い．常緑針葉樹の落葉や蘚苔類の遺体は，寒冷な気候のため土壌微生物（☞ 7）による分解が進まず，厚い堆積腐植層（O 層）が発達する．

　厚い O 層からは，酸性の，有機酸のような低分子カルボン酸が多く生産されるため，その下の土壌が酸性になるだけでなく，土壌中の有機物や鉄，アルミニウムなどの土壌中の無機鉱物をも溶かして出してしまう（溶脱作用）．そのため，土壌表層には，灰白色を呈する層（溶脱層）（E 層）が見られ，その下には，上から溶脱した物質が集積した集積層（Bh 層，Bs 層）が見られる．このような作用をポドゾル化作用（podozolization）といい，ポドゾル化作用を受けた土壌をポドゾル（Podozols）という（口絵 1）．ポドゾルは，寒冷な気候下だけでなく，特殊な植生の下にも発達する．四国のコウヤマキ林下には，非常に分解しにくいコウヤマキのリター（litter；落葉および落枝などの植物遺体）が厚い O 層を形成し，ポドゾル化作用が進行するため，同様な土壌が生成するのである．厚い O 層があって初めてポドゾル化作用が進行する．

3）冷温帯落葉広葉樹林および暖温帯常緑広葉樹林下の土壌

　東北地方には，ブナやミズナラが優占する落葉広葉樹林（口絵 2）が分布している．ブナ林やミズナラ林の林床は明るく，林床植生には，チシマザサやチマキザサなどの *Sasa* 属の植物が優占することが多い．気候も亜高山帯ほど寒冷ではなく，リターの分解も早く O 層も薄いため，ポドゾル化は進行しない．また，西日本では，かなりの森林が人の手によって人工林や二次林になっており，スダジイやシラカシの優占する常緑広葉樹林（口絵 3）は，非常に限られた場所でしか見られない．常緑広葉樹林の林床は，非常に暗く，林床植生はまばらに存在し，シダ類が優占していることが多い．暖温帯では，気候が冷温帯よりも温暖なため，

土壌微生物による植物遺体の分解も早く，O層はあまり発達せず，冷温帯落葉広葉樹林より薄くなっている．植物のリターや植物根から供給された有機物が腐植化（☞ 7-2-1-2）し，土壌断面の表層を黒色から暗色へ染める．そのため，土壌表層には有機物が集積した層（A層）が発達する．A層の下には，褐色の，土壌構造（☞ 8-2-1-1）の発達したB層があり，A層とB層の境目がはっきりとしない土壌断面を示す．B層の色を決定しているのは，土壌中の粘土鉱物中の鉄の形態による．粘土鉱物（clay mineral）は，土壌生成作用の1つである粘土化作用（argillation）によって生成される（☞ 5-1-3-4）．B層の土色が褐色を示すのは，この粘土鉱物や一次鉱物から鉄イオンが遊離し，酸素や水と結合して主として加水酸化鉄となり，その結果土壌断面が褐色に着色される．この作用を褐色化作用（brownification）という．湿潤・温帯地域では，遊離鉄によって，褐色の非晶質酸化鉄が生じて，湿潤および乾燥の繰返しにより，徐々に結晶質のゲータイトに変化する．気候が温暖なところほど，この結晶化が進行する．このような土壌を褐色森林土（brown forest soils，口絵2）といい，日本の森林土壌の30％以上の分布面積を占めるのが，この褐色森林土である．わが国の代表的森林土壌である．

4）亜熱帯常緑広葉樹林下の土壌

沖縄地方のような亜熱帯性気候では，イタジイ（スダジイ），イスノキ，タイミンタチバナや他の亜熱帯性常緑樹が優占する亜熱帯性の常緑広葉樹林（口絵3）が分布している．林床は非常に暗く，林床植物もまばらに分布している．気温が高く，水分状態も十分であるので，リターは急速に分解するため，O層は新鮮な落葉層（Oi層）がわずかにあるだけである．A層中にも腐植はあまり集積せず，やせた土壌となっている．B層の土色は，加水酸化鉄が部分的に脱水して赤色化作用（rubefaction）が進行し，黄色から赤色を呈している．このような土壌を赤黄色土（Red-Yellow soils）という（口絵3）．沖縄北部のヤンバルには，この赤黄色土が広く分布しているが，森林を無計画に皆伐したところで，土壌侵食（☞ 13，口絵4）が起こり，サンゴ礁の土壌流出による汚染が問題となっている．

以上のように，森林のタイプと土壌の型とは密接に対応している．

2. 森林における物質循環

　生態系における第一次生産者を主として植物と考え，また分解者を植物，動物，微生物の三者と考えた場合，土壌生態系は植物による一次生産（primary production）および微生物によるその分解にとって重要な場として捉えられる．本節では，森林土壌における物質動態について，森林生態系の一次生産と分解のプロセス，生態系内の有機物および酸動態を通して概観したい．

1）森林生態系における養分獲得と一次生産

　一般に，降水量が蒸発散量に対して卓越する湿潤条件下では，土壌の反応は酸性に傾き，植生としては森林が成立する（低地など特殊な条件は除く）．このような単純な事実に，森林土壌で進む過程の多くは合理的な連関を持っている．

　植物による第一次生産を規定する要素は，光，水，養分である．植物の必須元素の最終的な供給源は，炭素，水素，酸素（以上光合成による），窒素（大気中N_2の固定による）を除けば，土壌および岩石である．降水量の少ない乾燥条件下においては草原植生が卓越し，土壌中の可溶性塩類や養分元素が残存しやすい．これに対して，湿潤条件下では，降雨由来の酸（主として雨水への炭酸ガス（CO_2）の溶解および解離）や生物活動に起因する酸（植物根による陽イオン過剰吸収，微生物や植物の呼吸に由来する炭酸，硝酸化成，有機酸生成など）により土壌の酸性化，すなわち塩基洗脱が進行しやすいうえに，中～長期的には鉱物風化の進行に伴って土壌鉱物の養分供給力そのものが低下する．したがって，一般的には「水」と「土壌由来の養分」は，両立することがまれな資源であるといえる．森林生態系は，比較的豊富な水資源を背景に，「光」と稀少な「養分」を求める植物の競争の上に成り立っている．光合成量から植物自身による呼吸量を差し引いたものが純一次生産量であるが，通常，光合成速度，呼吸速度，純生産速度は暖かさとともに大きくなる．「光」を巡る競争が，一次生産物を地上部へより多く振り分け，さらに林木バイオマスとして集積する方向へと森林の進化を促した要因の1つであっただろう．

　一方，このようにして生産された有機物は，大部分が落葉，落枝や倒木として

分解の場である土壌に供給されるため，通常，森林土壌では有機炭素，窒素，その他の可給態養分がリター層や土壌最表層に集積する．日本の成熟林の場合，地上部バイオマス中に 150 t C/ha，表層リター（粗腐植）層中に 5 〜 20 t C/ha，鉱質土壌中に 50 〜 150 t C/ha 程度の有機物を蓄積している例が多い．これは，比較的乾燥した条件下に成立する草地生態系において，バイオマス（biomass）の多くが地下部に集積し，また主として脱落根を通して植物残渣が土壌に供給されるため，厚い黒色の表層土壌が形成されるのと対照的である．さらに，森林が

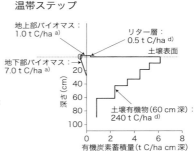
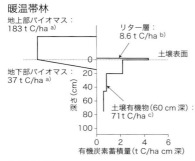
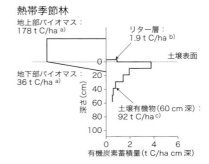

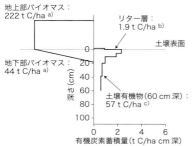

図 1-4 異なる森林生態系におけるバイオマスおよび有機物蓄積パターン

草地生態系との比較を含む．([a] 吉良竜夫，1976；[b] 堤利夫，1989；[c] Hirai, H., 1995；[d] Funakawa, S. unpublished data)

成立するような湿潤条件下では塩基類が洗脱されやすいため，植物根の多くは，リター層より放出された無機養分元素を再吸収しやすいように表層土壌に分布する．

このように森林生態系は，不足しがちな無機養分の多くを有機物と一緒に林木に蓄積するとともに，養分を地上部リターとして土壌へ還元した場合でも，これをできるだけ効率よく回収する形態を整えたシステムであるといえる．同様に降水の吸収も効率よく行われ，例えば温帯で年降水量が 1,000 mm 以下程度である場合，降水の多くが森林の根域までで吸収される．また，光合成に際して必須となる炭酸ガスについても，土壌有機物分解あるいは植物自身の呼吸によって放出された炭酸ガスの多くが樹冠部より上方へ逃されることなく，光合成に再度利用される．森林生態系における物質動態にはしばしば「物質循環」という言葉が当てられるが，実際に森林における物質の流れは自己充足的であり，系外への流出を最小限にしたうえで，林木バイオマスの正味の成長量に必要な分を大気中の炭酸ガス，土壌鉱物由来の無機元素より獲得しているものと見られる．森林生態

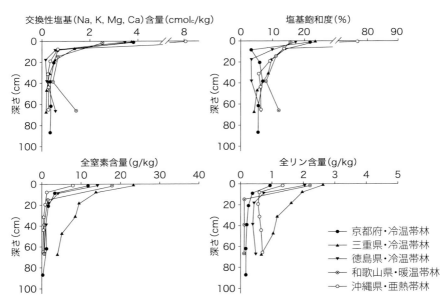

図 1-5 日本の森林土壌中の養分元素分布パターン
（Hirai, H., 1995 のデータより作成）

系における有機物の分布例を図1-4に，また土壌中の養分元素の分布例を図1-5に示す．森林，草地を問わず，多くの自然生態系で有機物蓄積量はバイオマスと土壌を合わせて250〜350 t C/ha程度の値をとることが多く，また草地と比べて森林では地上部バイオマスへの集積が大きい．森林生態系の中では，温暖地から寒冷地に向けて，生態系の有機物蓄積量に占める土壌有機物の割合が高くなっていく．

また，森林において根から吸収される養分の多くは，陽イオンであると考えられている．陽イオン過剰吸収に際して，土壌溶液にはH^+が付加されるため，森林バイオマス中への養分集積は土壌酸性化促進要因の1つとなっている．

2）森林土壌における分解過程

森林下では，リターが主として地上部からの落葉落枝として供給されるため，地表に有機物からなるリター層（A_0層，O層）が形成される．A_0層は植物遺体の分解程度により，ほとんど未分解の有機物からなるL層，原形はとどめないものの肉眼で組織が認められる程度の分解を受けた有機物からなるF層，肉眼ではもとの組織が判別できないほどに分解を受けた有機物からなるH層に分けられる．森林土壌表層のリター層堆積様式は，厚いL/F/H各層を構成するモル型（mor）と，L層のみ明らかなムル型（mull）に大別される．一般に比較的湿潤で養分状態の良好な条件下では，ムル型リターとともに深くまで有機物が分布した表層土壌が発達する．一方，尾根筋など乾燥しやすいような，あるいは貧栄養な条件下では，未分解の有機物が厚く堆積したモル型リターが形成され，鉱質土層への有機物の供給は限定される．

植物遺体の分解の大部分を担う土壌微生物の多くは，エネルギー源および体構成成分としての有機物供給を植物の光合成産物に頼る有機栄養微生物である．植物から供給された有機物の多くは，土壌表層において一時的にリター層として滞留するため，ここでの分解過程と速度が森林生態系の物質動態を規定する重要な要素となる．森林リターの主要構成成分は，セルロース，ヘミセルロース，リグニンであるが，特に木材部分はリグニンに富み，脱落根が主体となる草地リターと比べても難分解性である．このような森林リターの分解に際しては，糸状菌である担子菌（中でも白色腐朽菌）が，特にリグニンの分解において重要な役割を

果たすことが知られている．

　有機物分解過程において，最も重要な問題となるのが窒素の挙動である．図1-6 に土壌中における窒素動態の概要を示す．一般に成熟した森林下の土壌では硝酸化成（nitrification）が低いといわれており，その原因として古くから土壌酸性およびリターの高 C/N 比が想定されてきた．ここでは，酸性条件下のため純硝化速度が小さいこと，C/N の高い条件下では有機物分解に伴い無機化されたアンモニア態窒素の多くが微生物・植物バイオマス中に取り込まれ再有機化される傾向が強いことが理由とされている．そしてこの傾向は，例えば貧栄養な斜面上部の土壌で著しい．最近の窒素安定同位体を用いた研究の多くも，このような窒素の正味の動きを支持している．これは耕地土壌で硝化が卓越するのと対照的である．そして，硝酸イオンが陽イオンを伴って流亡することで土壌酸性化を促進しうる点，硝酸イオンの水系への流出が湖沼や閉鎖海域の水質汚染を招く点，あるいは硝酸イオンが基質となる脱窒反応の副産物として亜酸化窒素（N_2O，温暖化ガスの 1 つ）が生成される点などを考慮すれば，環境科学的観点からも，酸性森林土壌において硝酸化成の寄与が少ないことの意義は大きい．一方，マメ科樹木が卓越するような森林や，大気からの窒素降下量の大きな森林では，森林生態系からの硝酸イオンの流出が大きくなる例もしばしば報告されており，森林生態系における窒素循環が必ずしも閉鎖的でないことも示されている．特に，後者のような例は，しばしば森林が「窒素飽和」されている，と表現される．

　また，特にモル型リター層を形成する亜寒帯森林下では，リター層の分解過程

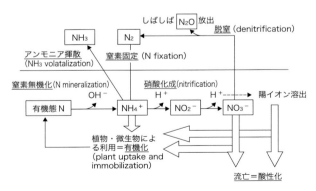

図 1-6　生態系における窒素循環の概要

で放出される有機酸は，表層土壌中の鉄やアルミニウムを溶脱し次表層土に集積させる一連の土壌生成作用の原動力となるが，このような例は古くよりポドゾル生成作用としてよく知られている．さらに，近年の研究によれば，土壌中における有機酸の下方移動は必ずしも寒冷地に限定されるものではなく，亜寒帯から熱帯に至るまで，表層土壌が強酸性である多雨地域の森林に広く見られることが明らかとなっている．このように，有機物分解の最終あるいは副産物が，炭酸，硝酸，有機酸という酸性物質であることから，活発な微生物活動による陰イオンの供給が，洗脱条件下では土壌酸性化を促進する要因となっていることに注意が必要である．

3）森林土壌の形態および生成プロセスの特徴

（1）有機物動態の観点から

　森林生態系における有機物の蓄積量およびフラックス（flux）に関する研究はこれまで数多く行われており，図1-7にその一例を示す．有機物蓄積量，フラックスともに気候帯によって大きく異なり，リターの供給量，土壌有機物分解量は，いずれも気温の上昇に伴い1〜10 t C/ha・年程度の範囲で大きく変化する．また，同じ気候帯でも，乾燥しがちな尾根部から湿潤な斜面下部に向けて，リター供給量，有機物分解量ともに増加する傾向にある．気候帯に応じた有機物収支を反映して，A_0層集積量もまた数十 t C/ha（亜寒帯林）〜数 t C/ha（熱帯林）の範囲で大きく変動する．リター供給量と現存量からリター層の平均滞留時間を計算すると，亜寒帯で10年程度であるのに対し，熱帯では1年以下となり，温暖気候下での物質循環はきわめて速い．一方，土壌中の有機物蓄積量は，熱帯から温帯に向けて増大する傾向がある．

　また，森林においては次表層土，下層土の有機物の多くは，葉リター，根リターの部分分解産物が水溶性有機物として土壌断面を流下し，集積したものである．このような有機物の相当部分はカルボキシル基，フェノール性水酸基を持った陰イオンであるため，陽イオン類の断面内下方移動に果たす役割が大きい．また，酸性条件下では可動性の高い褐色のフルボ酸が多く，ほとんどの場合，次表層土で土壌固相に吸着され集積する（非晶質の鉄やアルミニウムと複合体を形成する）ため，森林の次表層土には褐色を呈するものが多い．次表層土（30 cm深内外）

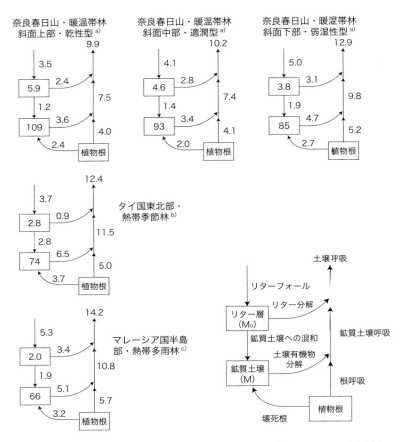

図1-7 森林生態系における有機物の蓄積量およびフラックスの測定例
単位：t C/ha．([a] 中根周歩，1975・吉良竜夫，1976 より引用；[b] Fukui, H. et al., 1983；[c] Ogawa, F., 1974・Yoda, K., 1974・吉良竜夫，1976 より引用)

に集積した有機物量は気候帯によく対応し，冷温帯で 20 g C/kg 以上，亜熱帯（沖縄）で 10 g C/kg 以下，暖温帯ではその中間程度である．特に，比較的冷涼な地域に分布する褐色系の森林土壌には，土色から予想されるよりもはるかに多量の有機物を蓄積している例がしばしば見られる．次表層土に集積した有機物量は，例えば図 1-4 の冷温帯森林土壌では数十 t C/ha にも達するものであり，年間の水溶性有機炭素の下方浸透量が大きくとも数百 kg C/ha・年程度と報告されていることを勘案すると，前記の有機物を含む B 層土が生成するまで百年単位の時間を要することが理解できる．

(2) 土壌酸性の観点から

　一般に，森林は降水量の多い地域に存在するうえに，森林生態系の養分獲得（森林による陽イオンの吸収），土壌微生物による有機物分解（最終・副産物としての重炭酸，有機酸，硝酸イオンの放出）のいずれもが，土壌に対しては酸性化を促進する要因となるため，ほとんどの森林土壌は酸性であり，交換性陽イオンとしてはアルミニウムが卓越する．前述したように，森林生態系は養分の多くを林木に集積し，あるいはこれをリター層ないしはA層土壌との間で効率よく循環させるため，無機栄養の観点からは森林土壌は痩せている．耕地土壌と同様な肥沃度概念で森林土壌を把握するのではなく，常に無機養分の地上部バイオマス，あるいはリター層中への蓄積を考慮しておく必要がある．

　土壌酸性化とは，強度としての土壌pHの低下，あるいは容量としての酸中和容量（ANC）の減少（事実上，土壌からの塩基およびアルミニウムの損失）として捉えられる．アジア地域においては，石灰岩を除いた堆積岩母材の土壌および酸性火成岩由来の土壌に限って見れば，より湿潤な気候下で土壌pHは低い値を示す傾向にある（図1-8）．

　前述したように，森林生態系では，その一次生産，リター分解の双方の場面において，土壌を酸性化させる契機に富んでいる（生態系内因性酸負荷）．一方，鉱物風化は，酸の付加によって促進される．例えば，カリ長石のカオリナイトへの風化反応は，以下のように表すことができる．

$$2KAlSi_3O_8 + 2H_2CO_3 + 9H_2O \rightarrow Al_2Si_2O_5(OH)_4 + 4H_4SiO_4 + 2K^+ + 2HCO_3^-$$

このように鉱物風化の一般式は，

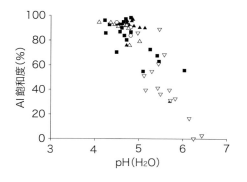

図1-8　異なる地域の森林土壌次表層土のpHとAl飽和度
▲：日本（冷温帯），△：日本（暖温帯），○：日本（亜熱帯），▽：タイ，■：インドネシア・東カリマンタン．(Hirai, H., 1995；Makhrawie, 1997；Funakawa, S. unpublished data のデータをもとに作成)

（熱力学的により不安定な鉱物 A）＋（H$^+$）＋対陰イオン
→（熱力学的により安定な鉱物 B）＋オルソケイ酸＋（可溶性）陽イオン＋対陰イオン
という形式で表される．

　風化反応で放出された陽イオン類（K$^+$，Mg^{2+}，Ca^{2+}など）の多くは植物や他の生物にとっての必須元素であり，実際に森林生態系では，鉱物風化によって放出された陽イオン類の多くが植物によって吸収されている．このような事実から，森林生態系は酸放出を契機に鉱物風化を促し，そのうえで鉱物風化に伴い放出された必須元素を利用している，という描像が得られる．

　1980年代以降話題にのぼることが多くなった酸性降下物の環境負荷に関する研究と関連して，森林下の土壌酸性化速度の定量的な評価が多くなされた．その結果によれば，年間の酸負荷は温帯では 2〜6 kmol$_c$/ha・年の範囲に入るものが多く，そのうち植物根による陽イオン過剰吸収や硝酸化成など内因性酸負荷が 2/3 以上を占める事例が多い．酸負荷の多くは，事実上鉱物からの陽イオン供給によって中和されており，森林生態系において恒常的に土壌酸性化が進行している様子がうかがわれる．試みに図1-5で紹介した森林土壌の交換性塩基含量より 60 cm 深までの存在量を計算すると，ナトリウムが 2.7〜6.7 kmol$_c$/ha，カリウムが 2.3〜17.4 kmol$_c$/ha，マグネシウムが 4.3〜19.5 kmol$_c$/ha，カルシウムが 2.0〜14.6 kmol$_c$/ha となることから，年間の酸負荷（2〜6 kmol$_c$/ha・年）はこれら土壌中の交換性陽イオン賦存量と比べても十分大きく，酸（水素イオン）による交換性陽イオンの置換および溶出，強酸的な交換性水素による鉱物結晶の溶解（アルミニウムの溶出を伴う）を通して，生態系が積極的に鉱物風化を促す過程となっている．その結果，土壌に蓄積された交換性アルミニウム量は，60 cm 深までで 173〜497 kmol$_c$/ha ときわめて大きい．日本の森林土壌の酸性化速度を大きくとも 6 kmol$_c$/ha・年程度であるとするなら，これら森林土壌が数十年間以上にわたる酸負荷を交換性アルミニウムとして蓄積してきたことがうかがわれる．

（3）生物活動（有機物動態）と土壌酸性化

　このように，物質動態あるいは断面形態における森林土壌間の違いを特徴づけるのは，有機物動態，酸動態の違いである．これらに関与する要因として，特に

気候と地形があげられる．すなわち暖温帯林では，大きな土壌有機物蓄積量に比べて小さな生産および分解のフラックスが観察されるのに対し，熱帯多雨林では土壌中の蓄積量がより小さく，フラックスがより大きくなる（図1-7）．これに付随して，熱帯多雨林では林木の成長に伴う養分吸収，有機物分解に伴う酸負荷のいずれもが大きくなることが予想されるが，このことは湿潤熱帯における速やかな鉱物風化を促進する生物側の要因の1つとなろう．また，一連の斜面について見れば，乾燥しがちな斜面上部より湿潤な斜面下部に向かって，炭素フラックスの増加が見られる（図1-7）．このように，森林土壌における有機物蓄積量および炭素フラックスは，気候・地形条件を反映して変化する．一方，前述したように，土壌酸性の程度は大きくは気候に左右され，より湿潤な気候下で酸性が強くなる傾向にある．また，同じ気候区であれば，斜面上部ではモル型の，斜面下部ではムル型のリター層が形成される傾向にあり，土壌酸性の程度はモル型リターの下で大きくなる．

　前項で検討した森林土壌の酸性化要因のうち，さまざまな森林において共通して寄与する要因は，一次生産に伴うバイオマス中への陽イオン集積に限られると思われる．土壌有機物分解に起因する酸性化が進行しやすい条件としては，①比較的高pHの森林土壌（未熟なあるいは塩基性母岩を母材とする土壌）において溶存炭酸ガスの解離が促進される場合，②リター層からの有機酸放出が顕著な強酸性土壌の場合（ポドゾル生成に代表される），③斜面下部という地形条件や乾季の存在といった気候条件を反映した比較的養分環境の良好な条件において硝化活性が高い場合などがあげられよう．一方，酸性条件下では，しばしば微生物の有機物分解活性が抑制されることが知られており，これが森林土壌への有機物蓄積を促進する条件の1つとなっている．多様な森林土壌において，ここまで列挙した酸性化要因のうち実際にどれが働いているか考察し，また酸負荷に対して土壌（鉱物）がどのような反応をもって応答しているか解析することは，森林土壌生態系を理解するうえで重要である．

コラム：わが国の森林土壌の特徴

　世界の陸地はその面積の約30%が森林である．日本は国土の約70%が森林に覆われた有数の森林国である．日本の森林の約70%は斜度20°以上（約40%は斜度30°以上）の山地に分布している．日本の山地は，複雑な地質と豊富な降水によって起伏に富むとともに，尖鋭な稜線を持つ急峻なものや幅広の尾根を持つなだらかなものなど，さまざまな地形を有している．複雑な地形は土壌に水分環境の違いをもたらし，生息する動植物相に影響するとともに，土壌中の物質移動も左右する．その結果，地形に沿って異なった断面形態を持つ土壌が生成する（図）．これら形態的特徴の差異に応じて土壌の化学性にも違いが見られる．

　単純な斜面地形では，尾根から斜面上部には乾性型，斜面中部には適潤性型，斜面下部から谷部には湿性型土壌が発達する．一方，尾根でも鈍頂で幅広な地形では排水が悪く湿性型土壌が形成され，谷部でも常に風が当たる風衝地形では乾性型土壌が発達するなど，取り巻く環境に応じて分布する土壌も異なる．樹種による水分環境に対する成長や適性の差異から，競争の結果として，山地では地形に沿った土壌の分布に応じて林相が異なる．この特性は植林に際した樹種選択に用いられており，例えば，乾燥型土壌には乾燥に強いマツが，適潤性型土壌には過湿に弱いヒノキが，湿性型土壌には湿った環境を好むスギが植栽される．

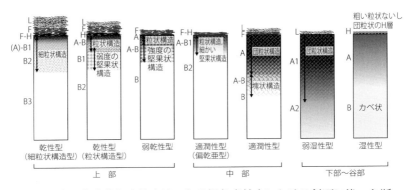

図　日本の代表的な森林土壌である褐色森林土における斜面に沿った断面形態の違い（模式図）

第2章

牧草地の土壌

1．わが国の草地の分布と土壌

1）日本の草地の特徴

　日本では草地は牧草を栽培し，家畜の飼料であるサイレージや乾し草を生産する牧草地，家畜を草地へ放牧して利用する放牧草地（pasture）の2種類に分類される．草地は畑，水田に比べ耕起回数がきわめて少なく，牧草地の造成または更新を行い播種後，数年から十数年にわたって不耕起のまま牧草栽培が継続される．牧草地への施肥，家畜ふん尿の施用は草地の表面（0〜5 cm）に限られ，表土との十分な混和は行われない．さらに採草，施肥管理などにはトラクターなど大型農業機械が利用されるために表土への踏圧が繰り返される．このような土壌管理の結果，草地表土への有機物の蓄積，肥料成分の表土への集積，土壌の圧密およびルートマットの形成などの草地土壌独特の土壌環境が形成される．

2）日本の草地の分布と土壌

　南北に異なる気候帯が存在する日本では，冷涼気候下で普通作物の栽培が不安定であるか，地形条件から傾斜地や複雑な起伏により水稲，畑作物の栽培が困難な場合，何らかの生物生産を生み出すための土地利用方法として草地が成立する．一方，世界の牧草地の分布は，乾燥地または半乾燥地にその多くが存在する．草地（grassland）は，地域により気象条件，土壌条件が異なるため特有な草種構成を持つ群落を形成し，プレリー，パンパ，ステップ，サバンナなど各国でさまざまな呼び方をする．しかし，日本の気候条件は湿潤気候下に属し，極相植物群落として森林が成立する場合がほとんどである．日本ではススキ，チガヤなどの

草本植生が成立しても伐採，火入れ，採草などの人為的な管理を加えなければ草地を維持することは困難である．表 2-1 に日本の草地の種類と概要を示した．

日本の草地面積は農林水産省統計情報部による農林水産省統計表およびセンサス（林業地域調査），総務省統計局による日本統計年鑑などに掲載されるが，草地にはさまざまな人為的な改変履歴，利用方法が含められるために，資料により種類別の草地面積には重複や欠落が存在し，統計資料から日本の草地面積を正確に捉えることは難しい．日本の種別耕地面積の全体像を把握するためには農林水産省統計表の利用が適切である．耕地及び作付面積統計より 1965～2009 年の経年変化を図 2-1 に示した．1970 年以降，水田面積の減少に伴い農耕地面積は漸減傾向を示すものの，草地面積は 1991 年に最大面積を示し，農耕地に占め

表 2-1 日本の草地種類と概要

種　類	概　要
自然草地	草原または干拓地の自然植生
半自然草地	樹木伐採後のササ，ススキ草原または火入れ，放牧に利用されている野草地
牧草地	牧草，飼料作物の栽培される草地
非農業利用人工草地	公園緑地，スポーツ施設（ゴルフ，サッカー場など）など農業利用されないが人為的な管理が行われている草地

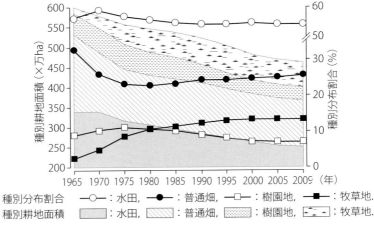

図 2-1　日本の種別耕地面積と草地面積割合の経年変化
（耕地及び作付面積統計，1965～2009 を参考に作図）

る草地の割合は漸増傾向を示している．2013年作物統計より牧草作付面積69.1万haおよび青刈りトウモロコシ，ソルゴーなどの飼料作物作付面積10.9万haを合計した約80万haが日本の自給飼料生産を支えている．近年，地球温暖化問題がクローズアップされ，草地が莫大な炭素蓄積量を有することが明らかとなり，Matsumuraら（2012）により植生に関するデータおよび地理情報システムを用いた解析が行われ1990年の草地面積の算出が行われた．その結果，わが国の草地は自然草地33万ha，半自然草地61.9万ha，牧草地72.1～84.7万ha，非農業利用人工草地7.7～20.3万haであるとされた．

わが国に分布する草地の各土壌群への分布割合を図2-2に示した．最も草地面積の分布が高い土壌群は褐色森林土（33.1％），次いで黒ボク土（30.6％）であり，これら2つの土壌群で全草地面積のほぼ65％を占める．草地の分布は自然環境条件に大きく左右される．岩屑土が分布する低温，強風の影響を受ける山岳地域では一般に土層は薄く，主に自然草地が分布し，河川に沿って存在する灰色低地土，褐色低地土，グライ土にも自然草地が分布する．半自然草地は褐色森林土，黒ボク土の丘陵地帯に広く分布している．日本の気象条件より，高山地帯を除く本州では温暖，多湿であるために自然条件下では草地は維持されない．この結果，半自然草地の維持には刈取り，放牧，火入れなどの人為的な管理が不可欠である．北海道以外の地域の牧草地の多くは，耕作に適さない傾斜地に存在する黒ボク土，褐色森林土に分布する．一方，北海道の牧草地は平地に存在する黒ボク土，低地土壌に広範囲に分布する．北海道に牧草地が日本で最も広く分布する要因は，牧

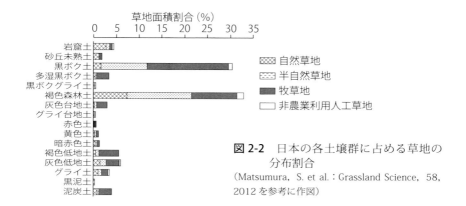

図2-2 日本の各土壌群に占める草地の分布割合
(Matsumura, S. et al.：Grassland Science, 58, 2012を参考に作図)

草栽培に適切な低温と比較的乾燥した気象条件が備わっているためである．

　日本の草地の大部分は火山山麓に続く傾斜地，台地の黒ボク土または褐色森林土などの鉱質土壌に広く分布している．黒ボク土は膨潤，多孔質であることから通気性および物理性は良好であるが，土壌構造の発達が弱く，軽しょうであることから土壌侵食を受けやすい．有機物含量は高く，保水力も高いために乾燥には強い．アロフェンなどの非晶質成分を含むことからリン酸固定能が高くリン酸欠乏の可能性と土壌反応は酸性を示し，酸性化の進行とともにアルミニウムの可溶化が懸念される．

　褐色森林土のような鉱質土壌は一般に粘土含量が高く，緻密な構造により粘質であることから通気性，保水性は高いが，有効水分は少ないために旱ばつの可能性がある．土壌反応は酸性を示し，有効態リン酸に乏しい．

3）草 地 造 成

　草地造成は野草地，林地などに人為的な処理および改良（耕起法，不耕起法）を加え，在来種以外の牧草を導入する方法である．草地は栽培した牧草を採草し，家畜飼料に利用する採草地（meadow）と家畜の放牧を目的として利用される放牧草地（pasture）の2種類がある．野草地，林地を開墾して牧草地を導入する代表的な草地の造成行程を表2-2に示した．草地造成は既存植生を抑え，導入した牧草を優占種に改変することが重要な作業工程である．耕起法では山成工法，改良山成工法および階段工法を用いて既存植生を伐採，伐根し，既存の野草は耕

表 2-2　草地の造成作業工程

方　　法	処理工程
耕起法 ①通常の方法	障害物の除去→土壌改良資材の半量を施用→耕起→土壌改良資材の半量を施用→砕土整地→施肥→播種→覆土鎮圧
不耕起法 ①粗耕法	障害物の除去→土壌改良資材の施用→表土耕転（粗耕）→施肥→播種→覆土鎮圧
②火入れ直播法	刈払い（前植生の除去）→火入れ→播種→施肥
③蹄耕法*	牧柵→給水施設の設置→家畜放牧→施肥，播種→放牧

*家畜の蹄，口により牧草の活着，野草の再生を抑え，造成を行う方法．（小林裕志：畜産土木入門，川島書店，1991）

起反転により埋没する．この結果，導入牧草の定着が容易になり草地化が進行する．しかし，造成工事費は高く，改良資材，施肥量も多量である．大規模な土壌改変が実施されるために土壌の物理構造は破壊され，毛管孔隙の切断，旱ばつ，寒冷地では凍結などが発生するとともに土壌侵食を引き起こす恐れがある．一方，不耕起法は傾斜 8°以上の傾斜地または土壌表面に露岩が多量に存在する土地に適した工法であり，草地を放牧地として利用する場合が多い．造成後，長期間にわたり導入牧草に野草が共存するため，施肥，刈取りを実施して導入牧草の優先化を図る必要がある．不耕起法は耕起法に比べ導入牧草の優先化に時間と労力を要するものの，造成工事費は安価である．いずれの工法を利用するかは，造成地の土壌，気象，地形および造成後の利用方法より判断する必要がある．

4）草地土壌の経年変化

草地改良後の牧草収量の経年変化を図 2-3 に示した．牧草播種後，3 年目に最大収量を示し，その後経過年数に伴い収量は漸減傾向を示している．一般の農耕地とは異なり，草地の造成または耕起，更新後に牧草を播種し，3～5 年間にわたり表土は耕起されず不撹乱のまま維持される．改良 3 年経過後から草地土壌の酸性化，雑草の増加に加え牧草密度の

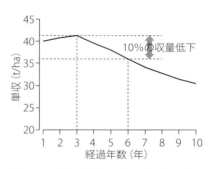

図 2-3 草地改良後の経過年数に伴う収量変化
（北海道農政部調査資料を参考に作図）

低下に伴い，収量は漸減する．牧草収量の維持を目的とした草地改良の時期は約 10％程度の収量低下が草地更新の目安とされていることから，播種後 6 年を経過すると草地改良が必要である．

5）草地土壌の特徴

（1）ルートマットの形成

圧密化，肥料成分の表土への施用により表層への養分の偏在が発生する．牧草根は 3～5 cm の範囲に集中する．牧草類の根は生育当初，古い根の間隙に沿って伸張する．しかし，栽培年数の経過とともに牧草の分げつ位置は高くなり，地

表近くに細根が発達し，枯死した根，地下茎などが未分解の有機物として層状に集積したルートマットを形成する．ルートマットの形成により土壌の孔隙は牧草根により埋められ，その張力により土壌は固化し，団粒化が促進される．ルートマットの形成により表土は著しく緻密化する．有機物の増加により，真比重と容積重が減少するとともに粗孔隙が減少し毛管孔隙が増加することから，全孔隙は増加する．表土の緻密化により植物根の下層への伸張は阻害され，活性な根の分布は0〜2cmに集中し，10cm以下では著しく減少する．また，ルートマットでは根と微生物による活発な呼吸の結果，多量の酸素が消費され酸素不足となる．さらに，ルートマットより下層の土層では有機物分解が抑制され，有機物が土壌に蓄積されやすい．この結果，温帯地域の牧草地には多量の炭素が蓄積されている．

(2) 土壌物理性に及ぼす影響

草地の経年変化とともに収量が低下する最大の要因は不耕起，放牧家畜による踏圧さらに牧草の刈取り，搬出および施肥など農機具による堅密化に起因する土壌物理性の悪化である．図 2-4 に放牧，非放牧の土壌硬度の経年変化を示した．この結果，3 年経過後には貫入抵抗の顕著な上昇が認められ，表土の孔隙量の減少により通気性，透水性の低下を示す．牧草では根部への十分な酸素供給が必要であることから，表土の緻密化は生育阻害の要因となる．

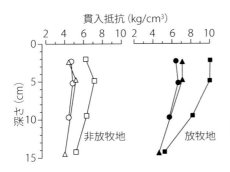

図 2-4 放牧および非放牧による土壌硬度の経年変化
(北海道立根釧農業試験場，1976 を参考に作図)

(3) 土壌化学性に及ぼす影響

草地造成後 8 年間にわたる土壌化学性の変化を図 2-5 に示した．顕著な変化

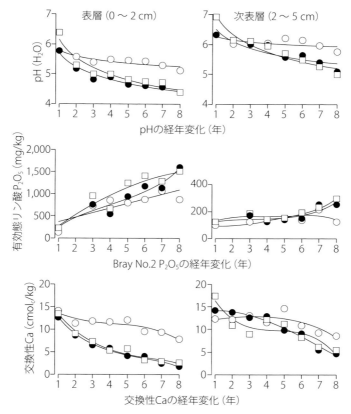

図 2-5 牧草栽培跡地土壌の表土と次表層の化学性の経年変化
○：尿素区（12 kg/10 a/ 年），●：塩安区（12 kg/10 a/ 年），□：硫安区（12 kg/10 a/ 年）．（室示戸雅之ら：北海道立農試集報，50，1983 を参考に作図）．

は表土の pH 低下であった．施用窒素肥料形態では塩安，硫安区は尿素施用に比べ著しい pH 低下が認められ，8 年目には pH 4.5 を下回る値を示し，Al^{3+} の土壌溶液への可溶化が懸念される pH であった．次表層では表層に比べ pH の低下は抑制されるものの，生理的酸性肥料区では生理的中性肥料区に比べて低下した．経年変化による土壌反応の酸性化は土壌に吸着されている交換性塩基の流亡を招く一方，次表層では表土から溶脱した塩基類の集積により交換性 Ca の低下は緩慢である．また，表土の交換性 Ca の低下が土壌反応の低下と一致している．一方，Bray No.2 法による有効態リン酸は次表層に比べ表土で高く，経年とともに

蓄積量は増加し，生理的酸性肥料区は中性肥料区に比べ高い結果を示した．表土ではpHの低下に伴い鉄，アルミニウムの可溶化が進行し，施用リン酸はリン酸アルミニウム，リン酸第二鉄として表土に固定され，経過年数とともに表土に集積する．牧草地の土壌化学性の経年変化の主要因は土壌反応の低下であり，この土壌化学性の急激な変化を抑制するためには，改良対策として石灰，苦土石灰などのアルカリ資材の施用が重要である．

(4) 草地における土壌有機物の分布

水田，畑地では，作物残渣は耕起により表土に混和されるため，作物残渣が表土にだけ蓄積されることは起こらない．しかし，牧草地ではルートマットの形成，表土の緻密化が進行する．また，不耕起が続くため放牧家畜ふん尿，牧草および根茎から供給される有機物の大部分は未分解のまま集積する．草地表土の有機物蓄積量の経年変化を図2-6に示した．有機物蓄積量は全窒素蓄積量とともに経過年数に伴い増加する．表層土への有機物の蓄積は，有機物供給量と分解速度により決定されるが，分解速度は寒冷地または低pH土壌では低下する．したがって，表層土壌の酸性化と寒冷地に存在する土壌ほど，有機物蓄積量も増加する傾向を示す．

Royal Society (2001) は，草地が地球環境に果たす役割として，温帯に存在する草地は湿地，寒帯森林に次いで3番目に大きい炭素蓄積量を持ち，地球上の炭素の12.3％に相当する3,040億tを土壌に蓄積していると評価した．

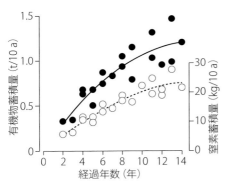

図2-6 草地表土（0〜5 cm）の有機物および窒素蓄積量の経年変化
●:0.1mm以上の有機物量，○:全窒素量．(三木直倫，1993を参考に作図)

(5) 牧草収量と土壌管理

草地造成時には，土壌物理性の改善と草種の活着に重点を置いた施肥管理が行われる．一方，草地の維持段階では，生産量と草地植生の維持を目的とした施肥管理が行われる．

火山灰に由来する土壌では，酸性でリン酸吸収係数の高いことが特徴であるため，pH 6.5 を矯正目標としたアルカリ資材の施用と 15 kg（P_2O_5）/10 a を目標としたリン酸施肥が実施される．

　草地ではマメ科，イネ科の牧草を組み合わせて 5 草種ほどが混播される．牧草維持段階ではイネ科牧草では窒素とカリ，マメ科牧草にはリン酸とカリに重点を置いた施肥が行われる．化成肥料の過剰施肥により，牧草の窒素，カリの過剰吸収が発生し，家畜の硝酸中毒，グラステタニー症を引き起こす原因となる．また，牧草種個体間の肥料吸収が異なり，草種構成および植生密度の悪化により草地維持年限の短縮を招く場合もある．

　イネ科牧草では窒素施肥に対する応答は鋭敏であるが，マメ科牧草では根粒菌の共生により応答は顕著には認められない．このような混播では窒素施肥量はイネ科単播牧草地の半量の施用が推奨されている．リン酸肥料に対する施肥応答はイネ科，マメ科牧草とも顕著である．イネ科牧草ではリン酸吸収量も増加することから，窒素との併用によりリン酸の肥効は向上する．マメ科牧草の場合には根粒菌の共生により牧草の生育は旺盛であるため，リン酸の継続的な施用が必要である．

　カリ肥料に対する応答はイネ科牧草では窒素との併用，マメ科牧草ではリン酸との併用により顕著に反応する．カリ吸収量はマメ科牧草はイネ科牧草に比べて劣るため，両者の混播牧草地ではカリ不足はマメ科牧草の減収を招く可能性がある．

　石灰は土壌 pH 矯正（矯正目標 pH 6.5）のために施用されるアルカリ資材により十分に供給されているが，石灰吸収量はマメ科牧草で大きい．牧草地の経年変化により土壌反応が酸性化し収量の低下を招く恐れがあるために，石灰，苦土石灰などアルカリ資材を用いた pH 矯正が必要である．

　ルートマットの発達により土壌物理性が悪化し，表層土の緻密化，気相率の低下により透水性，排水性，通気性の悪化と土層内の還元化により牧草収量の低下が懸念される場合には表土のロータリー耕による根茎切断が有効である．

　牧草収量の低下，草種構成の悪化，土壌物理化学性の極端な悪化，ルートマットの発達および雑草種の優先，牧草密度の低下が明らかな場合には草地の更新を行う必要がある．草地更新には完全更新法または簡易更新法が利用される．

表 2-3 草地の簡易更新法の種類

簡易更新法	更新作業方法
表層撹拌法	表層を撹拌して播種を行う
作溝法	作溝して播種を行う
穿孔法	表層に穴を開けて播種を行う
部分耕起法	部分的に耕転したあとに播種を行う
不耕起法	機械的な処理を行わないで播種を行う

　完全更新法は全面耕起後に施肥と整地を行い，播種，鎮圧を行う方法である．一方，簡易更新法では表土に対して，5種類の方法が用いられる（表2-3）．

　これらの方法は完全更新法に比べ迅速，低コストおよび土壌侵食の危険性が低下するとともに，牧草生産の中断期間も短縮できる利点がある．また，更新に当たっては土壌診断，牧草構成種，雑草密度などから草地の荒廃程度を把握し，更新経費を検討したうえで実施する必要がある．

2．草地における物質循環

　わが国は降水量が多いので，農地を放置すると森林になる．したがって，農業利用される草地は人工草地か半自然草地がほとんどである．ここでは，多年生の寒地型牧草を基幹とする人工草地の物質循環について概説する．

1）循環型農業としての草地酪農

　草地を主要な飼料基盤とする草地酪農では，自家生産した牧草を乳牛が採食し，乳肉を生産する．その乳牛が排泄するふん尿は，堆肥やスラリーとして草地に施用されるか，放牧時に直接土壌に還元され，牧草生産に利用される．養分は土－草－牛の3者を循環し，その過程で生乳など生産物の出荷によって，一部が循環系の外に搬出される．このように，草地酪農は土－草－牛による物質循環系の中から乳肉を生産する典型的な循環型農業である（図2-7）．

　ところが，近年の酪農ではこの物質循環系にほころびが生じている．それは，乳牛の泌乳能力の向上に伴って，自家生産された飼料（自給飼料）よりも，物質循環系の外から導入した購入飼料（主として外国からの輸入濃厚飼料）への依存度が高まったことによる．購入飼料に含まれていた養分が家畜から排泄された場

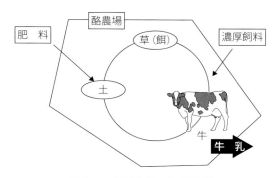

図 2-7　草地酪農の物質循環
（松中照夫・三枝俊哉，2016）

合，その購入飼料が生産された圃場に家畜ふん尿を還元しなければ養分循環といえない．しかし，実際の家畜ふん尿は，購入した農家の自給飼料生産圃場に還元される．その結果，酪農場の中に購入飼料由来の養分が蓄積する．飼養頭数が増え，この影響が顕著になると，家畜ふん尿が圃場に還元しきれなくなり，自給飼料の養分過剰や環境汚染を引き起こす．

　循環型農業といえども生産物を出荷する限り，応分の養分を循環系の外から補給しなければ農業生産を持続できない．問題は近年の肥料や飼料として購入する養分の量が，その土地で循環可能な量を超過させている実態にある．循環型農業としての草地酪農の持続可能性は，必要な生産量を確保しつつ，各養分の循環量をいかに制御できるかにかかっている．

2）窒素の循環

（1）牧草による有機物還元と窒素の循環

　人工草地では毎年の利用管理によって脱落した枯死茎葉や脱落根が還元され，草地表層に蓄積する．これらに含まれる窒素を有効に循環し，牧草生産につなげるには，土壌中での有機物の分解を円滑に進める必要がある．年間の降水量が蒸発散量を上回るわが国では，土壌中のカルシウムなどのミネラルが流亡し，土壌が酸性化しやすい．酸性化した土壌では有機物分解が円滑に進まないため，石灰質資材などによる土壌の酸性矯正が重要となる．また，季節的な土壌水分の過不足は有機物分解を一時的に抑制するので，保水性や透水性の改善といった土壌改

良は窒素循環の円滑化にも有効である．

(2) マメ科牧草の窒素固定

　一般に，草地には基幹草種のイネ科牧草と補助草種のマメ科牧草が混播される．マメ科牧草は，根に共生する根粒菌によって固定された窒素を利用するとともに，基幹草種であるイネ科牧草に窒素を移譲する．このため，マメ科牧草の混生割合が高い草地では，同じ収量を得るために必要な窒素施肥量が少なくてよい．北海道の場合，表2-4のように，同じ収量を得るために必要な年間の窒素施肥量は，マメ科牧草の最も多い草地で40 kg/ha，ほとんどない草地で160 kg/haと4倍も異なる．マメ科牧草をうまく利用すれば，循環系外からの窒素の購入を不要にできる可能性が期待される．

　イネ科牧草を旺盛に生育させ，混生するマメ科牧草を抑圧しやすい採草利用条件においては，刈取りや施肥管理によってマメ科牧草を良好に維持する技術が特に必要である．施肥管理では窒素を控えてイネ科牧草の過繁茂を抑制し，リンやカリウムなどのミネラル補給を十分に行い，土壌pHを良好に維持することが重

表2-4　チモシー採草地の施肥適量（北海道東部，黒ボク土）

マメ科率区分	チモシー率 %	マメ科率 %	基準収量 t/ha	窒素 kg/ha	リン kg/ha	カリウム kg/ha	マグネシウム kg/ha
1	50%以上	30〜50%	45〜50	40	100	180	40
2	50%以上	15〜30%	45〜50	60	100	180	40
3	50%以上	5〜15%	45〜50	100	80	180	40
4	50%以上	5%未満	45〜50	160	80	180	40

チモシー率，マメ科率は1番草収穫時の生草重量割合．基準収量は生草，窒素，リン，カリウム，マグネシウムはそれぞれN，P_2O_5，K_2O，MgO．　　　　　　（北海道農政部，2015より作成）

表2-5　維持管理時の草地に表面施用された有機物の肥料換算係数

種類	窒素 (N) 当年	窒素 (N) 2年目	リン (P_2O_5) 当年	リン (P_2O_5) 2年目	カリウム (K_2O) 当年	カリウム (K_2O) 2年目
堆肥	0.2	0.1	0.2	0.1	0.7	0.1
尿液肥	0.8	0	0	0	0.8	0
スラリー，固液分離液，メタン発酵消化液	0.4	0	0.4	0	0.8	0

自給肥料に含まれる養分含量に当係数を乗じることにより，化学肥料に換算する．（北海道農政部，2015より作成）

要となる．土壌の酸性矯正は，前記の土壌有機物の分解だけでなく，マメ科牧草の維持にも重要な役割を果たす．

(3) 自給肥料の肥料換算係数

家畜を飼育すると必然的にふん尿が排泄される．牛舎で産出された家畜ふん尿は，堆肥と尿液肥に分離されるか，スラリーとして混合状態で貯留される．これらは草地に還元される家畜ふん尿であるとともに，自給飼料を生産するための自家製肥料であるので，以後，自給肥料と呼ぶ．自給肥料は圃場に施用する際の取扱い性や臭気などの改善を目的として，堆肥の切返しやスラリーの曝気，メタン発酵などの処理を加える場合がある．また，堆肥の敷料などの副資材の使い方，スラリー貯留槽の構造による牛舎排水や雨雪混入の有無など，農家によって貯留中の管理方法が異なる．これにより，自給肥料の肥料価値は農家ごとに大きく変動する．したがって，圃場に必要な養分の多くをこのような自給肥料で賄う場合，各農家が調製する自給肥料の肥料価値を事前に把握しておく必要がある．近年，北海道では施用前に自給肥料を採取および分析し，これを表 2-5 によって肥料換算することが推奨されている．維持管理草地に表面施用した場合の窒素の肥料換算係数を見ると，堆肥は 2 年にわたって肥効が認められ合計で 0.3，ほとんどがアンモニウム態窒素である尿液肥は 0.8，スラリーは 0.4 である．これは自給肥料に含まれる窒素の 30％から 80％が化学肥料と同等の肥料価値を持つことを意味する．すなわち，残りの 70％から 20％は少なくとも見かけ上，牧草には利用されない．自給肥料を活用する場合，このように見かけ上利用されない窒素が圃場に施用されることを認識しておくことは，環境保全的な草地管理を考えるうえで重要である．また，自給肥料に含まれる窒素の利用効率を向上させ，窒素循環の効率化を目指す家畜ふん尿処理や肥培管理技術の開発が期待される．

(4) 余剰窒素の行方

自給肥料として施用され，見かけ上利用されない窒素はどこに行くのかについては，現在でも完全には解明されていない．

スラリーなど液状の自給肥料を施用すると，アンモニウム態窒素の一部がアンモニアガスとなって揮散する．アンモニアの揮散は窒素の損失だけでなく，他の

有機酸などとともに悪臭の原因となることから，地域の社会問題になっている．解決法としては浅層注入法や帯状施用法など施用法の改善やメタン発酵など処理法の改善について効果が確認されているが，いずれもコストがかかるため速やかな普及拡大には至っていない．揮散する窒素としては，もう1つ一酸化二窒素があげられる．揮散量はわずかで草地の窒素循環量に影響を及ぼすことはないが，後述する二酸化炭素やメタンとともに温室効果をもたらす農業由来の物質としてその制御法が研究されている．

草地に施用され揮散を免れた窒素のうち，牧草に吸収されなかったものの一部は地下浸透や表面流去によって水系に流出する．この流出量については，草地への施肥時期と施肥量の適正化により抑制できる．

残りの窒素は土壌に蓄積する．毎年の肥培管理は表面施用なので，自給肥料の場合，草地表層に固形分として残存する画分も観察される．こうして草地表層に蓄積した有機物中の窒素は，草地更新時に土壌と混和されることにより，一気に放出される．しかし，草地更新されず自給肥料の表面施用が長期に継続した場合，表層に蓄積した自給肥料由来の窒素がどのように挙動するかについては今後の研究を待たねばならない．

3）リンの循環

(1) 土壌による固定と牧草の利用

草地におけるリン酸の施肥量は，造成および更新，すなわち播種時とその後の維持管理時で大きく異なる．種子から生育が始まる前者では，P_2O_5で200〜250 kg/haを標準として，リン酸吸収係数の大きな土壌ほど多量のリン酸施肥を要する．これは幼植物のリン酸吸収量が多いからではなく，安定的な発芽定着を確保するために土壌溶液中のリン酸濃度を高めたいことによる．これに対し，草地が造成され維持管理段階になると，年間のリン酸施肥量は牧草による吸収量よりもやや多い60〜100 kg/haと，播種時の半分以下の量が標準となる．リン酸には土壌診断基準値が設定されており，対象圃場の土壌分析値が土壌診断基準値よりも多い場合には減肥を，少ない場合には増肥を行う施肥対応技術が北海道で確立されている（表2-6）．このときの土壌診断基準値はブレイNo.2法により，リン酸吸収係数の小さい未熟火山性土で30〜60 mg/100 mg，リン酸吸収係数

表 2-6 北海道の草地におけるリン酸の土壌診断に基づく施肥対応

有効態リン酸含量＊（P_2O_5, mg/100 g）によるリン酸肥沃度の判定

土壌区分		リン酸肥沃度の判定			
		低	中 基準値	高1	高2
火山性土	未　熟	～30	30～60	60～100	100～
	黒　色	～20	20～50	50～100	100～
	厚　層	～10	10～30	30～100	100～
低地土，台地土		～20	20～50	50～70	70～

＊ブレイNo.2法（土：液＝1：20, 20℃）．

判定されたリン酸肥沃度に対応した施肥標準に対する施肥率（％）

土壌区分	リン酸肥沃度				
	低	中	高1	高2	
				採草地	放牧草地
火山性土	150	100	50	50	0
低地土，台地土	150	100	50	0	0

減肥の可能年限はほぼ3年である．

火山性土は未熟火山性土（未熟），黒色火山性土（黒色），厚層黒色火山性土（厚層）に細分される．未熟火山性土は粒径が粗く，リン酸吸収係数が小さく，腐植含量が少ない．厚層黒色火山性土はこれと反対の性質を示し，黒色火山性土は両者の中間的性質を示す．全国的な土壌分類である農耕地土壌分類第3次案（農耕地土壌分類委員会，1995）によれば，未熟火山性土は火山放出物未熟土に，黒色火山性土と厚層黒色火山性土は黒ボク土に区分される．（松中照夫・三枝俊哉，2016；北海道農政部，2015を参考に作成）

の大きな厚層黒色火山性土で10～30 mg/100 gと黒ボク土の種類によって異なる．リン酸を強く吸着する厚層黒色火山性土の基準値が，未熟火山性土よりも少ないことは，一見矛盾するように思われる．しかし，厚層黒色火山性土は，有効態リン酸の分析値が同じでも，ブレイNo.2法では抽出できないほど強く土壌に吸着したリンを多量に含む．牧草は，これらのリンの一部も見かけ上，利用可能なことが知られている．それぞれの土壌診断基準値内のリン酸肥沃度における土壌中の全リン含量は，リン酸吸収係数の大きな厚層黒色火山性土の方が多い．

（2）草地土壌へのリンの蓄積

　土壌のリン吸着能を考慮して，北海道の標準施肥量は牧草の年間吸収量よりもやや多く設定されている．したがって，毎年標準量の施肥を行うと，土壌中にリンが蓄積する．このため，定期的な土壌診断によって蓄積量を把握し，土壌診断

基準値の上限を超えれば，半量に減肥する技術が推奨されている．しかし，土壌診断は土壌採取や分析に労力やコストを要するので，生産現場への普及は速やかに進まない．その結果，草地に限らず他の作目でも土壌中のリン含量は蓄積傾向にある．現状のリン酸施肥はリン鉱石を消費する化学肥料に多くを依存しており，世界的にリン資源の枯渇が懸念されている．草地でも当面は現在土壌に蓄積されたリンを有効活用し，減肥を徹底してリンの消費を抑制する必要がある．

同時にリンの循環を促進するため，自給肥料の肥効向上や土壌に固定されたリンのさらなる有効活用技術の開発が重要である．表2-5のように，リンをほとんど含まない尿液肥を除き，堆肥とスラリーの肥料換算係数は0.3〜0.4である．リンの揮散や地下浸透はほとんど起こらないので，残りはほとんどが表面施用によって草地土壌の表層に蓄積すると考えられる．リンは水系では窒素と同様に栄養塩となる環境負荷物質である．水に溶けにくいので浸透水では流出しにくく，土壌や有機物粒子に含まれる形態での表面流出が主要な流出経路になる．自給肥料の肥効向上や土壌リンの有効活用によってリンの循環を促進する技術の開発は，草地表層におけるリンの蓄積量を減らすことで環境負荷の低減にも有効と期待される．

4) カリウムの循環

(1) 大きな循環量

乳牛放牧草地で推定された養分循環の概要を表2-7に示す．年間の養分摂取量は窒素 $13\ g/m^2$，リン $3\ g/m^2$，カリウム $16\ g/m^2$ と，カリウムが最も多い．摂取された養分は，いずれも約80％がふん尿排泄に伴って放牧草地に還元され

表2-7 乳牛放牧草地における肥料養分の摂取量と還元量の関係

	採食量(平均)	被食量(年間計)	年間養分摂取量			推定年間還元量					
						全量			肥料換算値*		
			N	P_2O_5	K_2O	N	P_2O_5	K_2O	N	P_2O_5	K_2O
	kg/頭/日	g/m^2	……g/m^2……			……g/m^2……			……g/m^2……		
平均	10	452	13	3	16	11	3	13	5	1	11
標準偏差	3	90	3.2	1.0	3.5	2.8	0.7	2.8	1.4	0.2	2.3
比			(100)	(100)	(100)	(83)	(76)	(83)	(42)	(23)	(67)

*全量に表2-5を適用して算出した．　　　　　　　　　　　　（三枝俊哉ら，2014より抜粋）

る．しかし，還元された養分の肥料としての有効性が，養分によって異なる．前述のように，窒素とリンは揮散や土壌中での形態変化により，還元された養分の肥料としての有効性が低い．これに対し，草地に還元されたカリウムの形態は約80％が水溶性や交換性カリウムとして牧草に利用される．このように，カリウムは肥料の3要素中で摂取量が最も多く，その70％近くがふん尿還元によって牧草生産に再利用される，最も循環しやすい養分といえる．

（2）粗飼料品質を考慮した循環量の制御

牧草はその生育に多くのカリウムを必要とする．例えば，オーチャードグラスで乾物収量の低下が始まる限界の乾物中カリウム含量はK_2Oとして2.5％，すなわちKとして2％程度である．一方，カリウムは贅沢吸収されやすい元素であり，多肥により3％を超えることがしばしば認められる．ところが，家畜はカリウムを，乾物中にKとして2％も必要としない．むしろ多すぎると，拮抗作用によってカルシウムやマグネシウムの吸収を抑制し，牛に低マグネシウム血症などの疾病を引き起こす原因になる．すなわち，牧草の乾物生産性と粗飼料としてのミネラル品質を両立させる牧草体カリウム含量は，2％前後のきわめて狭い範囲にある．このように草地のカリウム管理には，牧草生産性を確保しつつ，粗飼料のミネラル品質を安全に維持するバランス感覚が求められる．

これを実現するため，北海道の黒ボク土の一部では，採草地の0～5 cm土壌中に存在する面積当たりの交換性カリウム量と年間施肥量との合計を220 kg/haに調整する施肥対応技術が適用される．この場合，年間カリウム施肥量が220 kg/haを超すことは理論上発生しない．しかし，実際の生産現場では，家畜飼養頭数が多いため，全圃場にふん尿を還元してもなお，この上限量を超える経営が増加している．適正な循環量を管理するには，ふん尿還元量に見合った草地面積の確保が不可欠である．

5）炭素の循環

（1）地球温暖化と炭素貯留

炭素循環は2)「窒素の循環」で述べた窒素とともに有機物の循環に伴うものであり，前項までの牧草生産とは趣を異にし，地球温暖化対策の一環として注目さ

れている．

　空中の二酸化炭素は光合成によって牧草に取り込まれ，家畜に摂取されて維持や生産のエネルギーとなり，ふん尿が草地に還元される．堆肥やスラリーなどの自給肥料が草地に還元され，放牧草地にふん尿が排泄されることは，土壌にふん尿由来の有機物が施用されることを意味する．有機物の分解過程で二酸化炭素，メタン，一酸化二窒素などの温室効果ガスの発生量が増えるが，多くの場合，それよりも土壌に蓄積する炭素量が優るため，炭素収支としては温室効果を抑制する方向に働くといわれている．ただし，堆肥の調製過程や家畜の曖気によるメタン発生など，草地とは別の場面で酪農場からの温室効果ガスの発生が指摘される．草地だけでなく，酪農場全体における地球温暖化対策を講じることが重要である．

6）健全な物質循環に基づく酪農経営に向けて

　冒頭1)「循環型農業としての草地酪農」で述べたように，草地酪農は土－草－牛による物質循環系の中から乳肉を生産する典型的な循環型農業である．ところが近年，乳牛飼養頭数の増大と個体乳量の向上により，肥料や飼料として購入する養分の量が，その土地で循環可能な量を超過し，環境負荷の原因となっている．健全な物質循環に基づく酪農経営を再構築するには，飼料自給率を高め，肥料購入量を節減して，経営外からの物質の流入量を抑制しなければならない．

　まずは，現状の技術体系で飼養頭数に見合ったふん尿還元面積を確保する工夫が必要である．生産現場ではすでに，耕畜連携などを活用し，余剰ふん尿の地域内・地域間循環を目指す取組みが試みられている．また，乳生産量の低下を抑制しつつ飼料自給率を向上させるには，より高い栄養価の飼料の自家生産だけでなく，同じ年間個体乳量をえるために濃厚飼料必要量がより少なくて済む泌乳能力の改良など，土－草－家畜の分野を横断した総合的な技術開発が重要である．さらには，そのような技術を駆使した農業が，わが国の資本主義経済の中で経営的に成り立つよう，環境負荷の規制だけでなく，健全な物質循環に基づく農業経営を支援する行政の施策がきわめて重要である．

コラム：牧草地と比べた野草地，特に黒ボク野草地の特徴

世界には，サバンナやステップなどの広大な草原が分布する．それらは，多くの野生動物を育み，ときには遊牧などに利用されてきた野草地，すなわち自然草地と半自然草地である．いずれも，気候や土壌条件が森林を維持できず，草類や低木類しか生育させない環境にある土地であり，その分布面積は陸地の約40％を占めるといわれている．地球規模で見れば，自然草地や半自然草地の面積が圧倒的に多いが，わが国では事情が大きく異なる．

わが国の場合，適温および湿潤な気候条件により森林が極相となるため，自然草地が成立しにくい．わが国の自然草地は，例えば火山活動や過湿な土地条件などが森林の成立を妨げた結果として，九重連山，尾瀬ヶ原，釧路湿原など限定的な地域に分布しており，その景観はしばしば観光資源に活用される．また，定期的な火入れや家畜の放牧などによって牧草や樹木の侵入を防ぎ，人為的に花畑が維持されている半自然草地もある．ササやススキなどの半自然草地は，わが国でも採草地や放牧草地として畜産利用される．ススキ草地は採草利用，ネザサやノシバは馬や牛の放牧利用によって維持されてきた．半自然草地は，牧草を人為的に導入する人工草地よりも生産性に劣る．しかし，その植生は，長い年月をかけ

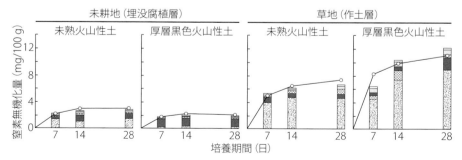

図　草地表層に蓄積した粒径の異なる土壌有機物からの窒素発現
―○―：有機物分画前の土壌試料全体から無機化した窒素量．
☐：0.5～2.0 mm，☐：0.15～0.5 mm，▨：0.075～0.15 mm，■：0.038～0.075 mm，▨：＜0.038 mm 画分由来の無機化窒素量．

て人為と土地条件のバランスの上に成立したもので，安定的な人為的圧力の下では生態的にも安定で，省力・省資源的な農業利用に有効である．その反面，近年のように離農が進み人為的圧力が縮小すると，森林へと遷移する．

　火山国であることもわが国の特徴である．火山灰を母材とする土壌，すなわち黒ボク土が広く分布する．そこでは，大規模な噴火が起こると，降灰や火砕流などによって表土が更新される．かつての表層に生成した腐植層は，火山灰で埋め尽くされ埋没腐植層となる．一方，新たな表層では草本類の侵入によって自然草地が成立し，さらに陽樹林，陰樹林へと二次遷移が繰り返される．こうした表層における黒色の腐植層の生成には，ササやススキなどの寄与が大きいとされる．このように，わが国の黒ボク土における自然草地の特徴として，火山活動に伴う二次遷移の過程で一時的に出現する植生であることがあげられる．大きな噴火で生成する埋没腐植層の有機物は，易分解性の画分が分解消失後，残りの画分が粘土・腐植複合体を生成し，耐久腐植となって安定化する．未耕地の埋没腐植層を採取して培養すると，その腐植含量によらず，窒素の無機化量はきわめて少ない（図）．

　この埋没腐植層を作土として人工草地を造成すると不思議なことが起こる．例えば，北海道東部の根釧地方には，腐植含量の多い厚層黒色火山性土を人工草地にした場合の牧草収量と窒素肥沃度が，腐植含量の少ない未熟火山性土よりも高いという実態がある．一見，厚層黒色火山性土の高い腐植含量に由来する豊富な窒素供給が高い牧草生産性を支えているという仮説が考えられる．前記のように埋没腐植層からの窒素供給は本来少ないはずなのに，実際に人工草地として何年も維持された作土を培養すると，窒素の無機化が旺盛であり，その程度は厚層黒色火山性土で大きい．これは，人工草地で毎年牧草生産を繰り返すうち，収穫残渣や脱落根などが表層土壌に還元され，それが培養窒素の給源になったと考えられる．そうなると，厚層黒色火山性土の高い窒素肥沃度は，未熟火山性土よりも高い牧草生産性が発揮された原因ではなく結果であるということになり，前述の仮説と因果関係が逆転する（図）．この現象は現在も完全には解明されていない．土壌の理化学性だけでなく，気象条件などもふまえたその土地の養分循環量の水準について，より総合的な見地からの解析が必要と思われる．

第3章

畑の土壌

　耕地では，作物が唯一かつ旺盛に生育するように土壌が管理される．すなわち，播種・植付け時に整地，作物生育時には雑草および病害虫の防除が行われ，良好な作物生育のための施肥が実施される．畑土壌環境は地力の減耗する環境で，これが畑土壌の大きな特徴とされる．またわが国では，黒ボク土分布地帯に広く畑土壌が分布していることも大きな特徴である．

1．わが国における主要な畑土壌

1）畑土壌の土壌群別分布面積

　畑土壌（upland soil）は，穀類（コムギなど），マメ類（ダイズなど），イモ類（ジャガイモなど），野菜類などを栽培する普通畑と果樹（リンゴなど）やチャなどの永年作物を栽培する樹園地に大きく分けられる．普通畑では，作物の栽培に際して，耕耘および整地，施肥，除草，追肥などの土壌管理が行われるが，樹園地では，開園後の大規模な土壌撹乱は避け，施肥，有機物の施用や地表面管理などが行われる．

　わが国の普通畑の分布面積を土壌群別にまとめたのが表3-1である．日本全体では，黒ボク土（46%），褐色森林土（16%），褐色低地土（13%）の順に分布割合が高い．特に黒ボク土は，普通畑の約半分を占め，きわめて重要な畑土壌と位置づけられる．地方別に見ると，北海道地方，東北地方および関東地方では，黒ボク土，褐色森林土，褐色低地土の合計が約70%を超え高い分布割合を示している．一方，中部地方，近畿地方，中国・四国地方および九州地方では，前記3土壌群に加えて黄色土の分布割合も高く（九州地方では，暗赤色土も分布割合が高い），地方ごとに重要な普通畑土壌は若干異なる．

表 3-1 普通畑の土壌群別面積

土壌群名	北海道	東北	関東	中部	近畿	中国・四国	九州	日本全体	割合（%）
岩屑土	11	2	0	32	5	15	6	71	<1
砂丘未熟土	20	50	1	69	13	44	26	223	1
黒ボク土	2,670	1,302	2,216	585	67	129	1,541	8,510	46
多湿黒ボク土	587	32	75	17	5	0	6	722	4
黒ボクグライ土	19	0	0	0	0	0	0	19	<1
褐色森林土	1,092	696	254	253	65	350	164	2,874	16
灰色台地土	604	11	18	17	1	9	59	719	4
グライ台地土	43	0	0	0	0	0	0	43	<1
赤色土	0	9	4	29	23	13	175	253	1
黄色土	0	113	7	268	104	235	330	1,057	6
暗赤色土	47	0	1	0	<1	6	237	291	2
褐色低地土	1,214	268	431	184	59	54	101	2,311	13
灰色低地土	477	47	20	143	13	21	29	750	4
グライ土	126	2	0	3	<1	<1	1	132	1
黒泥土	4	1	11	0	0	0	0	16	<1
泥炭土	323	0	0	0	<1	0	0	323	2
計	7,237	2,533	3,038	1,600	355	876	2,675	18,314	100

土壌分類は，農耕地土壌分類第2次案（1977）に基づく，面積の単位：×10^2 ha．
（土壌保全調査事業全国協議会（編）：日本の耕地土壌の実態と対策，1991を参考に作表）

表 3-2 樹園地の土壌群別面積

土壌群名	北海道	東北	関東	中部	近畿	中国・四国	九州	日本全体	割合（%）
岩屑土	0	0	0	<1	9	60	8	77	2
砂丘未熟土	0	0	0	14	1	4	0	19	<1
黒ボク土	3	218	251	217	14	21	138	862	21
多湿黒ボク土	0	6	0	19	<1	0	0	25	1
黒ボクグライ土	0	0	0	0	0	0	0	0	0
褐色森林土	2	82	9	256	247	588	305	1,489	37
灰色台地土	5	7	0	20	15	3	15	65	2
グライ台地土	0	0	0	0	0	0	0	0	0
赤色土	0	0	<1	49	24	28	99	200	5
黄色土	0	0	<1	205	95	115	344	759	19
暗赤色土	0	0	0	0	2	1	59	62	2
褐色低地土	15	106	82	97	28	9	14	351	9
灰色低地土	0	34	0	46	17	2	1	100	2
グライ土	3	10	0	7	0	0	<1	20	<1
黒泥土	0	1	0	0	0	0	0	1	<1
泥炭土	1	0	0	0	0	0	0	1	<1
計	29	464	342	930	452	831	983	4,031	100

土壌分類は，農耕地土壌分類第2次案（1977）に基づく，面積の単位：×10^2 ha．
（土壌保全調査事業全国協議会（編）：日本の耕地土壌の実態と対策，1991を参考に作表）

わが国の樹園地の分布面積を土壌群別にまとめたのが表 3-2 である．日本全体では，褐色森林土（37％），黒ボク土（21％），黄色土（19％），褐色低地土（9％）の順に分布割合が高い．褐色森林土の割合が樹園地で高いのは，傾斜地形を利用した果樹の栽培が行われていることに起因する．地方別に見ると，九州地方では赤色土の分布割合も高くなっている．

2）畑地化に伴う土壌の理化学性の変化

畑土壌の理化学的性質は，作物栽培のための土壌管理によって，さまざまな影響を受ける．各地に広く分布する非アロフェン質黒ボク土から川渡土壌を例に隣接する未耕地（防風林）と耕地（普通畑）の理化学性の変化を比較してみる．

耕地土壌では，栽培された作物が収穫され，作物残渣の大部分が圃場外へ持ち出される．また作土層は，耕耘や酸性矯正などの土壌管理を受けることから，土壌断面の各層において有機物の消耗が起きている（図 3-1a）．土壌有機物の減少や作業機械による土壌の圧縮などは，仮比重の増加（図 3-1b）や自然含水比の低下（図 3-1c）を引き起こし，土壌の物理性に影響を与える．川渡土壌は，塩基飽和度が低下すると交換性アルミニウムが生成することから，作物栽培において酸性矯正が必須となる強酸性土壌である．耕地土壌の pH（H_2O）および交換酸度 y_1 は，酸性矯正の効果が現れ酸性が弱くなっており，交換性陽イオン含量および塩基飽和度はいずれも未耕地土壌と比較して上昇していることがわかる（表 3-3）．

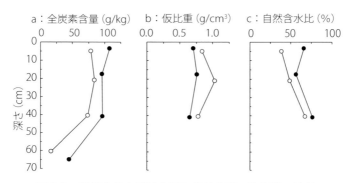

図 3-1 隣接する未耕地土壌と耕地土壌の物理性の比較
●：未耕地土壌，○：耕地土壌．（三枝正彦ら，1988 を参考に作図）

表 3-3 隣接する未耕地土壌と耕地土壌の化学性の比較

層位	深さ(cm)	pH (H_2O)	交換酸度 y_1	交換性陽イオン (cmol$_c$/kg)				塩基飽和度 (%)	リン酸吸収係数
				Ca	Mg	K	Na		
未耕地土壌									
A11	0〜7	4.9	9.8	4.2	0.6	0.3	0.1	16.9	1,730
A12	7〜28	4.7	13.1	1.0	0.2	0.2	0.1	5.0	1,960
2A11b	28〜54	4.7	12.9	0.4	0.1	0.1	0.1	1.9	2,210
2A12b	54〜76	4.8	10.1	0.2	0.2	tr.	0.1	2.2	1,910
耕地土壌									
Ap1	0〜10	6.1	0.1	24.8	1.5	0.9	0.1	89.6	1,800
Ap2	10〜32	6.1	0.1	21.9	1.5	0.9	0.1	76.8	1,810
2Ab	32〜49	5.4	3.8	5.7	0.5	0.6	tr.	24.7	2,010
2ABb	49〜72	5.2	4.8	2.6	0.3	0.6	tr.	17.8	1,680

(三枝正彦ら, 1988 を参考に作表)

　黒ボク土は活性アルミニウムを多く含み，リン酸の固定が著しく，施肥リン酸の肥効が低い土壌である（☞ 5-コラム）．川渡土壌（未耕地）の表層の可給態リン酸含量を測定すると，8 mg P_2O_5/kg であった．例えば，わが国の代表的な耕地黒ボク土（491 地点）の可給態リン酸含量の平均値を見てみると，作土層で 380 mg P_2O_5/kg に達する．耕地黒ボク土では，作物栽培のために多量のリン酸施肥が行われ，施肥リン酸が土壌に固定および蓄積している．

　このような畑地化に伴う土壌の変化は，他の土壌でも同様に見られ，人為的影響を強く受けた耕地土壌は，自然土壌の性質を残しつつも，土壌管理による土壌の理化学的性質の改変および改良が認められる．

3）わが国の畑土壌の特徴

　酸化的環境にある畑土壌では一般的に，地力の消耗が激しい，連作障害が起きやすい，水分ストレスが起きやすいなどの特徴がある．また，特にわが国の畑土壌には以下のような大きな特徴があげられる．

　①湿潤気候下にあるため，降水による塩基の溶脱が激しく，土壌は酸性化（acidification）する．

　②地形が複雑なため，傾斜地が多く，土壌侵食（soil erosion）を受けやすい．

　③集約農業（intensive agriculture）が行われるため，土壌に対する人為的影響が大きい．

④黒ボク土の占める割合が高い．黒ボク土は，保水性や易耕性など物理的性質に優れる反面，リン酸の固定や荷電特性に特徴があり，コロイド組成を考慮した土壌管理が重要になる．

(1) 土壌の酸性化

わが国は湿潤気候下にあり，降水量が多いため表層から下層への水浸透が一般的である．炭酸ガスが溶け込んだ雨水は，塩基類を下層へ溶脱し，土壌の塩基飽和度が低下するため，交換性 Al^{3+} や交換性 H^+ が増大して土壌が酸性化する．土壌の酸性化はどのような土壌型でも起き，その酸性化の程度は土壌コロイドの種類により異なる．例えば，わが国の未耕地を調査対象にした開拓地の土壌調査結果から強酸性土壌の出現地点割合を見ると（表3-4），日本全体では調査地点の約60％が強酸性土壌に区分される結果であった．より詳細に地方別に見ると，強酸性土壌の地点割合が相対的に高い地方は，東北地方，中部地方，近畿地方，中国・四国地方および九州地方であった．わが国のように降水量の多い地域では，土壌生成の長い過程において，自然土壌は基本的に炭酸の作用により酸性化されている．

また耕地土壌では，作物栽培に伴い生理的酸性肥料の多施肥が行われると，土壌中に酸根（NO_3^-，SO_4^{2-}，Cl^- など）が残り，これらの随伴陽イオンとして塩基類も溶脱し，急速に土壌の酸性化が進行する．人為的に強酸性化された土壌では，①低pHによる障害，②アルミニウム，マンガンの過剰障害，③リン酸欠乏，

表3-4 開拓地土壌調査における強酸性土壌の地点割合

地方名	非火山性土壌		火山性土壌		非火山性土壌と火山性土壌の合計		
	強酸性地点数	全地点数	強酸性地点数	全地点数	強酸性地点数	全地点数	強酸性地点割合（％）
北海道	258	383	210	609	468	992	47
東　北	436	571	556	1,125	992	1,696	58
関　東	12	50	36	511	48	561	9
中　部	413	536	373	585	786	1,121	70
近　畿	190	255	218	250	408	505	81
中国・四国	580	693	246	317	826	1,010	82
九　州	301	388	352	768	653	1,156	56
全　国	2,190	2,876	1,991	4,165	4,181	7,041	59

（三枝正彦ら，1992 および Matsuyama, N. et al., 2005 を参考に作表）

④塩基欠乏，⑤微量要素の欠乏，⑥有用微生物の活性低下などが作物の生育阻害因子となる．気象的要因による自然的な酸性化を受けながら，化学肥料の多施肥のような人為的強酸性化も受けるわが国の耕地土壌では，作物に対する塩基バランスを考慮した適切な酸性矯正が不可欠となる．

(2) 土壌侵食

わが国は，地形が複雑で傾斜地が多く降水量も多いことから，畑土壌は水食（water erosion）を受けることが多い．また，乾燥した土壌表面が強い風（風速3〜5 m/sec 以上）を受けると，風食（wind erosion）を受ける場合もある．耕地で土壌侵食が起きると，最も生産力の高い表土が失われることになり，養分の減少，有効土層の減少，れき質化など土壌生産力が著しく低下することになる．わが国の畑土壌の土壌侵食（水食＋風食）の危険性を見ると（表3-5），土壌侵食危険割合は，普通畑で13％，樹園地で21％である．より詳細に侵食危険割合を見ると，普通畑の場合，特に中国・四国地方（33％）および九州地方（23％）で割合が高く，樹園地では中国・四国地方（51％），関東地方（29％）および近畿地方（25％）で侵食危険割合が高い．このような土壌侵食の危険性の高い畑土壌では，以下のような侵食防止対策が有効である．

水食防止対策例…①自然傾斜の低減，②排水路や土砂留の整備，③等高線栽培，牧草帯の設置および不耕起栽培のような栽培方法の改善．

風食防止対策例…①防風林の設置，②畑地灌水による土壌の乾燥防止，③不耕

表3-5 土壌侵食の危険性が存在する畑土壌の面積と割合

地方名	普通畑			樹園地		
	侵食危険面積 ($\times 10^2$ ha)	普通畑面積 ($\times 10^2$ ha)	侵食危険割合（％）	侵食危険面積 ($\times 10^2$ ha)	樹園地面積 ($\times 10^2$ ha)	侵食危険割合（％）
北海道	768	7,237	11	＜1	29	＜1
東　北	255	2,533	10	26	464	6
関　東	278	3,038	9	99	342	29
中　部	142	1,600	9	80	930	9
近　畿	31	355	9	115	452	25
中国・四国	287	876	33	420	831	51
九　州	607	2,675	23	104	983	11
全　国	2,368	18,314	13	844	4,031	21

（土壌保全調査事業全国協議会（編）：日本の耕地土壌の実態と対策，1991を参考に作表）

起栽培，田畑輪換および永年牧草の導入のような栽培方法の改善.

(3) 化学肥料の多施肥が土壌環境へ与える影響

わが国の農家1戸当たりの経営耕地は，農地が広い北海道を除くと，2 ha を下回っており，一般的に狭い農地で集約農業が行われている．化学肥料を多量に施肥して，土壌環境に負荷をかけながら，狭い土地から高い収益をあげていることになる．集約農業が土壌環境に与える影響としては，硝酸態窒素による地下水汚染，リン酸の土壌への過剰蓄積と環境中への流出，酸根の蓄積に伴う土壌の強酸性化，土壌有機物の損失などがあげられる．また，特に施肥量が多い野菜産地では，化学肥料の多施肥により，連作障害や土壌病害が発生しやすいことも大きな問題である．

化学肥料の多施肥により土壌が強酸性化した例を見てみよう．図 3-2 に 1940 年から化学肥料のみを用いてフリントコーン輪作を行っている試験区（アロフェン質黒ボク土）の交換酸度 y_1 の経年変化を示す．アロフェン質黒ボク土の主要コロイドは，本来強酸的性格を示さないが，この試験では化学肥料由来の酸根の影響を受け，塩基飽和度が低下して，栽培開始から約 30 年を経て土壌は強酸性化（交換酸度 $y_1 > 6$）している．この強酸性化した試験区のフリントコーンの収量は，標準区の約 30% 程度にまで低下し（図 3-3），集約農業により土壌にかけられた負荷は，許容範囲を超えると土壌環境の悪化を引き起こすことがあるの

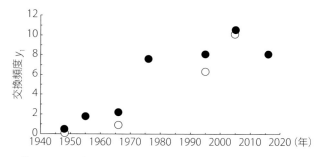

図 3-2 施肥により強酸性化したアロフェン質黒ボク土の交換酸度 y_1 の推移
●：作土，○：下層土．（野本亀雄・鎌田嘉孝，1950；田中　稔・松野　正，1957；青森県農業試験場，1966，1977；Matsuyama, N. et al., 2016；松山（未発表）を参考に作図）

図 3-3 施肥により強酸性化したアロフェン質黒ボク土におけるフリントコーンの生育状態
手前から 3 列分のフリントコーンが酸性障害を受けている.

で注意が必要である.

（4）黒ボク土の荷電特性と農業上の問題点

　黒ボク土は，コロイド組成から弱酸的性格を持つアロフェン質黒ボク土（25都道県に 451 万 ha 分布すると推定される）と強酸的性格を持つ非アロフェン質黒ボク土（37 道府県に 195 万 ha 分布すると推定される）に類型区分される（図3-4）．典型的な腐植質黒ボク土の A 層の荷電特性を見ると，アロフェン質黒ボク土は，主として負の変異荷電を持ち，非アロフェン質黒ボク土は負の一定荷電と負の変異荷電を持つ（図 3-5）．このような荷電特性に関わる黒ボク土の農業上の問題点をまとめると以下のようになる.

　①負の変異荷電に起因する問題点…両黒ボク土とも，土壌 pH の上昇に伴い CEC が増加するため，新たに負の荷電が発現し，酸性矯正に多量の石灰資材が必要となる．また，土壌 pH が低下すると，養分の保持力が減少する.

　②負の一定荷電に起因する問題点…非アロフェン質黒ボク土は，塩基飽和度が低下すると交換性アルミニウムを保持し，作物に対するアルミニウムの過剰障害が起こる．また，下層土が強酸性のため，根張りが制限され下層土からの養水分吸収が低下する.

　③正の変異荷電に起因する問題点…腐植に富む土壌の正荷電量は，実質的にほぼゼロのため，厚く腐植が堆積した黒ボク土では，農業上重要な硝酸態窒素が土

図 3-4 アロフェン質黒ボク土と非アロフェン質黒ボク土の分布
■：アロフェン質黒ボク土，■：非アロフェン質黒ボク土．(Saigusa, M. and Matsuyama, N., 1998 を参考に作図)

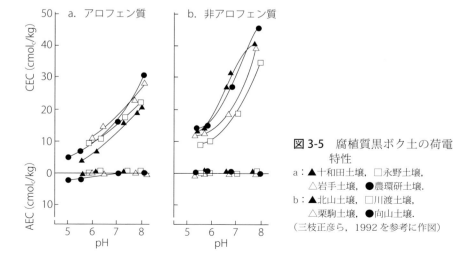

図 3-5 腐植質黒ボク土の荷電特性
a：▲十和田土壌，□永野土壌，△岩手土壌，●農環研土壌．
b：▲北山土壌，□川渡土壌，△栗駒土壌，●向山土壌．
(三枝正彦ら，1992 を参考に作図)

壌に保持されず容易に下層へ溶脱する．

黒ボク土は，透水性，保水性，通気性，易耕性など改良困難な物理性に関する性質はきわめて優れていることから，適切な土壌管理が行われれば，高い生産力を持つ土壌と考えることもできる．

4）畑土壌に求められる諸性質と土壌改良の重要性

畑土壌は，酸化的条件下にあるため有機物の分解が激しく，積極的な地力維持を行う必要がある（☞ 10-コラム）．また，持続的な作物生産を行うためには，土壌の生産力阻害要因を把握し改善していくことも重要である．昭和30年代から始まったわが国の地力保全基本調査（1959～1978）では，畑土壌の土壌生産力を次のような基準項目により評価している．すなわち，①表土の厚さ，②有効土層の深さ，③表土のれき含量，④耕耘の難易，⑤土地の乾湿，⑥災害性，⑦傾斜，⑧侵食，⑨自然肥沃度（CEC，リン酸吸収係数，石灰飽和度，pH（H_2O）），⑩養分の豊否（交換性塩基含量，可給態リン酸含量，微量要素含量，酸度），⑪障害性である．これらの基準項目は，物理的・機械的阻害要因（①～⑧），化学的阻害要因（⑨および⑩），障害性（⑪）に区分される．

わが国の地力保全基本調査から生産力等級が低い項目を含む不良土壌の割合をまとめたのが表3-6である．普通畑では，すべての地方で不良土壌割合が50％を超えており，わが国全体の不良土壌割合は約70％にも達している．また樹園地では，北海道地方および東北地方を除く地方で不良土壌割合が高く，全体では

表3-6　わが国の畑土壌における不良土壌割合

地方名	普通畑		樹園地	
	不良土壌面積（$\times 10^2$ ha）	不良土壌割合（％）	不良土壌面積（$\times 10^2$ ha）	不良土壌割合（％）
北海道	5,519	76	12	41
東　北	1,258	50	145	31
関　東	1,692	56	237	69
中　部	1,044	65	623	67
近　畿	224	63	318	70
中国・四国	645	74	687	83
九　州	2,297	86	568	58
全　国	12,679	69	2,590	64

（土壌保全調査事業全国協議会（編）：日本の耕地土壌の実態と対策，1991を参考に作表）

不良土壌割合が60％を超えている．より精密な土壌管理が行われるようになった現在では，例えば土壌の化学性のような改良可能な性質は，かなり改善が進んでおり，見た目上，生産力阻害要因が見当たらない耕地土壌も多い．しかしながら，根本的に生産力阻害要因を持つ不良土壌の生産力を維持および向上させていくためには，持続的な土壌改良が必要である．

普通作物を対象とした場合，主な畑土壌（黒ボク土，褐色森林土および褐色低地土）の土壌改良目標値は，一般的には①作土の厚さ：20〜25 cm，②心土のち密度：20 mm以下，③ pH（H_2O）：6.0〜6.5，④ CEC：15 $cmol_c$/kg以上（黒ボク土は20 $cmol_c$/kg以上），⑤塩基飽和度：51〜72％，⑥可給態リン酸含量：100〜200 mg P_2O_5/kgであるが，畑土壌は，作付けされる作物（普通作物，野菜，果樹など）が多岐にわたるため，作付けされる作物を考慮したきめ細やかな土壌改良がきわめて重要である．

2．畑土壌の作物への養水分供給

1）穀類と野菜栽培における畑土壌の養分供給能と施肥

(1) 作物が必要とする養分と土壌から根への養分移動様式

作物（植物）の生育に不可欠な必須要素（essential elements）は多量要素（炭素，水素，酸素，窒素，リン，カリウム，カルシウム，マグネシウム，イオウ）と微量要素（鉄，マンガン，銅，亜鉛，ホウ素，モリブデン，塩素，ニッケル）の17の元素である．窒素，リン，カリウムは作物の要求量が多く，作物の生育を制限しやすいので，3大要素と呼ばれる．圃場で栽培された作物は炭素，水素，酸素を除いた必須要素のほとんどを根から土壌粒子間にある水（土壌溶液）を介してイオンの形で吸収する．土壌にほとんど吸着されない硝酸態窒素は主にマスフロー（mass flow，作物の水吸収に伴って土壌溶液中の養分が移動）により，土壌に吸着されるために溶液中濃度が低いリンとカリウムは主に拡散（diffusion，土壌溶液中の溶質の濃度勾配に従って移動）によって作物根に移動する．

(2) 畑土壌の養分供給能

作物は土壌溶液中の養分を吸収して利用するが，その養分量は作物の要求量には満たない．土壌溶液の養分濃度が低下すると平衡移動によって土壌固相から養分が放出され，作物に供給される．畑土壌の養分供給能には作土だけでなく下層土の可給態養分量が大きく影響し，土壌の種類や粘土鉱物の性質も影響する．条件によっては有機態窒素を直接取り込んで吸収する作物，難溶性リン酸を根で溶解して吸収する作物，一次鉱物を溶解してカリウムを吸収する作物が存在するが，ここではより普遍的な土壌溶液を介した養分利用を対象とする．

a．窒素供給能

土壌中の窒素のほとんどは有機態であり，植物残渣（粗大有機物），土壌生物（多くは微生物），土壌に特有な腐植物質より構成されている．これらの一部が微生物によって分解され，作物が吸収できる無機態窒素となる（無機化作用，mineralization）．この有機態窒素の無機化量が土壌の窒素供給能（可給態窒素；圃場容水量水分条件での土壌培養によって無機化した窒素量を計測）を表す．畑土壌ではアンモニウムイオンがアンモニア酸化菌と亜硝酸酸化菌によって，すみやかに硝酸イオンに酸化される（硝酸化成作用，nitrification）．土壌の陰イオン保持能は非常に小さいので，畑土壌では無機態窒素（硝酸イオン）は溶脱を受けやすい．そのために，下層土は施用された窒素肥料と作土で無機化した土壌窒素の吸収の場として非常に重要である．図3-6のように，下層土を15 cmより深い層とした場合，ムギ類が吸収する窒素の約70％が下層土から吸収され（図中Bの窒素吸収量），それによって作土だけの場合に比べて2倍以上の子実収量が得られている．

窒素供給能は土壌の種類や管理によって異なり，図3-7のように，多量の有機物を含む黒ボク土が灰色低地土や黄色土より窒素無機化量が多く，堆肥は分解されやすい有機物を含むために土壌の窒素供給能を増加させる．土壌有機態窒素の無機化パターンは土壌培養実験と酵素反応速度論をもとにした反応速度式で表される．これにより変温条件にある圃場の栽培期間中の窒素無機化量を予測でき，目標生育量に対して不足する窒素を肥料によって合理的に補うことができる．

$$N = N_0 \left(1 - \exp(-kt)\right) + C$$

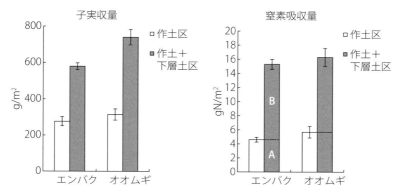

図 3-6 有効土層の異なる圃場におけるムギ類の子実収量と窒素吸収量
(Ito, T. et al., 1998 を参考に作図)

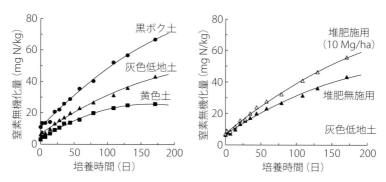

図 3-7 異なる土壌と堆肥施用土壌における土壌有機態窒素の無機化
(杉原 進ら, 1986 を参考に作図)

ここで, N:窒素無機化量 (mg/100 g), N_0:可分解性有機態窒素量 (mg/100 g), k:無機化速度定数 (/日), t:標準温度変換日数 (日), C:定数.

b. リン酸供給能

　土壌中のリン酸は有機態と無機態で存在し, 未耕地土壌では有機態リン酸の割合が高いが, 肥料や堆肥が施用される耕地土壌では無機態が主要な形態である. 無機態リン酸は酸性〜中性土壌では反応性の高いアルミニウムや鉄 (活性 Al, Fe) に特異吸着され, アルカリ土壌では難溶性のカルシウム塩として土壌に固定される. そのため, 一般に土壌溶液中の無機態リン酸濃度は非常に低く, 施肥リン酸の作物への吸収利用率は低いが, 溶脱によって失われるリン酸量も少ない.

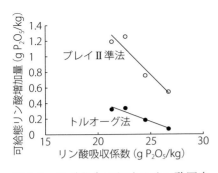

図 3-8 黒ボク土におけるリン酸固定力と可給態リン酸増加量の関係
(木川直人, 2001 を参考に作図)

土壌にリン酸が蓄積すると，土壌溶液中の濃度が増加し，作物に対するリン酸供給能は増加する．リン酸供給能は可給態リン酸量で表され，測定には土壌の性質や国，地域によっていろいろな方法が用いられている．わが国の畑土壌ではトルオーグ法とブレイ法がよく用いられ，下限値（トルオーグリン酸で 0.1 g P_2O_5/kg）を目安に土壌診断が行われる．黒ボク土のようにリン酸固定力（リン酸吸収係数）が大きい土壌では可給態リン酸量が増加しにくい（2.5 g P_2O_5/kg のリン酸を土壌に添加したあとの増加量，図 3-8）．そのため，リン酸固定力の大きい土壌のリン酸供給能を向上させ，土壌改良を行うには多量のリン酸施用が必要となる．

c．カリウム供給能

カリウムは有機化合物を形成しないので，土壌中ではすべてが無機態（K^+ イオン）で存在している．土壌のカリウムは，一次鉱物の構成成分，2：1 型粘土鉱物の層間に固定されたカリウム，粘土や有機物の表面に静電的に吸着された交換態および土壌溶液中の溶存態がある．土壌溶液中のカリウムは少なく，前 2 者のカリウムの溶解・放出速度は非常に遅いので，多くの場合カリウム供給能は交換性カリウム量によって評価される．交換性カリウムは土壌溶液濃度が減少すると徐々に放出され，作物に吸収されるが，土壌溶液濃度には粘土のカリウム吸着力の違いが影響する．非晶質粘土のアロフェンに比べて，2：1 型粘土鉱物のカリウム吸着力は強い．図

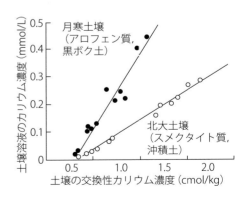

図 3-9 主要粘土鉱物が異なる 2 つの土壌における交換性カリウム濃度と土壌溶液カリウム濃度の関係
(岡島秀夫, 1980 を参考に作図)

3-9のように,アロフェン質の黒ボク土では土壌溶液のカリウム濃度が高いのでカリウムが作物に吸収されやすいが,雨水による溶脱も受けやすい.そのために,降水量の多い地域では2：1型粘土鉱物が多い土壌でカリウム供給能が高いと考えられている.

(3) 主要な畑作物の養分吸収量と化学肥料施用量

高い収量を確保するためには,それに見合った養分吸収量が不可欠であり,土壌から供給される養分量で不足する分を化学肥料や堆肥で補う必要がある.表3-7に主要作物の主産地域の化学肥料の施肥基準,平均的収量での養分吸収量および養分収支を示した.1ha当たりの窒素吸収量は100〜300 kgの範囲にあり,収量が高い葉菜類(キャベツなど),果菜類(キュウリ,トマトなど),タンパク質含量の高いダイズで多い.リン酸吸収量は窒素吸収量の20〜60％程度であり,カリウム吸収量はデンプンを蓄積するジャガイモや根菜類,果菜類で多く,これらの作物では窒素吸収量の2倍以上になる.野菜類の窒素施用量は吸収量を超えるものが多く,リン酸施用量はいずれの作物においても吸収量より多くなっている.

施用された肥料養分のうち作物が吸収する割合（利用率）は窒素で20〜60％,リン酸で5〜20％,カリウムで40〜70％程度とされている.窒素とリン酸の利用率が相対的に低いのは,畑土壌の主要な無機態窒素である硝酸イオン

表 3-7 主要畑作持における主産地域の化学肥料の施肥基準,平均的収量での養分吸収量および養分収支

作物名	作 型	施肥基準値の集計数	化学肥料施用量(kg/ha)			養分吸収量 (kg/ha)			養分収支 (kg/ha)		
			窒素	リン酸	カリウム	窒素	リン酸	カリウム	窒素	リン酸	カリウム
コムギ	秋播き	13	103	123	94	120	45	150	12	87	68
スイートコーン	—	23	223	246	222	146	60	235	165	224	177
ダイズ		14	34	92	87	205	48	95	−155	48	23
ジャガイモ	春植え	6	91	192	124	94	38	254	24	160	−53
ダイコン	秋冬	22	155	168	155	119	52	236	97	137	9
キャベツ	夏秋	9	204	191	198	272	70	291	62	150	42
タマネギ	—	9	179	195	172	147	72	188	47	128	7
キュウリ	夏秋	23	403	295	358	212	132	474	276	228	87
トマト	夏秋	20	249	274	256	236	100	553	107	206	−126
水稲	—	25	76	90	96	111	55	157	7	54	70

窒素,リン酸,カリウムはN, P_2O_5, K_2O で表した.堆肥によって投入される養分量は考慮していない.

（金澤健二,2009を参考に作表）

が下層に溶脱しやすく，リン酸は急速に進む土壌固定によって吸収しにくくなるためである．肥料の施用量は，作物が必要とする養分量，降雨や土壌によって供給される養分量および作物の利用効率を考慮して決定される．各県の農業試験場は作物，作型ごとに，また土壌タイプごと，地域ごとに，長年にわたる圃場試験の結果を基に施肥基準を設定している．肥料資源の節約や環境負荷の低減のためにも，施肥量は土壌診断によって圃場の養分状態を把握したうえで，地域の施肥基準を参考にして決定されるのが望ましい．

2）畑土壌における養分蓄積と環境負荷

(1) 畑作物栽培における養分の供給過剰

畑作物の生産圃場における養分収支（投入化学肥料養分量－収穫物として持ち出された養分量，表 3-7）によれば，窒素は野菜類で特に大きく超過で，過剰施用になっている．リン酸も畑作物で水稲と比較して大きく過剰施用で，100～200 kg/ha 程度のリン酸（施用量の 50～90％）が毎作，圃場に蓄積する．穀類，イモ類では成長終了とともに収穫されるが，葉菜類は栄養成長の途中で，果菜類では盛んに栄養成長を続けながら果実が収穫されるので，収穫期においても活発な成長を維持する必要がある．そのために，土壌中の養分濃度を高く維持して持続的に養分供給する必要がある．これが穀類，イモ類に比較して野菜類で過剰な施肥になりやすく，肥料の利用率が低い原因である．畑作物の栽培においては通常，堆肥が施用されるので圃場における窒素とリン酸の供給過剰はさらに大きくなる．

(2) 窒素施肥と硝酸態窒素の溶脱

畑土壌においては，作物が吸収しなかった無機態窒素は土壌微生物菌体として有機化されるか，土壌水の浸透とともに下層に溶脱する．土壌や肥料に由来し，収穫期に残存する無機態窒素（硝酸イオン）は下層土に移動（溶脱）し，その後の降雨によってさらに深層に移動し，一部は地下水に達する．多量に施肥され，作物に吸収されなかった無機態窒素は地下水の硝酸汚染の原因となる．

このことは，畑作物にとって下層土が窒素吸収の場として重要であることを示している（図 3-6）．畑作物の生産性を向上させ，環境への負荷（地下水汚染）

を抑制するためには下層土の根伸長阻害要因（過湿，圧密，強酸性など）を改善し，厚い有効土層を確保することが重要である．さらに，作物の生育・窒素要求量に合わせて肥料の分施や緩やかに窒素を溶出する肥効調節型肥料を利用することは窒素肥料の利用率を高め，環境負荷を低減するうえで有効である．

(3) 畑土壌におけるリン酸の蓄積と水系の富栄養化

リン酸は窒素，カリウムに比べて作物の要求量が小さいにもかかわらず，基肥として窒素と同程度施用される（表3-7）．これは，リン酸が畑土壌中で移動しにくく，根系の小さい幼植物期間には土壌のリン酸濃度を高めておく必要があるからである．吸収されなかった施肥リン酸は土壌に蓄積し，特に野菜畑において可給態リン酸含量とその増加量が大きい．表3-8は全国の農業研究機関が5年1巡の周期で同一圃場の土壌の可給態リン酸を継続調査した結果をまとめたものである．野菜畑の4巡目では，全国の25％以上の圃場で可給態リン酸の上限値（1 g P_2O_5/kg）を超えるほど多量のリン酸が蓄積している．これは，わが国の畑地の半分がリン酸固定力の強い黒ボク土であるためにリン酸を多量に施肥する傾向が継続していること，特に野菜畑では窒素に比べてリン酸を多く含む家畜ふん堆肥の施用量が多いことが原因である．

わが国ではリン酸が土壌に固定されやすいので，溶脱や表面流去水による溶存態でのリン酸流出量は少ないが，降雨に伴う土壌侵食によって土壌粒子に結合した形態では水系に流出する．粒子態リン酸の一部は水中で可溶化し，光合成生物の異常増殖（赤潮やアオコ）の原因となるので，土壌のリン酸蓄積量が多いほど水質汚濁の危険性が高まる．さらに，リン酸は有限な資源（わが国は100％輸入）

表 3-8　わが国の水田，普通畑および野菜畑における可給態リン酸含量の推移

地　目	調査期間	平均値	25％値	中央値	75％値
水　田	1巡目	0.24	0.09	0.16	0.28
(8,483地点)	4巡目	0.32	0.11	0.20	0.34
普通畑	1巡目	0.41	0.09	0.23	0.52
(3,192地点)	4巡目	0.60	0.15	0.36	0.75
野菜畑	1巡目	0.72	0.21	0.48	0.96
(1,401地点)	4巡目	1.05	0.28	0.67	1.42

1巡目および4巡目の調査は1979～1983年および1994～1997年に実施された．可給態リン酸はトルオーグ法で測定．単位は g P_2O_5/kg．

（小原　洋ら，2004）

であり，資源保護と環境保全の両面からリン酸施肥の適正化は非常に重要である．

3）畑土壌の水分供給能

　圃場の水分供給能は，土壌の有効水分量と根が伸長できる有効土層の厚さの積で表される．土壌の有効水分量は圃場容水量（field capacity，24 時間重力排水されたあとの水分量）から永久萎凋点（植物が吸水できずに枯死する水分量）の間の土壌水分量である．畑土壌の水分供給能は通気性や硬さとともに作物の生育に大きく影響する．光合成を行うためには気孔を開き，二酸化炭素（CO_2）を取り込む必要があるが，このときに多量の水分が蒸散する．わが国のような湿潤な気候下にあっても，要水量（water requirement，乾物 1 g を生産するために必要な水分量 g）が大きい作物（例えば，ダイズは 600）では成長と蒸散が盛んな時期は水分不足になりやすい．そのために土壌の容積当たりの有効水分量を高めると同時に，下層土を含めた厚い有効土層を確保することが畑作物生産にとって重要である．例えば，黒ボク土は有機物含量が高く，団粒構造（毛管水を保持する孔隙を多量に含む）がよく発達しているので，他の土壌タイプに比べて有効水分量が多い．さらに，黒ボク土は火山灰の風化により生成するので礫層など根域制限層が発達しにくく，厚い有効土層を形成するので，土層全体としてさらに高い水分供給能を持つ．

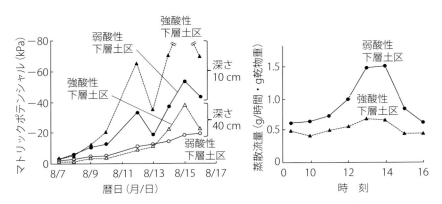

図 3-10　下層土の性質が異なる人工圃場における作土と下層土のマトリックポテンシャルの変化とソルガムの蒸散流量
（三枝正彦ら，1989 を参考に作図）

図 3-10 に見られるように，水分吸収が活発な夏期においても下層土（深さ 40 cm）は作土（深さ 10 cm）よりマトリックポテンシャルが高く，多量の水分を含んでいる．下層土強酸性区では（下層土への根伸長が阻害される），水分吸収が作土に制限されているために，作土は急激に乾燥し，作物は十分に水分を吸収できない（蒸散量が低下）．このように，下層土は溶脱した硝酸態窒素吸収の場（図 3-6）としてだけでなく，水分吸収の場としても重要である．

4）持続的作物生産のための畑土壌の養水分管理

(1) 有機物施用の意義

高水準の畑作物生産を行うためには，土壌の養分保持能と養分供給能を高めると同時に，根が伸長しやすい軟らかさを持ち，水分保持能（水分供給能）や作物根に十分な酸素を供給するための通気性が確保されることが必要である．そのためには，土壌中の有機物含量を高く維持して団粒構造を保つことが大切である．しかし，酸化的環境にある畑土壌では微生物の有機物分解活性が高く，有機物が減少しやすい．土壌の有機物含量を維持するには作物残渣や堆肥などの有機物を施用することが不可欠である．図 3-11 は牛ふん堆肥の施用によって土壌有機物含量が増加し，それに伴って仮比重が低下し，有効水分量が増加することを表している．仮比重の低下は団粒構造の発達により，膨軟化し，通気性が高まっていることを表す．さらに，畑土壌では水や風による表土の侵食を受けやすく，この

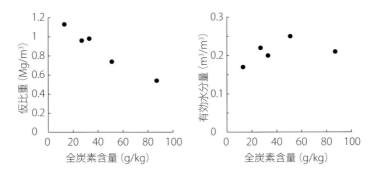

図 3-11 堆肥が連年施用された土壌の炭素含量と有効水分量，仮比重の関係
（大橋恭一・岡本将宏，1985 を参考に作図）

ことは生産力低下の直接的な原因となる．土壌侵食対策としては，等高線栽培，不耕起栽培，カバークロップの利用（緑肥やリビングマルチ）が有効であるが，有機物を圃場還元し，団粒構造を保つことも効果的である．

（2）連作障害と輪作

同一の畑作物を同じ圃場に連続して栽培すると，収量が次第に低下することが多い．この現象は連作障害と呼ばれ，畑作物生産の持続性を損なう重大な問題である．ムギ類やジャガイモは比較的連作に強いが，マメ類やナスは連作に弱いことが知られている．連作障害の原因として，養分の欠乏やアンバランス，土壌の酸性化，塩類集積，土壌の圧密化，毒素の集積，センチュウ害や土壌病害などがある．

連作障害の対策としては，接ぎ木作物の利用，土壌 pH の適正化，湛水処理などがあるが，異なる作物を循環的に作付けする輪作（crop rotation）が有効である．例えば，わが国で最も畑作が盛んな北海道では，ジャガイモ－コムギ－テンサイ－ダイズの 4 年輪作が奨励されている．また，堆肥などの有機物施用は養分補給，塩基供給による酸性化の緩和，圧密化の抑制，微生物の多様性向上を通じて，連作障害の回避に有効である．

（3）養分ストレスの原因と対策

土壌中の養分供給量が作物の養分要求量に満たない場合は，養分欠乏（nutrient deficiency）が生じ，生育が抑制される．図 3-12 のグループ 1 の元素は養分供給量に応じて作物収量は増加し，生育が最大となったあとはほぼ一定となり，過剰害が起こりにくい．これに対してグループ 2 の元素は，土壌の可給態養分量が一定レベル以上では生育量が減少する．窒素の過剰吸収は過繁茂や病害抵抗性の低下，栄養成長が刺激され，生殖成長に移行しにくくなるといった成長バランスの乱れなどが原因で減収し，微量要素の過剰供給は過剰障害を引き起こす．窒素は多量要素でありながら，供給量が多すぎても減収の原因になるので，細心の養分管理が必要となる．

土壌中の可給態養分の不足だけでなく，過剰施肥による土壌養分のアンバランスも養分欠乏を引き起こす原因となる．例えば，カリウム，カルシウム，マグネ

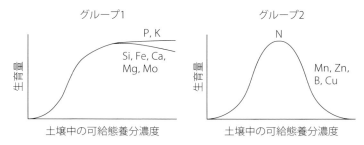

図 3-12 土壌中の可給態養分濃度の作物生育量への影響
(渡部和彦，1986 を参考に作図)

シウムの吸収は拮抗関係にあり，カリウムが多すぎると作物のカルシウム，マグネシウムの吸収が抑制される．また，土壌水分不足は土壌中での養分のマスフローや拡散による移動速度を低下させ，養分欠乏を引き起こす原因となる．例えば，土壌にカルシウムが十分にあっても，乾燥条件では蒸散量が少ないトマト果実にカルシウム欠乏による尻腐れ果が発生する場合がある．

（4）水分ストレスの原因と対策

土壌水分含量が低下すると，作物の水分吸収と蒸散がつり合わなくなり，体内の水ポテンシャルの減少や膨圧の減少によって生育が抑制される．激しい水分欠乏の際は，細胞の膨圧が維持できずに萎凋する．緩やかに水分ストレス（water stress）が進行する場合でも，膨圧の減少，気孔開度の減少，二酸化炭素の取込み速度の低下，光合成系反応の活性低下によって，光合成が抑制される．

一方，水分過剰による土壌中の酸素不足は作物根の成長を抑制し，激しい酸素不足は根腐れを生じさせる．これは，畑作物が水稲と異なり根に通気組織を持たないために，根に直接酸素が供給される必要があるためである．したがって，作物生産を持続的に行うためには，土壌の高い水分保持能と同時に十分な通気性（排水性）が不可欠である．

水分ストレスを回避するためには，有機物の投入によって土壌団粒を増加させ，体積当たりの水分保持量と通気性を改良することが有効であり，厚い有効土層を確保することも重要である．土層改良には，深耕や深根性作物の導入，暗渠の設置による地下水位の低下，下層土の酸性改良などが有効である．

コラム：畑地としての利用は土壌肥沃度を低下させる

　中学か高校時代にヨーロッパの三圃式（制）農業という言葉を聞いたことがあると思う．三圃式農業は畑地を春耕地，秋耕地，休耕地の3つに分けて利用する農法である．休耕地は放牧に利用される．放牧によって家畜のふん尿が土壌へ還元され，地力が回復，収量の増大を果たすことができた．耕地の1/3が休耕され，地力増強のために利用されたことになる．化学肥料のない時代の畑の生産力を維持するための工夫であった．農業生態系では，収穫物として物質が系外に搬出される．搬出された物質を補う，すなわち地力の回復が重要である．

　関東地方で300年間，雑木林や畑として利用されてきた土壌の腐植含量を比べた結果によれば，雑木林の腐植含量が畑より高くなっていた．雑木林は畑の有機物供給のために，落ち葉などを利用する入会地として利用されていた．系外へ物質が搬出されることは農業生態系と同様である．それでも雑木林の土壌は畑に比較して腐植含量が高く，畑の地力維持が容易でないことを示している．

　それでは，水田と畑ではどうであろうか．堆肥などの有機物を施用して地力を維持している隣りあう水田と畑の有機物含量を見ると，土壌有機物は水田の方が多い．畑では有機物の分解が早い一方，水田では田面水中の藻類などから有機物が供給される．畑の地力の維持が難しいことが容易に考えられる．

　フィリピンのバナウェでは，世界遺産で有名な棚田を見ることができる．棚田ができてから最低でも2,000年の年月が過ぎているが，毎年水稲が作付けされている．水田は連作が可能であるが，畑では同じ作物を連作すれば，連作障害が起きる．連作障害を回避するためにどのような輪作体系をとるかが畑の農業技術で大きなウエイトを占めている．

　日本の畑は主に火山灰地帯にある．火山灰土壌のリン酸はアルミニウムと結合して不可給化する．また，日本では雨が多いため，畑土壌は酸性土壌が多く，畑土壌では地力の維持と同時に酸性改良，リン酸対策も重要である．さらに，畑では耕起後の降雨による土壌侵食も起きやすく，土壌肥沃度低下の一因となる．

　このように，畑土壌の維持管理は水田，林地などより多くの努力を要する．

第4章

水田の土壌

1. 水田の分布と土壌の特異性

1）水田の立地と土壌

水田は他の耕地とは異なり作物栽培期間中に湛水される．また水田は，多量の水を必要とすることから，水を利用しやすい場所に立地している．耕地土壌の中で見れば水田土壌はきわめて特異的で水と強い関わりを持っている．

(1) 水田の立地

わが国に水田稲作が伝えられたのは縄文時代末期，今から2千数百年前である．当初は浅く帯水する土地に水田が成立し，その後灌漑技術の発達とともに地下水面が地表よりも低い土地にも水田が作られていった．江戸時代になると，大河川

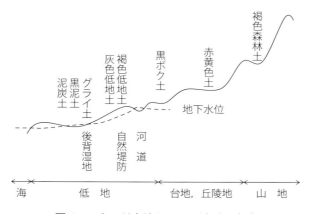

図 4-1　水田が立地している地形と土壌

中下流の低地帯・三角州帯，河口の干潟地帯で大規模な新田開発が行われた．明治・昭和時代にも新田開発が行われたが，いずれも水を得ることができる地形が水田の立地条件として重要であった．

(2) 地形と土壌

現在，わが国の水田は主に低地～台地・丘陵地に分布し，各地形に特徴的な土壌が見られる（図4-1）．低地について詳しく見ると，地下水面が地表よりも低い自然堤防では褐色低地土，灰色低地土，地下水面が土壌表面付近にある後背湿地ではグライ土，黒泥土，泥炭土が主要な土壌群となる．

(3) 土壌群別水田土壌の分布

日本の水田土壌のうち37％が灰色低地土，31％がグライ土である（表4-1）．地域別の特徴としては，東日本では排水不良なグライ土，泥炭土などが多く，西日本では比較的排水良好な灰色低地土が多い．

表4-1 水田土壌の土壌群別耕地面積

土壌群名	実数 100ha	割合 %
岩屑土	0	0
砂丘未熟土	0	0
黒ボク土	171	<1
多湿黒ボク土	2,741	10
黒ボクグライ土	508	2
褐色森林土	66	<1
灰色台地土	792	3
グライ台地土	402	1
赤色土	0	0
黄色土	1,443	5
暗赤色土	18	<1
褐色低地土	1,418	5
灰色低地土	10,566	37
グライ土	8,894	31
黒泥土	759	3
泥炭土	1,059	4

農耕地土壌分類第二次案（1977）による．

(4) 湿田と乾田

水田では作物栽培期間中に湛水するが，休閑期には落水する．落水後の排水性の違いによって土壌の断面形態が異なる（図4-2）．湿田の地下水位は高く，作土と下層土の間に固い鋤床層が発達しにくい．地下水面より低いところでは，還元条件下で生成される二価鉄（Fe^{2+}）による青灰色～緑灰色の土層（グライ層）が形成される．一方，乾田の地下水位は低く，固く緻密な鋤

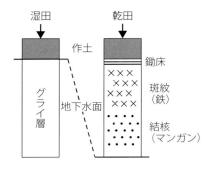

図4-2 湿田と乾田の土壌断面形態
（松井 健：新版地学入門，築地書館，1976を一部改変して作図）

床層が発達する．下層土では土の割れ目や根痕の周りに赤褐色や黄褐色の模様（斑紋）が現れる．これは酸化的条件で生成し三価鉄（Fe^{3+}）が沈殿したものである．また，鉄の斑紋が見られる位置よりも下には黒紫色の固いマンガンの沈殿物（結核）が現れることがある．

2）水田土壌の有機物蓄積と養分供給

（1）水田土壌と畑土壌の有機物蓄積

水田に水を満たすと土壌中への酸素供給が著しく阻害され還元状態となる．このような環境下では活発に有機物を分解する好気性微生物が活動できず，かわりに嫌気性微生物が緩やかに土壌有機物を分解していく．したがって，畑土壌に比べて水田土壌では有機物が蓄積されやすい（図 4-3）．

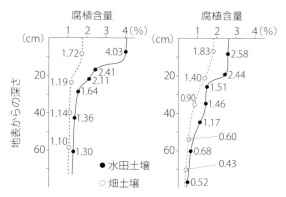

図 4-3 水田土壌と畑土壌における腐植含量の断面分布
左：埼玉県小川町，右：茨城県開城町（現 築西市）．（三土正則，1974 を参考に作図）

（2）土壌有機物の分解による作物への養分供給

水田土壌中には分解抵抗性の異なるさまざまな有機物が蓄積されていく．有機物の蓄積過程では微生物による分解を受けやすい有機物（易分解性有機物）も多くなっていくことから，土壌から作物への養分供給量も多くなる．例えば，水稲の窒素吸収量のうち 60〜70％もの窒素は土壌由来であり，これはタンパク態窒素などの易分解性有機物が微生物に分解（無機化）されたものである．したがって，水田へ堆肥を連用することで土壌中の易分解性有機態窒素を増加させ，土壌

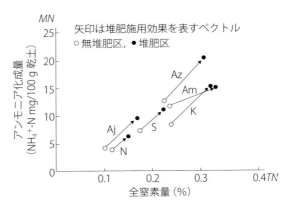

図 4-4 水田での堆肥連用による有機態窒素含量の変化
アンモニア化成量は 30℃, 28 日間の湛水培養によるアンモニア態窒素生成量で, 易分解性有機態窒素の無機化に由来する. 記号は土壌名を表す. Am：青森, Az：会津, N：長野, K：鴻巣, Aj：安城, S：静岡.（犬伏和之, 1990）

から作物への窒素供給量を増加させることが可能である（図 4-4）.

2. 水稲栽培期の土壌

　水田土壌は他の農耕地土壌と異なり, 作物（水稲）栽培期間と非栽培期間では, 土壌の特徴が著しく異なる. 水田では作物の栽培期間中に湛水するため, 大気中の酸素の土壌への侵入が制限され, 非栽培期間と比べて還元状態が発達する. このため, 酸化還元状態に影響される物質の形態が栽培期間と非栽培期間で大きく異なる. 一方, 他の農耕地では栽培期間, 非栽培期間ともに酸化的で, 両期間の物質の形態は大きく異ならない.

　水田では非栽培期間は酸素が土壌中に豊富に存在する. 移植約 10 〜 14 日前に入水し, それに伴って土壌中の分子状酸素や酸化鉄や二酸化マンガンなどの化合物として存在する酸素は微生物に利用され消失する. そして, 作土の大部分が還元状態になる. 還元の進行に伴い, 土壌の色は, 酸化鉄の赤褐色から青灰色となる. なお, 作土層表層は酸化的に保たれる. 排水良好な水田の断面形態と物質の動態を図 4-5 に示す. 湛水期間中のそれぞれの層について水稲生育に最も関係の深い窒素の動態を中心に, 水稲生育との関係でその特徴を述べる.

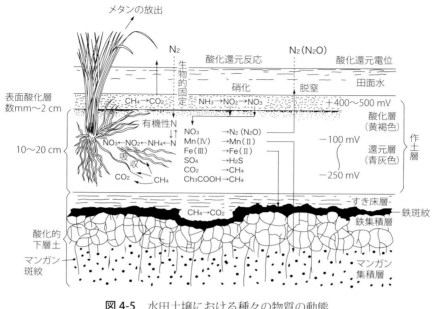

図 4-5　水田土壌における種々の物質の動態
(松本　聰，1998)

1）田面水層

　田面水には，灌漑水からの養分の供給，雑草抑制，保温，水稲の生育コントロールなどの役割がある．このため，中干し期間前の落水期間を除き水田では湛水状態が保たれる．田面水の深さは，水稲の生育コントロールや管理の目的によってかわるが，一般的には数 cm である．

　水稲の移植は西南暖地では 4 月中旬頃から，その他の地域では 5 月上・中旬に始まる．仙台の 5 月中旬の最低気温の平年値は 11.0℃であり，一方，水稲稚苗の活着適温は 12 ～ 13℃とされている．仙台では平年並みの温度では，苗の活着が遅れ，生育遅延につながることが予想される．また，出穂前 10 日頃の花粉分化期に低温にあうと，花粉の発育が阻害される．平成 5 年や 15 年には日本海側でこの時期に低温に遭遇し，障害型冷害が発生した．水は大気より比熱が大きいので気温が低くても水温が高いことを利用して，生育初期には水稲の大部分を，花粉分化期頃に幼穂を田面水で覆う管理を行い，生育遅延や障害型冷害を防

いでいる．

　田面水深をかえることによって水稲の生育を直接コントロールすることも可能である．水深は分げつ発生と関係し，深水は分げつ数を抑え1本当たりの茎の充実を図ることができ，逆に浅水で分げつの発生を活発にさせ，穂数を増加させることが可能である．一方，湛水によって水稲根の養分吸収能力が低下するマイナス面もある．そのため，間断灌漑や，飽水管理など水稲根の養分吸収能力を高める水管理も試みられている．

　田面水中の養分は主に灌漑水から供給される．田面水中の養分濃度は灌漑水のもととなっている河川の影響を受ける．カルシウムやマグネシウムなどは河川からの供給量で水稲吸収量をまかなえる．しかし，河川から供給される養分のうち，ケイ酸について見ると，山形県では1956年から1996年までの40年間で河川のケイ酸濃度が半分以下になった．水田土壌の養分収支，水稲への施肥量を考える場合，天然供給量が減少してきていることも考慮する必要がある．

　施用された肥料も田面水に移行する．基肥を作土層全体に施用しても，田面水には窒素が1週間から10日程度検出されることがある．この間，リン酸も田面水中に存在する場合がある．追肥として最高分げつ期以降に施用した窒素は，1～2日は田面水に存在する．田面水中にこれら養分が存在するとき，田面水の直接的な排水は施肥効率や環境保全の観点から控えるべきである．

　田面水中には水生植物，動物プランクトンや植物プランクトンが多く生息し，また，小動物，微生物も生育している．プランクトンや微生物の活動は太陽光の有無により大きく変化するため，田面水中の物質の動態に日中と夜間では違いが見られる．最高分げつ期以前は太陽光が直接田面に到達し，物質の動態も日中と夜間では大きく異なる．この時期の田面水のpHの変化を図4-6に示した．pHは夜間5～6前後，日中は9前後となる．田面水中の溶存酸素量は日中増加し，過飽和状態とな

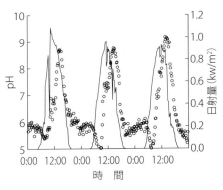

図4-6　田面水pHの日変化
○：pH，――：日射量．（Usui, Y. et al., 2003）

$$\text{昼間}: HCO_3^- + H_2O \xrightarrow{\text{(光エネルギー)}} (CH_2O)[\text{有機物}] + O_2 + OH^- \quad \text{pH の上昇}$$

$$\text{夜間}: (CH_2O) + O_2 \xrightarrow{\text{(呼吸)}} CO_2 + H_2O$$
$$CO_2 + H_2O \longrightarrow HCO_3^- + H^+ \quad \text{pH の低下}$$

図 4-7 田面水中の炭素の挙動

り，夜間減少する．一方，炭酸ガス濃度は日中減少し，夜間増加する．日中の田面水のpHの上昇は藻類の光合成により炭酸ガスが減少するために起きる．一方，夜間は田面水中の動植物の呼吸作用により炭酸ガスが放出されることによりpHが低下する（図 4-7）．なお，最高分げつ期以降は水稲が繁茂し，田面水を覆うようになるので，このような田面水のpHの日変化の程度は小さくなる．

　藻類は田面水のpHに影響を及ぼすだけでなく，生産される大量のバイオマスを通して水田土壌へ有機物を供給している．さらに，窒素固定を行う生物（ラン藻，アゾラ）も数多く田面水中に存在する．これらの生物活動が水田の生産力維持に一定の役割を果たしていると考えられる．一方，藻類によって田面水のpHの上昇に伴い田面水中に存在するアンモニア態窒素が揮散により消失し，水稲による窒素の利用効率が低下する可能性もある．このように，田面水中の生物活動は水稲生産にとってプラス面とマイナス面の両面がある．

2）作 土 層

　作土層は耕起および湛水という人為の影響を最も受ける層で，厚さは 10 〜 20 cm，平均で 15 cm 程度である．稲作期間中作土層は表層で赤褐色をした酸化層とその下の青灰色の還元層の 2 層に区別される．

(1) 酸 化 層

　田面水中は水生植物由来の酸素が日中は過飽和の状態で存在する．また，夜間も大気から酸素が供給される．そのため，作土のごく表層（数 mm 〜 2 cm）は酸化的に保たれる．酸化層は，酸化鉄に由来する赤褐色や褐色を呈し，酸化還元電位は 400 〜 500 mV を示す．

　窒素は酸化的条件では硝酸態窒素が安定で，酸化層ではアンモニア態窒素の硝

化が起きる．硝化された窒素は水の下方への移動に伴い還元層へ移動し，硝酸態窒素は還元状態で窒素ガスなどへ還元され，大気中へ放出される（脱窒）．この硝化脱窒は酸化層が発達したあとの窒素の利用率低下の主な要因となっている．逆に，非栽培期間に湛水し，用水の窒素浄化に利用する場合もある．また，酸化層では量的には少ないがメタンの酸化によってメタン放出量が減少する．

(2) 還 元 層

酸化層以下の作土層は水稲根の周囲を除いて，下層土に比べて土壌硬度が低く，この層の酸化還元電位は－100～－250 mVである．還元層は酸化鉄の還元に伴って生成した二価鉄を含む鉱物の色に影響され，灰色から青灰色を呈する．なお，還元層であっても水稲根の周囲は根から放出される酸素によって酸化され，赤褐色である．

耕起後，水田に灌漑水が入れられ代かきなどの農作業が行われる．この段階では土壌中に溶存酸素が存在し，好気性微生物が活発に活動する．溶存酸素がなくなると，酸化物の酸素が微生物の呼吸のために利用される．最初に利用される酸化物は硝酸塩，次いで二酸化マンガン，酸化鉄，硫酸塩と続き，最終的には二酸化炭素が利用され，それに伴って酸化還元電位が低下する（表4-2）．

水田作土の還元層では，無機態窒素としてはアンモニア態窒素が安定である．

表 4-2 水田土壌における酸化還元電位と物質の動態

湛水後の経過日数	物質変化	反応の起こる土壌の酸化還元電位（mV）	CO_2 生成	微生物の代謝形式	有機物の分解形式
初　期	分子状酸素の消失	＋600～＋300	活発に進行する	酸素呼吸	好気的・半嫌気的分解過程
↓	硝酸の消失	＋400～＋100	〃	亜硝酸型および脱窒型の硝酸還元	〃
	Mn(Ⅱ)の生成	＋400～－100	〃	Mn(Ⅳ, Ⅲ)	〃
	Fe(Ⅱ)の生成	＋200～－200	〃	Fe(Ⅲ)の還元	〃
	S(Ⅱ)の生成	0～－200	緩慢に進行する，停滞ないし減少する	硝酸還元	嫌気的分解過程
後　期	CH_4の生成	－200～－300	〃	メタン発酵	〃

（松本 聰，1978）

アンモニア態窒素は正の電荷を持ち，土壌は負電荷を帯びているため，アンモニア態窒素は電気的に土壌に吸着保持される．

(3) 栽培期間の水田作土での窒素動態

水田の作土層は他の層位に比べて水稲根が最も多く分布している層である．したがって，水稲への栄養分の補給という観点から最も重要な層である．施用された肥料や堆肥などの有機物は大部分が作土層に保持され，水稲に利用されていく．

作土に基肥として施用した土壌中のアンモニア態窒素は，水稲の成長に伴って減少する（図4-8）．最高分げつ期頃になるとアンモニア態窒素はほぼ消失（10 mg/kg以下）する．アンモニア態窒素が消失するまでの期間は，熱帯では移植後約4〜6週間，日本では8〜10週間である．一方，最高分げつ期以降追肥として施用したアンモニア態窒素の水田作土での存在期間は，根の吸収が旺盛なため約1週間と短い．施用した基肥窒素，追肥窒素の水稲による利用率は熱帯，温帯にかかわらず，それぞれ約30%，50%以上である．また，土壌中に有機態として栽培期間後残存する施肥窒素は基肥で約30%，追肥で約20%である．加えて，基肥窒素の5〜10%が下層土で有機化されるが，追肥窒素は作土0〜2 cmに存在し，下層土への移行はほとんど見られない．

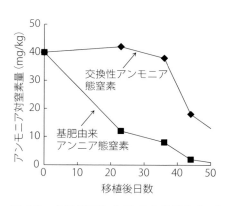

図4-8 会津坂下における交換性および基肥由来アンモニア態窒素の推移
（安藤　豊ら，未発表）

(4) 水管理と水田作土中の窒素動態

世界で使用されている水の70%は農業利用である．水の農業利用は緑の革命後急激に増加し，50年で食料生産に利用される水は約3倍になったとされる．一方で，今後は水不足が予想されるため，水稲での節水栽培が試みられている．水田では前述のように田面水が土壌断面，物質の動態を特徴づけているため，水管理から見た稲作栽培技術と窒素の動態を要約する．

日本では，水稲根を健全に保つ，茎数を制御する，機械走行性を高めるなどの理由で最高分げつ期前後，作土層を乾燥させる中干しを行う．この水管理によって作土の還元層に空気（酸素）が入り，還元層の一部が酸化的になる．その酸化的部位で，最高分げつ期前にはアンモニア態窒素の一部が硝酸態窒素に変化し，水の移動に伴い還元的部位に移動し脱窒していくことが考えられる．しかし，中干しを行う時期は水稲根が作土層全体に繁茂する時期で，水稲による窒素の吸収速度も大きく，中干しによる硝化・脱窒速度と水稲による窒素吸収速度の両者が無機態窒素の動態に影響を与えることになる．

 国際稲研究所（IRRI）に提唱された水管理であるAWD（Alternate wetting and drying）は，落水と湛水を交互に行うのが特徴である．落水による作土層の酸化により，アンモニア態窒素の硝化脱窒の促進が予想される．しかし，常時湛水と比較してAWDで施用窒素の利用率が低下する場合とほとんどかわらない場合が報告されている．

 他方，マダガスカル発祥のSRI（System of Rice Intensification）は浅水や飽水管理により，作土層に酸素を供給し，根の養分吸収能力を高めることを特徴とする．この場合も作土中のアンモニア態窒素が硝化脱窒することが考えられるが，施肥窒素の利用率は湛水区とほぼ同じであった．

 水田における落水などの水管理の主な目的は，作土層に酸素を供給して作土の還元を緩和し，水稲根の養分吸収能力を高めることにある．無機態窒素は硝化されやすくなるが，同時に水稲根の養分吸収能力も高まる．水管理と水稲根の養分吸収能力や水稲による硝酸態窒素の吸収など，今後の研究課題が多く残されている．

3）鋤床層

 作土直下は硬く緻密な層で，鋤床層と呼ばれる．硬すぎると水稲根の伸張が阻害され，水田の透水性が低下する．

4）下層土

 下層土は作土層に比べて人為の影響の少ない層位である．排水がよく地下水位の低い水田では赤褐色ないし灰褐色の層（酸化的）が，排水不良水田では青灰色の層（還元的）が続く．人為の影響が少ないため，有機物含量は作土層に比べて

少ない場合が多い．

　下層土が酸化的な条件では，下層土に移行したアンモニア態窒素，メタン，Fe^{2+}，Mn^{2+}などは酸化される．アンモニア態窒素は硝酸態窒素になり地下水へ流出するが，その量は少ない．Fe^{2+}は鋤床層直下で酸化され，一方，マンガンは鉄集積層の下方に見られる（図4-2）．なお，Fe^{2+}やマンガンが酸化される時期は，湛水期間中の地下水位や浸透性によって異なり，土壌により湛水期間中に酸化される場合と落水後に酸化される場合がある．

　畑土壌に比べて水稲の生育に果たす下層土の役割は小さく，微生物活動も低いと考えられる．とはいえ，水稲の吸収する窒素の10〜20％は下層土の有機態窒素に由来する．作土層と下層土からの吸収窒素量の割合は，生育後半ほど下層土からの割合が大きくなる．最高茎数が同じ圃場では，下層土中の無機化可能窒素量が多い圃場で穂数が多くなり，穂数が同一の場合，単位面積当たり粒数と登熟歩合は作土と下層土の無機化可能窒素量の合量と密接に関係している．このように，下層土は水稲生育後半に大きな役割を果たしていると考えられる．

3．水田における物質循環

　本章の1.，2.に述べられた水田土壌の性質をもとに，ここでは，水田に特徴的な物質循環を，水稲の栽培や生育と関連するいくつかの例をあげながら見ていく．

　水田は湛水される（水が張られる）ことが，畑や草地とは著しく異なる特徴であり，そこで生じる物質循環にも大きな影響を与えている．中でも，灌漑水を介した表面水（田面水）からの養分供給や作土還元層における有機物の分解とそれに伴う物質の化学形態変化がきわめて特徴的である．

1）水田土壌の養分供給能と灌漑水および表面水（田面水）からの養分供給

（1）水田土壌の高い肥沃性

　図4-9は，水田作物の水稲と畑作物のムギ類について，国内各地で行われた三要素（窒素，リン酸，カリウム）肥料の施用試験（NPK experiment）における収量データをまとめたものである．ムギ類では，3種類の肥料を施用した三要

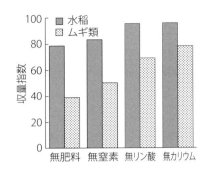

図 4-9 水稲およびムギ類の三要素肥料の施用試験における収量
三要素区の収量を 100 とした場合の指数として示した．1916～46 年のデータであり，現在より収量レベルは低い．（川崎一郎，1953 を参考に作図）

素区と比較した場合，無肥料では 40％以下，無窒素では半分，無リン酸や無カリウムでも 70～80％に収量が低下する．これに対し水稲では，無肥料や無窒素で栽培しても 80％程度の収量が得られ，リン酸やカリウムの施用を行わなくてもほとんど収量に影響はなく，減収はせいぜい 5％程度である．これは，肥料以外から作物に供給される養分量が畑よりも水田で多いことを示している．昔から「イネは地力で穫り，ムギは金肥（化学肥料）で穫る」といわれる所以であり，水田が高い肥沃性と持続性を持つ優れた耕地利用形態であることを良く表している（☞ 4-コラム）．

(2) 灌漑水および田面水からの養分供給

表 4-3 に灌漑水に含まれる主な養分の平均濃度と水稲一作期間中に 1 ha の水田に供給される養分量を示した．カルシウムとマグネシウムについては水稲 1 作当たりの平均吸収量はそれぞれ 20 kg/ha および 12 kg/ha であるので，灌漑水からの供給量で水稲の必要量を十分にまかなえる．カリウムとケイ素では，水稲の吸収量はそれぞれ 80～120 kg/ha および 290～470 kg/ha 程度であるため，必要量を灌漑水だけでは供給できない．その他の微量要素は，アルカリ土壌などの特殊な土壌を除けば，灌漑水からの供給量で十分であるため，水稲に欠乏を生

表 4-3 灌漑水中の主な養分の濃度と水稲 1 作期間中に供給される養分量

元素	N	P	K	Ca	Mg	Si
濃度 (mg/L)	0.51	0.013	1.4	11	2.0	8.5
供給量 (kg/ha)	5.1	0.13	14	110	20	85

1 作期間の灌漑水量を 10,000 t/ha として計算． （吉田昌一，1961 を参考に作成）

じることはほとんどない.

窒素とリン酸については，灌漑水から供給される量は少ない．図 4-10 に，水稲の吸収する養分（窒素，リン酸，カリウム，ケイ酸）のそれぞれの供給源ごとの割合を示した．どの養分の場合も主な供給源は土壌であるが，リン酸はそのほとんどが土壌から，窒素とカリウムは灌漑水以外では主に土壌と肥料から，ケイ素は灌漑水と土壌から供給されている（多収栽培の現在では肥料の寄与はこれよ

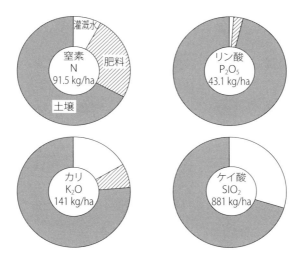

図 4-10 水稲の吸収する養分と供給源
1960 年代の値．（山根一郎，1981 を参考に作図）

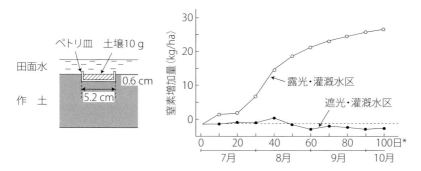

図 4-11 水田表層における空中窒素固定
左：実験方法，右：ペトリ皿内土壌の窒素増加量．＊田植後日数．（小野信一・古賀 汎：日本土壌肥料学雑誌，55 巻 5 号，p.465－470，第 1 図および第 3 図，1984）

りもはるかに大きい．また，ここではケイ酸資材を施用していない場合を想定している）．

　窒素については，これらの供給源以外に，田面水あるいは土壌表層に生育するラン藻（シアノバクテリア）による窒素固定の寄与がある．水田は湛水されることにより，田面水中に光合成生物である藻類が繁殖する．その中で，ラン藻は窒素固定能を有している（☞ 7-1）．水田の土壌表層と田面水におけるラン藻の窒素固定は，水田への窒素供給に重要な役割を果たしていると考えられている．図4-11に示した実験では，主にラン藻による窒素固定量として26 kgN/haという値が得られている．

　リン酸とケイ酸は，湛水され作土が還元的になることにより，土壌からの供給力が増す．これについては，次の2）で述べる．

2）作土還元層における有機物の分解とそれに伴う物質の形態変化

　水田の作土は表面が田面水に覆われており，大気と直接接していないため，酸素の供給量が少なく，微生物による有機物の分解に伴って酸素が消費され，還元状態が発達する（☞ 4-2）．その結果，水田作土中における物質変化は酸化的条件下にある畑土壌中とは異なった様相を示す．水田作土における還元化は，酸素が消費されたあと，エネルギー効率の良い酸化剤による有機物（還元的な物質）の酸化から効率の悪い酸化剤による有機物の酸化へ，エネルギー的に不利な反応へと逐次的に進行することにより起こる（☞ 4-2）．

　このように，作土が還元状態になることが水田土壌の最も大きな特徴である．この結果，水稲の栽培および生育に有利，不利の両方の影響を与える．以下にそれぞれいくつかの例をあげる．

（1）有機物の嫌気的分解と土壌の窒素供給力増大

　作土還元層では有機物は嫌気的に分解される．図4-12に有機物（炭素化合物）の嫌気分解過程の概略を示す．多糖，タンパク質，脂質などの高分子化合物は，さまざまな嫌気性微生物により加水分解や酸生成作用などを受け，最終的にメタンへと変換される．前述したように，これらの反応は酸素を酸化剤とする好気分解反応（酸素呼吸）と比べ，得られるエネルギーが少なく不利な反応である．そ

のため，還元的な水田作土では酸化的な環境と比べ有機物の分解が抑えられ，結果として畑よりも水田では土壌中の有機物の残存量が多くなり，有機物に含まれる窒素成分も多く蓄積する．さらに，水田ではこの有機態の窒素が無機化されて生じた無機態（アンモニウム態，NH_4^+）窒素が集積しやすい．これは，水田土壌では窒素の無機化速度が有機化速度の2倍程度であるためと考えられている．図4-10の値は50年以上前のデータであるが，土壌中の有機態窒素から生じた無

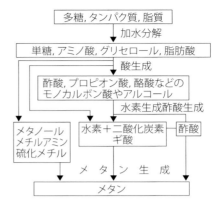

図 4-12 有機物の嫌気分解過程
（浅川 晋：土の環境圏，p.300，図1，フジテクノシステム，1997）

機態窒素は，現在の水稲栽培においてもなお，吸収する窒素量の半分をやや超える程度を占めており，地力窒素と呼ばれる．地力窒素量とその無機化のパターンの把握は，水稲の栽培・施肥管理にとって重要である．

　地力窒素の尺度としては，古くから乾土効果が用いられてきた．水田土壌を乾燥（風乾）したあとに湛水培養すると，無処理（湿潤状態）の土壌よりも多くの無機態窒素が生成することを乾土効果という．これは，乾燥により土壌中の微生物が部分殺菌され，微生物の細胞壁などに含まれる窒素化合物が無機化したことに由来すると考えられている．この他，水田土壌の有機態窒素の無機化を促進するものとして，地温の上昇や石灰施用による土壌のアルカリ化などが知られている．また，地力窒素の無機化量の推定のため，有効積算温度という概念が用いられている．これは，湿潤土壌の窒素無機化量が15℃以上の温度とその期間の積（有効積算温度）に比例することから，以下の式が導かれた．

$$Y = k[(T - 15) \cdot 日]^n$$

ここで，Y：窒素無機化量，T：地温，kとn：定数．

　現在では，この有効積算温度による推定をさらに普遍化，精密化した方法（反応速度論的解析）により，窒素無機化のパターンをより正確に把握し，施肥量の決定に役立てられている（☞ 4-2）．

(2) リン酸とケイ酸の供給力増大

　一般的に土壌中のリン酸は鉄，アルミニウム，カルシウムと結合あるいは吸着し，難溶性の塩として存在している．土壌が湛水され還元的になると，土壌中に多く存在する鉄は還元され2価鉄（第一鉄，Fe^{2+}）となる．それに伴いリン酸と鉄の化合物は，難溶性のリン酸第二鉄から水にやや溶けやすいリン酸第一鉄に変化し，水稲がリン酸を吸収することができる．すなわち，還元状態になることにより，水田土壌では水稲が吸収可能な形のリン酸（可給態リン酸）の量が増える．このため一般的に，水田ではリン酸肥料の効果は窒素やカリウムと比べて小さい（☞ 図4-9）．ただし，北海道や東北地方などの寒冷地水田では，地温が低く有機物の分解が緩慢で還元化が進みにくく，可給化されるリン酸の量が少ないのに加え，水稲は低温下でリン酸の吸収能が低く，リン酸肥料の効果が高いことが知られている．

　図4-10で述べたように，水稲は多量のケイ酸を吸収し，ケイ素は水稲の生育に有用性の高い元素と考えられている．土壌中ではケイ酸は粘土鉱物として存在し，土壌を構成する主な元素の1つである（☞ 5）．水田土壌では還元化に伴い水溶性のケイ酸量が増える．これには，湛水に伴う還元化の進行による鉄の還元が関わっていると考えられている．

(3) 脱窒による施肥窒素の損失と全層施肥法

　本章の2.「水稲栽培期の土壌」に述べられているように，水田は湛水されることにより作土層が還元化されるとともに，田面水に接した最表層部の土壌は厚さ数mm～2cmの薄い酸化的な層として分化が生じる．窒素肥料（アンモニウム態窒素，NH_4^+）がこのような水田土壌の表面に施用された場合，肥料中のアンモニウム態窒素は最表層部の酸化層で，アンモニア酸化細菌と亜硝酸酸化細菌の作用により（☞ 7-2），硝酸態窒素（NO_3^-）へ酸化される（硝化作用）．生じた硝酸イオンは陰イオンの中でも土壌に吸着されにくく移動しやすいため（☞ 6-1），より下層の還元層に移行する．ここでは，脱窒細菌の作用により（☞ 7-2），硝酸態窒素は窒素ガス（N_2，一部は一酸化二窒素（N_2O））へと還元される（脱窒作用，図4-13）．

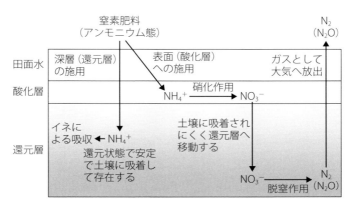

図 4-13 水田における硝化，脱窒
（松中照夫，2003 を参考に作図）

　このような水田における硝化・脱窒現象は，塩入松三郎と青峯重範により1937年に初めて明らかにされた．酸化的な水田土壌の表層部に施用された窒素肥料は，この脱窒現象により窒素ガスとして失われ，肥料としての効果が低下する．塩入はさらに水田における硝化および脱窒のメカニズムの解明を進め，肥料窒素の脱窒による損失を防ぐための技術として全層施肥法を開発した．アンモニウム態窒素は還元的な作土層では安定であるため，アンモニウム態の窒素肥料を土壌表面ではなく作土還元層に施用し，酸化層で硝化作用を受けないようにする方法（深層施肥法）である．実際には，より簡便な作土層全体に混ぜる方法（全層施肥法）として技術化，普及が行われ，肥料窒素の利用効率が向上した．現在では，表層ではなく作土還元層へ肥料を施用する方法は水稲への基肥施用方法として広く普及しており，稲作に対する効率的な窒素施肥技術の確立に塩入らの果たした役割は非常に大きい．さらに近年では，側条施肥や肥効調節型肥料の全量苗箱施肥により肥料の利用効率は著しく向上している．

(4) 硫酸還元による水稲の硫化水素害「秋落ち」と老朽化水田の改良

　(2)「リン酸とケイ酸の供給力増大」で述べたように，湛水による土壌の還元化に伴い，土壌中に多く存在する鉄は還元され水溶性の第一鉄（Fe^{2+}）になる．水の浸透とともに第一鉄は下方へ移動し（溶脱），酸化的な下層土（☞ 4-2）で第二鉄（Fe^{3+}）へ酸化され，不溶化し沈殿する．これが長年繰り返されると作土

層から鉄が減少し，下層土に集積する．また，鉄だけではなく，マンガンや各種の塩基も溶脱される．この現象を水田の老朽化という．老朽化は砂質の土壌など，透水性の良い水田で起きやすい．

　1940年代に，中国・四国地方を中心とした砂質の水田地帯で硫安（硫酸アンモニウム）を窒素肥料として多量に施用した際,「秋落ち」と呼ばれる水稲の根腐れによる生育不良が大きな問題となった.「秋落ち」とは，水稲の生育が前期には良好であるにもかかわらず，後期（秋）に不良となる現象をいう．これらの水田は，もともと鉄含量の少ない花崗岩などに由来する土壌からなるうえ，高い透水性のため鉄が溶脱した老朽化水田であった．硫酸アンモニウムを施用すると，硫酸イオン（SO_4^{2-}）は還元条件下の作土層中で硫酸還元細菌の作用により（☞ 7-2)，硫化水素（H_2S）が生じる．鉄を十分に含む通常の（老朽化していない）水田であれば，硫化水素（H_2S）は第一鉄（Fe^{2+}）と反応し硫化鉄（FeS）となり不溶化する．しかし，作土中に鉄が少ない老朽化水田では，第一鉄（Fe^{2+}）と結合できない硫化水素（H_2S）が残って水稲の根に障害を及ぼし，養分吸収阻害により水稲の生育障害が起こる（図4-14）．これが老朽化水田における「秋落ち」の原因であり，この現象のメカニズムもまた前述の塩入松三郎により明らかにされた．かつて，老朽化水田（秋落ち水田）は不良水田の代表であったが，鉄を含む資材の施用，鉄に富む土壌の客土，深耕による下層土に集積した鉄の作土への混和，硫酸イオンを含まない窒素肥料（塩化アンモニウムなど）への転換などの

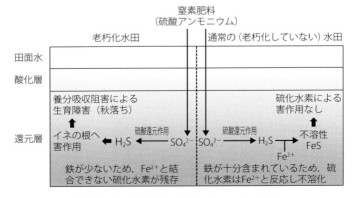

図4-14　老朽化水田における「秋落ち」
（松中照夫，2003を参考に作図）

改良対策により，現在の日本ではほとんど問題となっていない．

(5) 有機物の嫌気的分解に伴う有機酸生成による水稲の生育障害

図 4-12 に示すように，還元が進んだ作土層では有機物は嫌気的に分解され，最終的にメタンと二酸化炭素（CO_2）となる．稲わらや麦わらなどの新鮮な有機物が大量に施用された場合，嫌気的分解（anaerobic degradation）過程の中間代謝産物である有機酸が集積する場合がある．一般的に，高濃度の有機酸は水稲の生育を阻害する．酢酸，プロピオン酸，酪酸などの揮発性脂肪酸は，mMの濃度レベルで水稲の生育に障害を及ぼすものが多い．東北地方などの寒冷地で稲わらや麦わらを水田に施用すると，酢酸などがこれらの阻害濃度以上に集積し水稲に生育障害が生じる例が知られている．低温条件で，揮発性脂肪酸の生成よりも分解の速度が遅いことが原因であると考えられている．一方，九州などの暖地の水田では，特殊な条件を除いて，これらの揮発性脂肪酸が阻害濃度以上になることはまれである．しかし，麦わらを施用した暖地水田では，しばしば水稲の初期生育が抑制される．水稲の裏作（冬作）にムギが作付けされる稲麦二毛作水田では，ムギの収穫後直ちに新鮮な麦わらが土壌へ施用され，好気的に分解する間もなく湛水される．このような麦わらを施用した九州の水田土壌から，図 4-15 に示すような芳香族カルボン酸が同定された．これらの芳香族カルボン酸は麦わらの施用に伴って生成し，水稲の生育に対する阻害濃度は μM のレベルであり，揮発性脂肪酸より3桁低い濃度で作用する．

これらの有機酸の集積を防ぐには，稲わらや麦わらを堆肥化したあとに施用するか，湛水前の好気的な土壌に混和して十分分解させるなどの対策が行われる．

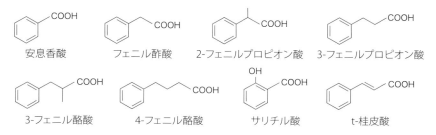

図 4-15 麦わら施用水田から見出された芳香族カルボン酸
（田中福代：日本土壌肥料学雑誌，72 巻 3 号，p.335-336，図 1，2001）

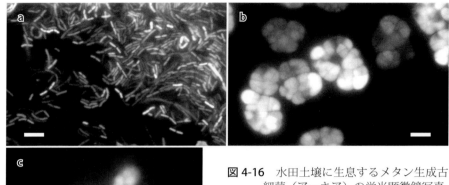

図 4-16 水田土壌に生息するメタン生成古細菌（アーキア）の蛍光顕微鏡写真

a：*Methanobrevibacter arboriphilus* SA 株，b：*Methanosarcina mazei* TMA 株，c：*Methanoculleus chikugoensis* MG62 株．バーはいずれも 5.0 μm．（日本土壌肥料学会九州支部（編）：九州・沖縄の農業と土壌肥料，日本土壌肥料学会九州支部，p.140，写真 1，2，3，2004）

(6) 地球温暖化ガス（メタン）の発生

図 4-12 に示すように，有機物の嫌気的な分解では最終的にメタンが生じる．メタンは地球温暖化ガスであり，水田からのメタン発生量は地球全体の発生量の約 5％を占め，農業に関わる発生源としては畜産に次いで発生量が多い．メタンは絶対嫌気性のメタン生成古細菌（アーキア，図 4-16）により作られる．メタンは水稲に対する害作用はなく，むしろ，有機物の嫌気分解過程がメタン生成へ順調に進むことにより，(5)「有機物の嫌気的分解に伴う有機酸生成による水稲の生育障害」に述べた有機酸が過剰に蓄積せず，水稲の生育には好ましい．中干しや間断灌漑などの水管理や施用有機物の選択により，メタン発生量を抑えることが可能である（☞ 4-2）．

コラム：水田土壌はなぜ肥沃なのか

　日本は「瑞穂の国」といわれ，私たち日本人は，弥生時代から現在まで水田から生産されるお米を主食としてきた．なぜ，弥生時代の昔から現在まで持続的に米の生産が可能だったのだろうか．これは，畑にはない水田の持つ特徴が関連している．日本人にとって大事な原風景を形成している水田の地力のこと，水稲のことを考えてみる．

　畑では同じ作物（ダイズ，野菜）を連作すると収量が低下したり，病気にかかりやすくなる連作障害が発生する．一方，水田では毎年，イネを栽培しても米を安定的に生産できる．その違いは，イネの栽培期間中に多量の水を水田に灌水しているからである．灌漑水によって養分が供給されるとともに，作物に有害な成分が多量の水で洗い流される．さらに，畑では作物に大きな被害を及ぼすセンチュウや有害な微生物は，湛水され酸素の著しく少ない条件では死滅する．

　地力の消耗が少ないのも水田の特徴の1つで，その理由は，湛水され酸素の少ない還元的な水田は，酸素の多い酸化的な畑に比べて，有機物の分解するスピードが緩やかになるためである．加えて，水田土壌の表面の層に生息しているラン藻により，空気中にある窒素を固定することによって窒素が供給される．さらに，水田土壌の主な無機態窒素の形態であるアンモニア態窒素は陽イオンであるためマイナスに帯電している土壌に吸着され流亡しにくい．古くから「イネは地力でムギは肥料で」といわれるように，水田の持つこのような特徴が，作物生産に大きく関与すると同時に水田の高い肥沃性や持続性をもたらしている．

　日本人にとって，水田はお米の生産だけでなく，洪水の防止，生物多様性の確保，美しい景観，文化の伝承など多くの役割を担っている．私たちの財産である水田が年々減少していると同時に，水田の土壌が年々劣化している．無から有を生み出す農地（水田）は国の宝である．水田の地力の実態を考え，発言し行動するのも，国民の役割といえる．

第2部　土壌の成立ちと機能

第 2 部では，まず土壌を構成する成分を解説する．岩石が物理・化学的に風化し，有機成分も加わり土壌となる．土壌は岩石にはなかった各種成分・構造・機能を獲得し，土壌生物が土壌中での物質循環に働きかけて土壌自体も変化する．その変化は各種の土壌生成因子の影響を受け特異的である．化学的・物理的視点から植物生育にとっての土壌の優れた機能および構造を解説するとともに，土壌生物の多様性と機能，作物生産における役割を紹介する．

第5章

土壌の素材

1. 岩石の風化と土壌の生成

　土壌のもとになる岩石を母岩（parent rock）という．土壌は主に母岩からできる．母岩は岩石圏を構築し，岩石圏は地球の表面である地殻（crust）に含まれる．地殻より内部にはマグマが存在する．岩石の上部がさまざまな原因によって次第に砕かれ，より細かい粒子だけが残る．このようなプロセスを岩石の風化作用といい，土壌の生成という．したがって，生成した土壌の性質は岩石の性質を強く反映することになる．生成した土壌を残積性土壌という．土壌が生成するには，その他のプロセスもある．わが国は環太平洋火山帯に位置する火山国である．火山が噴火し，風によって運ばれた火山灰や，水により運ばれて堆積した土砂も土壌になる（運積性土壌）．また，山地や丘陵地の斜面が地滑りなどによって崩落して堆積した土壌もある（崩積性土壌）．これらの土壌の下には，土壌のもととなる岩石はない．

1）主要な母岩（土壌の材料）

　岩石は，通常，数種の鉱物が結合してできている．その成因から，火成岩（igneous rock），堆積岩（sedimentary rock），変成岩（metamorphic rock）の3種に大別できる．

(1) 火成岩

　地中にある650〜1,300℃のマグマが，常温の地表付近で冷却して固まってできた岩石を火成岩と呼ぶ．マグマの化学組成と冷却速度の違いのため，その性状は実に多様である．したがって，火成岩中の鉱物組成もまた非常に多様である．

さらに，マグマが地表に噴出した場合は瞬時に冷却するが，地表近くの地中でゆっくり冷却する場合もある．この冷却速度によって結晶構造が影響を受けるため，鉱物組成が変化する．

火成岩の分類基準には，産状，組織，化学組成，鉱物組成などが用いられる．表5-1にケイ酸含量の違いに基づいた代表的な分類法を示す．ケイ酸含量の多いものは酸性岩，少ないものは塩基性岩，その中間が中性岩と区分される．化学組成もほぼこの順に変化し，酸性岩から塩基性岩に向かって，ケイ素，ナトリウム，カリウムが減少し，アルミニウム，鉄，マグネシウム，カルシウムなどが増加する．

火成岩の主成分鉱物は7種類である．酸性岩では石英，カリ長石，斜長石，黒雲母，角閃石が多く，中性岩では斜長石，黒雲母，輝石，角閃石が，塩基性岩では斜長石，輝石，カンラン石が多い．これらの鉱物の色は，酸性岩を構成するものほど無色のものが多く，塩基性岩を構成するものほど有色のもの（鉄，マグネシウム由来）が多い．そのため，酸性岩は白っぽい色を基調としているのに対して，塩基性岩はより黒っぽいものが多い．塩基性岩を構成する鉱物の方が風化しやすく，生物の必須元素に富むため（後述），肥沃性の高い土壌になりやすい．

火成岩の代表的なものには，安山岩，花コウ岩，火山放出物がある．

a．安 山 岩

火山国であるわが国では，安山岩（andesite）が最も広く分布する火山岩である．安山岩は中性岩で，主成分鉱物は斜長石，輝石，角閃石，雲母である．ガラス質の部分は暗色，結晶度の高いものは淡色で，細粒斑状となる（図5-1a）．

表5-1 火成岩の分類

			多 ← 66 − 52 → 少		
SiO_2 含量%			(酸　性)	(中　性)	(塩基性)
主要鉱物の組合せ			石英＋カリ長石＋斜長石＋黒雲母＋角閃石	斜長石＋黒雲母＋輝石＋角閃石	斜長石＋輝石＋カンラン石
色指数			淡色 ← 10 − 35 → 暗色		
完晶質 ↕ ガラス質	粗　粒 (結晶の大きさ) 細　粒	深成岩	花コウ岩	閃緑岩	ハンレイ岩
		半深成岩	石英斑岩	ヒン岩	輝緑岩
		火山岩	流紋岩	安山岩	玄武岩

b．花コウ岩

　花コウ岩（granite）は酸性の深成岩で，国内の分布も広い．石英，カリ長石，斜長石，黒雲母，角閃石を主成分とし，組織は粗粒で等粒状である．石英の結晶は大型で風化抵抗性が大きいため，花コウ岩に由来する土壌は，石英粒子の多い，砂質で肥沃性の低い土壌となる（図 5-1b）．

図 5-1 主な火成岩，堆積岩，変成岩
a：輝石安山岩（矢印は輝石の斑晶），b：花コウ岩，c：砂岩，d：凝灰岩，e：片岩，f：片麻岩．（写真提供：吉倉紳一氏）

c．火山放出物

　火山放出物は火山砕屑物ともいい，火山の噴火によって放出されたもので，火口から流出，または空中を飛行して落下したものである．酸性のものが多く，一般の火山岩と比べても，きわめてガラス質のものが多く含まれる．火山放出物は，大きさ，外形，内部構造などによって分類される．大きさが2mm以下のものを火山灰（volcanic ash），それ以上の大きさで酸性から中性の鉱物組成の多孔質で白色のものを軽石，多孔質で暗色，鉄やマグネシウムに富む有色のものをスコリアという．火山灰の主体は，風化抵抗性の小さい火山ガラスであるため，風化しやすい．

(2) 堆 積 岩

　堆積岩とは，水中または空気中からの堆積作用によって生成した岩石である．一般的特徴としては，堆積した面に平行な層状をなす地層（strata）のあること，生物遺骸を化石として含んでいること，つまり，堆積当時の状態をそのまま保存していることがあげられる．

　堆積岩はその構成物質や堆積作用によって次の3つに大別される．

　①砕屑堆積岩…岩石の機械的風化によってできたものと，火山放出物が堆積したものがある．頁岩，泥岩，砂岩，礫岩，凝灰岩などがある．

　②化学堆積岩…主に化学的風化によって生じた溶解物や，その残留物などが分かれて沈殿堆積したもの，溶液中から沈殿したものなど．岩塩，チャート，石灰華など．

　③有機堆積岩…主に生物の遺骸や生物の作用によって集合したもの．石炭，亜炭など．

　わが国の土壌母材として重要な堆積岩は，頁岩，砂岩，凝灰岩などである．

a．頁　　岩

　粘土（<2μm）ないしシルト（2〜20μm）サイズの粒子からできており，層状組織が著しく発達しているものを頁岩，層状組織を持たないものを泥岩という．頁岩中には起源の異なる鉱物が含まれることがある．すなわち，石英，長石，雲母など風化されずに残った鉱物や，風化過程で生成したカオリナイトやモンモリロナイトなどの粘土鉱物が主要な鉱物になっている．

b．砂　　岩

砂岩は砂（> 20 µm）を主成分とする堆積岩である．通常，砂岩は石英含量が著しく高いことが多い（図 5-1c）．

c．凝　灰　岩

凝灰岩は，主に火山灰が堆積，固結してできたものである．火山ガラスを多く含むガラス質凝灰岩から，結晶片や岩片を多く含むものまである．そのため，火成岩と同様の幅広い化学組成を示す（図 5-1d）．

（3）変　成　岩

変成岩とは，変成作用によってもとの岩石の性質が変質した岩石である．変成作用には，①熱変成作用（接触変成作用ともいう），②動力変成作用，③広域変成作用の 3 つがある．熱変成作用は岩石中にマグマが貫入したり，高温のガスが入った場合に起こる．動力変成作用は，褶曲や断層などの圧力によって大きなエネルギーが加わった場合に起こる．広域変成作用は，造山運動に伴って，岩石が地下の温度の高い部分に押し込まれたために広範囲にわたって変性を受ける場合をいう．代表的な変成岩は次の 2 種である．

a．片　　岩

片岩（schist）の多くは広域変成岩である．粗粒または細粒で，板状や鱗片状の片理がよく発達している（図 5-1e）．

b．片　麻　岩

片麻岩（gneiss）は中粒ないし粗粒で，花コウ岩と同じような鉱物組成を持ち，しま状の片麻状組織を持つ岩石である．比較的高温で生成した変成岩のみを片麻岩と呼ぶこともある（図 5-1f）．

2）主要な土壌鉱物

土壌鉱物は一次鉱物（primary minerals）と二次鉱物（secondary minerals）に分けられる．一次鉱物とは母岩を構成する鉱物で，造岩鉱物とも呼ばれる．二次鉱物とは地表で一次鉱物が風化した結果変質したもの，あるいは新たに生成した鉱物で，粘土鉱物はその主要鉱物である．しかし，雲母鉱物のように，一次鉱物と二次鉱物の区別ができないものもある．土壌鉱物は風化の進行とともにその

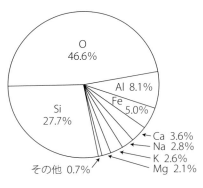

図 5-2 地殻の化学組成
(Mason, B. and Moore, C. B., 1982)

組成が変化する．一般に，風化の進んでいない土壌にはより多くの種類の一次鉱物が残っているが，風化の進んだ土壌では，ごく一部のものしか残っていない．

地殻（岩石圏）の大部分は，前述した火成岩によって占められている．その中で最も多量に存在する元素は酸素であるが，酸素はその他の元素と酸化物を作って岩石中に存在する．酸素に次いで含量の高いのがケイ素，その他は，アルミニウム，鉄，カルシウム，ナトリウム，カリウム，マグネシウムの順である（図 5-2）．マグマが地上付近に上昇し，冷却して固まる際に，これらの元素が鉱物を作る．ケイ酸塩鉱物は地殻中の存在量が最も高い．一次鉱物は，このケイ酸が形成する基本骨格に従って分類される．

(1) 一 次 鉱 物

土壌のもとになる岩（母岩）や火山灰のことを土壌母材（parent material）と呼ぶ．土壌母材鉱物として重要なものは，石英などのケイ酸鉱物と，長石，雲母，角閃石，輝石，カンラン石などのケイ酸塩鉱物である（表 5-1）．ケイ酸塩鉱物は，ケイ酸四面体の結合様式によって図 5-3 のように分けられる．ケイ酸四面体の結合が複雑なものほど風化に対してより安定である．一次鉱物の結晶の例を図 5-4 に示す．

a．石　　　英

石英（quartz）はほとんどすべての土壌中に含まれる．化学組成は SiO_2 で，テクトケイ酸塩に属する（図 5-3g）．石英は地球上のあらゆる環境中で非常に安定である．

b．長　　　石

長石（feldspar）もテクトケイ酸塩に属する（図 5-3g）．その化学組成によって斜長石とアルカリ長石に大別される．斜長石は灰長石から曹長石までの固溶体である．固溶体とは，マグマが冷えて固まるときに，いくつかの物質が混じりあっ

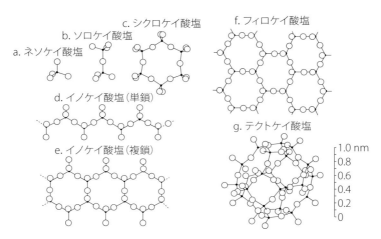

図 5-3　ケイ酸四面体の結合様式によるケイ酸塩鉱物の分類
●：Si，○：O．（Machenzie, R. C., 1975）

てできる均一の物質をいう．アルカリ長石はカリ長石から曹長石までの固溶体である．正長石はカリ長石成分が 100〜70％までの固溶体で，雲母とともに土壌中のカリウムの重要な給源になる．

c．雲　　母

雲母（mica）はフィロ（層状）ケイ酸塩に属する（図 5-3f）．白雲母と黒雲母が主なものである．基本骨格が層状構造であるので，風化すると薄くはがれる性質を持つ．黒雲母は白雲母に比べて風化しやすい．

d．角 閃 石

角閃石は複鎖のイノケイ酸塩に属する（図 5-3e）．鎖のように結晶構造が発達しているので，柱状の結晶になりやすい．さまざまな元素を含む複雑な固溶体である．

e．輝　　石

輝石は単鎖のイノケイ酸塩に属する（図 5-3d）．マグネシウムや鉄を多量に含むものが多い．

f．カンラン石

カンラン石はネソケイ酸塩に属する（図 5-3a）．輝石同様，マグネシウムと鉄を多量に含むものが多い．

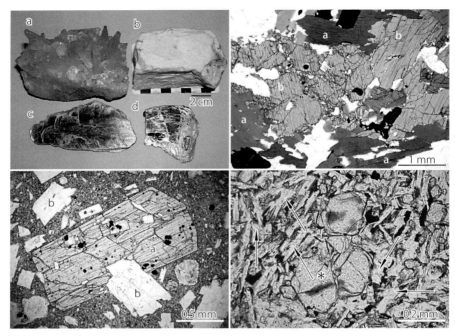

図 5-4 一次鉱物の結晶の例
左上：一次鉱物の結晶（a：石英，b：カリ長石，c：白雲母，d：黒雲母），右上：角閃石の顕微鏡写真（a：黒雲母，b：角閃石），左下：輝石の顕微鏡写真（a：輝石，b：斜長石），右下：カンラン石の顕微鏡写真（＊：カンラン石，矢印：斜長石）．（写真提供：吉倉紳一氏）

g．火山ガラス

火山ガラスは，図 5-3 に示したような一定の基本構造を持たない，非晶質のケイ酸塩鉱物である．わが国には，火山放出物に由来する土壌が広く分布しているので，最も重要な母材鉱物の 1 つといえる．酸性から中性のものは無色，塩基性のものは有色である．

h．そ の 他

少量ではあるが磁鉄鉱，金紅石，ジルコン，電気石などもある．一次鉱物の風化系列は，図 5-5 のように示される．一次鉱物は風化によって徐々に溶解し，二次鉱物の材料となる．

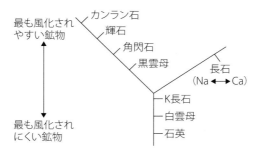

図 5-5　鉱物の安定度系列
(Goldich, S. S., 1938)

(2) 二 次 鉱 物

二次鉱物は一次鉱物より粒子のサイズが小さく，大部分が土壌の粘土画分に存在する．二次鉱物は，ケイ酸塩鉱物と酸化物・水酸化物鉱物とに分けられる（表5-2）．

ケイ酸塩鉱物には，層状ケイ酸塩（phyllosilicate）鉱物と中空球状のアロフェン（allophone），中空管状のイモゴライト（imogolite）とがある．

層状ケイ酸塩鉱物の基本骨格は，ケイ酸四面体層とアルミニウム八面体層である（図 5-6）．ケイ素は酸素 4 分子と結合して（4 配位），ケイ酸四面体を形成する．底面の酸素が共有されることにより，六角の網状に広がってつながり，ケイ酸四面体層（以後，四面体シートと呼ぶ）を形成する．頂点の酸素は他の四面体と共有されていない．一方，アルミニウムは酸素 6 分子と結合して（6 配位），アルミニウム八面体を形成する．頂点にある水酸基はすべて隣り合う 2 つのアルミニウムによって共有されてつながり，アルミニウム八面体層（以後，八面体シートと呼ぶ）を形成する．マグネシウムや鉄も 6 配位をとり，八面体シートを形成する．

四面体と八面体の底面はほぼ同じ大きさであるため，四面体シートの頂点と八面体シートは酸素原子を共有して積み重なった結合を作ることができる．層状ケイ酸塩鉱物の基本骨格は，この異種のシートが結合することによって形成されている．図 5-7 に，層状ケイ酸塩鉱物の模式図を示す．四面体シートと八面体シートが 1 枚ずつ積み重なったものを 1：1 型鉱物，八面体シートの上下に 1 枚ずつ

表 5-2 土壌中の主な二次鉱物

二次鉱物	化学式
1. 層状ケイ酸塩鉱物	
a. 1：1 型鉱物	
カオリナイト	$Si_4Al_4O_{10}(OH)_8$
ハロイサイト（1.0 nm）	$Si_4Al_4O_{10}(OH)_8 \cdot 4H_2O$
ハロイサイト（0.7 nm）	$Si_4Al_4O_{10}(OH)_8$
b. 2：1 型鉱物	
スメクタイト（$0.2 < \chi < 0.6$）[*1]	
モンモリロナイト	$M_{0.67}Si_8(Al_{3.33}Mg_{0.67})O_{20}(OH)_4 \cdot nH_2O$ [*2]
ノントロナイト	$M_{0.67}Fe_4(Si_{7.33}Al_{0.67})O_{20}(OH)_4 \cdot nH_2O$
バイデライト	$M_{0.67}Al_4(Si_{7.33}Al_{0.67})O_{20}(OH)_4 \cdot nH_2O$
バーミキュライト（$0.6 < \chi < 0.9$）	$Mg_{1.2}(Si_{6.8}Al_{1.2})(Mg, Fe, Al)_{4\sim6}O_{20}(OH)_4 \cdot H_2O$
イライト（細粒雲母，$\chi \sim 1$）	$K_{1.5\sim2}(Si_7Al)(Al, Mg, Fe)_{4\sim6}O_{20}(OH)_4$
c. 2：1：1 型鉱物	
クロライト（2八面体型）	$(Mg, Al)_{9.2\sim10}(Si, Al)_8O_{20}(OH)_{16}$
クロライト（3八面体型）	$(Mg_{10}Al_2)(Si_6Al_2)O_{20}(OH)_{16}$
d. 非晶質・準晶質鉱物	
アロフェン	$(1\sim2)SiO_2 \cdot Al_2O_3 \cdot (2.5\sim3)H_2O$
イモゴライト	$(OH)_6Al_4O_6Si_2(OH)_2$
2. 酸化物・和水酸化物鉱物	
オパーリンシリカ	$SiO_2 \cdot nH_2O$
ギブサイト	$\gamma\text{-}Al(OH)_3$
ヘマタイト（赤鉄鉱）	Fe_2O_3
ゲータイト（針鉄鉱）	$\alpha\text{-}FeOOH$
レピドクロサイト（鱗繊石）	$\gamma\text{-}FeOOH$
フェリハイドライト	$5Fe_2O_3 \cdot 9H_2O$ [*3]
3. リン酸塩・硫酸塩・炭酸塩鉱物	
アパタイト（リン灰石）	$Ca_5(PO_4)_3(OH, F, Cl)$
ジャロサイト	$AB_3(SO_4)_2(OH)_6$ [*4]
ジプサム（石膏）	$CaSO_4 \cdot 2H_2O$
カルサイト（方解石）	$CaCO_3$
ドロマイト（苦灰石）	$CaCO_3MgCO_3$

[*1] χ：$O_{10}(OH)_2$ 当たりの荷電密度，[*2] M：交換性一価陽イオン，[*3] $Fe_5(OH)_8 \cdot 4H_2O$ あるいは $Fe_5O_7(OH) \cdot 4H_2O$ などの化学式も提案されている，[*4] A：Na^+, K^+ など，B：Al^{3+}, Fe^{3+} など．

四面体シートが逆向きに積み重なったものを2：1型鉱物，さらに2：1型鉱物の層間にもう1枚の八面体シートが配位したものを2：1：1型鉱物と呼ぶ．

アルミニウムはケイ素と同じ4配位の構造をとることができるため，イオン半径の近いケイ素に置き換わることができる．これを同型置換と呼ぶ．また，マグネシウムと鉄はアルミニウムに近いイオン半径を持っており，アルミニウム八

面体中のアルミニウムと同型置換することができる．この同型置換によって各シート中の荷電バランスが崩れ，負荷電が発生する．この負荷電を一定荷電（永久荷電）と呼ぶ．同型置換が2：1型鉱物の大きな層荷電の原因となる．荷電は養分保持に重要な役割を果たす．

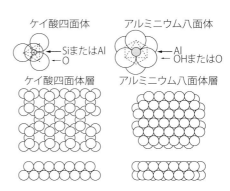

図 5-6 ケイ酸四面体とアルミニウム八面体の基本構造と四面体層，八面体層の平面図および側面図
(Schulze, D. G., 1989 を参考に作図)

a．1：1型鉱物

土壌中で見られる主なものは，カオリナイト（kaolinite）とハロイサイト（halloysite）である．

カオリナイトの単位構造の厚さ（底面間隔という，図5-7）は0.72 nmで，比較的大きな六角形の板状結晶として存在するが，土壌中のものはやや不規則な形である．

ハロイサイトはカオリナイトの単位構造の間に水の単分子層が侵入している．そのため，底面間隔は1.01 nmである．100℃に加熱すると容易に水分子層が失われ，底面間隔が0.7 nmになる．ハロイサイトは埋没した火山灰土壌中にしばしば存在し，中空管状，タマネギ状などの形態である．

b．2：1型鉱物

スメクタイト群，バーミキュライト，イライトの3種類に分けられる．

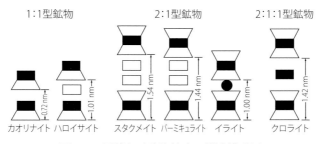

図 5-7 層状ケイ酸塩粘土の構造模式図
▱：四面体層，▬：八面体層，▭：水分子，●：K$^+$．

スメクタイト群の層荷電（負荷電）はやや低いので，それを中和するための層間の陽イオンも少ない．底面間隔は 1.4～1.5 nm であるが，多量の水が加わると層間に水が侵入して層間隔を広げる．水の分子層が 10 層に及ぶこともある．理想的にはアルミニウム八面体層の一部がマグネシウムで置換されたものをモンモリロナイト（montmorillonite），鉄で置換されたものをノントロナイトという．ケイ酸四面体層の一部がアルミニウムで置換されたものをバイデライトという．実際にはこれらの置換はさまざまな程度で起こっている．スメクタイトを多量に含むインドのデカン高原の土壌では，雨季には膨潤し乾季には収縮するので，地表面が 1 m 近くも変動するといわれている．有明海，八郎潟などの海成層や干拓地の粘土はモンモリロナイトに富む．

バーミキュライト（vermiculite）は底面間隔が 1.44 nm で，乾燥すると 1.0 nm に収縮する．四面体層中の同型置換が多く，層荷電は中程度の高さであるため，陽イオンの吸着も多い．その結果，層間に侵入できる水はわずかである．

イライト（illite，細粒雲母）も四面体層中の同型置換が多く，最も層荷電が高い．層間にはカリウムが入り込んで層荷電を中和している．水分子が侵入できないため，膨潤および収縮が起こらない．この現象をカリウムの固定という．

c．2：1：1 型鉱物

2：1 型の単位層の間に八面体シートが挟まっている鉱物で，クロライト（chlorite，緑泥石）と呼ぶ．マグネシウム八面体シートが挟まっている場合，マグネシウムの一部がアルミニウムや鉄によって同型置換されるため，正荷電を帯びている．この正荷電は，2：1 型層中の同型置換による負荷電と中和する．また，アルミニウムや鉄の八面体シートが挟まっている場合もある．これらはそれぞれ，マグネシウムクロライト，アルミニウムクロライト，鉄クロライトなどと呼ばれる．

d．2：1 型～2：1：1 型中間種鉱物

酸性土壌では，アルミニウムが溶解しやすいため，溶解して生成したヒドロキシアルミニウムイオンがバーミキュライトやスメクタイトの層間にさまざまな割合で侵入し，固定される．これらは，バーミキュライト - クロライト中間種鉱物，スメクタイト - クロライト中間種鉱物などと呼ばれる．また，ヒドロキシアルミニウムを層間に固定したバーミキュライト（hydroxy-interlayered vermiculite,

HIV），同スメクタイト（hydoroxy-interlayered smectie, HIS）とも呼ばれる．

e．アロフェン，イモゴライト

アロフェンは一定の化学組成を持たないが，その主成分はケイ素，アルミニウム，鉄の酸化物や水酸化物である（口絵 18）．

アロフェンは直径が 3.5 〜 5.0 nm の中空球状の形態を示し，0.3 〜 0.5 nm の小孔隙を有する非晶質〜準晶質のケイ酸塩鉱物である．そのサイズおよび形状からナノボールとも呼ばれる．多くの場合，凝集体を形成している．黒ボク土に広く存在し，軽石風化物，ポドゾル Bs 層などにも含まれる．層状ケイ酸塩の荷電が一定荷電と呼ばれるのに対し，ケイ素やアルミニウムと結合した酸素原子への水素イオンの吸脱着によって発現する荷電は，変異荷電（variable charge）と呼ばれる．そのため，外液の pH やイオン強度によって変異するので，層状ケイ酸塩鉱物とは大きく理化学性が異なる．水分保持能が高い，活性アルミニウムに富むためリン酸を固定して土壌中に放出しないなどの特徴を示す．

イモゴライトは黒ボク土，軽石風化物，ボドゾル土 Bs 層などに存在する．外径約 2.0 nm，内径約 1.0 nm の中空管状構造を有し，長さ数 μm の微細な繊維状の形態を示す準晶質ケイ酸塩鉱物で，化学組成や理化学的性質はアロフェンとよく似ている．そのサイズおよび形状からナノチューブとも呼ばれる．

f．酸化物・和水酸化物鉱物

オパーリンシリカは，火山灰から溶出したケイ酸から生成した鉱物である．円盤状，楕円盤状などの形態を有する非晶質ケイ酸鉱物である．

ギブサイトは，土壌中に最も広く見られるアルミニウム水酸化物鉱物である．熱帯や亜熱帯のラテライト質土壌に多量に含まれる．わが国の赤黄色土や酸性の黒ボク土などにも少量見られることがある．風化が進んだ黒ボク土の下層に結核状のものが見られることもある．

鉄鉱物にもさまざまなものがある．ヘマタイトは熱帯地域の赤色の強風化土壌に，ゲータイトは温帯地域の褐色や黄褐色系の土壌に広く見られる．レピドクロサイトは水田のような還元的環境下で溶解，沈殿した 2 価鉄が，再酸化された場合に生成する．フェリハイドライトは準晶質で，黒ボク土，低湿地（wetland）の鉄沈殿物，ポドゾル土 Bir 層に広く見られる．

g．リン酸塩・硫酸塩・炭酸塩鉱物

ストレンジャイト，バリスカイト，アパタイト（apatite）などのリン酸塩鉱物が知られている．それぞれ，鉄，アルミニウム，カルシウムのリン酸塩鉱物で，中性付近では難溶性である．

干拓地などに分布する酸性硫酸塩土壌にはジャロサイト，還元状態の下層には硫化鉄などの含イオウ鉄鉱物が見られる．

乾燥地の土壌や堆積物には，カルサイトやドロマイトなどの炭酸カルシウム，炭酸マグネシウム鉱物が広く分布する．炭酸二価鉄鉱物のシデライトは，湿田および半湿田のグライ層に白色の結核や糸根状斑紋として見られる．

3）岩石および鉱物の風化と土壌生成

岩石や火山灰などの土壌母材が地表で水，空気，生物と接すると，風化が始まる．風化作用には物理的，化学的，生物的風化作用がある．これらは単独で進行することはなく，同時平行的に進行する．岩石の風化が始まり，長い年月を経て少しずつ土壌へと変化する．岩石の性質や生成条件によって異なるが，例えば，深成岩である花コウ岩（表5-1）には石英や長石など化学的風化抵抗性の高い鉱物が多量に含まれるために，砂質の土壌が形成される．

（1）物理的風化作用

岩石が機械的に崩壊する作用を物理的風化作用という．主な作用は温度変化とそれに伴う水の体積変化である．

温度変化は岩石の構造内部にひずみをもたらす．岩石を構成する鉱物の性質はそれぞれに異なるので，温度に対する収縮・膨張反応の程度も異なる．先に，一次鉱物の風化系列を示したが（図5-5），風化しやすい鉱物が多い岩石ほど不安定である．

水は凍結して氷になることによって，約9％体積が増大する．岩石の割れ目にしみこんだ水は，凍結と融解を繰り返すことによって岩石を破壊する．

河川の流水や海の波などによる岩片の衝突もその機械的な風化につながる．岩石は河川の上流では大きいが，河口付近になると砂のサイズまで小さくなる．

(2) 化学的風化作用

化学的風化作用は，①母材鉱物の構造破壊，②易溶性成分の溶出，③水，酸素，二酸化炭素などの鉱物への付加，④新しい鉱物の生成の4種に区分できる．その際に起こる化学反応は，ⓐ溶解，ⓑ加水分解，ⓒ炭酸化合，ⓓ水和，ⓔ酸化および還元，ⓕキレート化，ⓖイオン交換などである．これらの作用のため，もとの岩石の性質が変化し，その構造が不安定化する．

ⓐ溶解は化学的風化の第1段階である．溶けやすいものから溶出していく．

ⓑ加水分解は塩と水から酸と塩基を生成する反応である．ケイ酸塩鉱物は弱酸の塩であるため，水と接触して徐々に溶解する．

ⓒ炭酸化合は，水に溶けた二酸化炭素が重炭酸イオンや炭酸イオンを生成し，それが鉱物と反応する作用である．土壌中の二酸化炭素濃度は大気中より高いので，土壌溶液には多量の二酸化炭素が溶解している．

ⓓ水和は鉄などの金属酸化物に水分子が付加され，水酸化物へと変化する反応である．生成した化合物は，化学的な活性がより強くなり，周囲の物質と反応しやすくなる．

ⓔキレート化は，土壌中の腐植物質中に含まれるフルボ酸，植物が分泌するムギネ酸や低分子のシュウ酸，クエン酸などの有機酸が鉱物中の多価金属イオンと結合する反応で，生成物が水溶性の場合は金属の溶出を促進する反応である．

ⓕ酸化は大気中や土壌溶液中の酸素が鉱物中の元素と反応する作用である．酸化および還元は，水田や湿地などの酸素欠乏条件下で，鉄などの金属がFe^{2+}/Fe^{3+}のように酸化数を変化させる反応である．

ⓖイオン交換は，静電気的に吸着しているイオンが他の溶存イオンと交換する反応である．酸性雨などによって付加された水素イオンが，鉱物表面の塩基性イオンを交換溶出する反応も含まれる．

これらの反応は，相互に密接に関連している．化学的風化は，温度と水がその速度を規定する．高温湿潤で一定時間の乾期が加わる場合に，化学的風化が最も進行しやすい．また，母材鉱物の風化抵抗性も重要な因子である．

(3) 生物的風化作用

植物，微生物，動物による生物的風化作用は，物理的・化学的風化作用との複合型である．岩石の割れ目に入った高等植物の根は，その根圧で岩石を徐々に破壊する．動物による土壌の撹乱も，より多くの酸素を導入し，水の侵入を容易にすることによって風化を促進する．植物や微生物の呼吸により，土壌中の酸素が消費されて二酸化炭素が放出される．それが土壌溶液に溶解し，風化反応を助長する．植物根の放出する酸や酵素など，さまざまな無機・有機物質もまた，化学反応の引き金となる．このように，生物が生活すること自体が岩石の風化と土壌の生成につながる．

(4) 風化の進行と土壌の理化学性の変化

一般に，湿潤気候下における土壌母材の化学的風化は，脱塩基・脱ケイ酸過程を伴いながら進行する．細粒の火山灰の風化に際しては急速な脱塩基を受け，多くの場合，風化過程の初期に非晶質・準晶質アルミノケイ酸塩鉱物が生成して準安定相となる．しかし，時間の経過につれて非晶質粘土の結晶化が進むと，その後は通常の脱ケイ酸過程をたどる．非火山灰性母材の場合には母材に由来し，緩

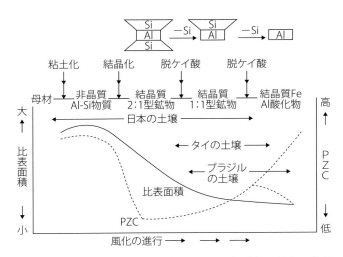

図 5-8 PZC と比表面積に基づく土壌の風化過程に関する考察

慢な脱塩基を伴いながら粘土化した結晶質 2：1 型鉱物が，順次脱ケイ酸を受け，究極的には 1：1 型鉱物と結晶質の鉄およびアルミニウムの酸化物が風化産物として蓄積する．

　Uehara と Gillman（1981）は，熱帯での土壌母材の風化過程に伴う比表面積の変化を，粘土鉱物種の変化とともに示した．その上に，荷電ゼロ点（point of zero charge，PZC）の変化，脱ケイ酸過程を乗せて模式的に示すと図 5-8 のようになる．荷電ゼロ点は変異荷電に固有の指標値であり，変異荷電を主体とする黒ボク土や母材鉱物からの風化土壌では，粘土鉱物末端や有機物，鉄やアルミニウムの酸化物などの変異荷電の性質を反映する値である．比表面積は反応性に富む非晶質物質が多いほど大きいが，風化に伴って減少する．荷電ゼロ点は結晶質 2：1 型鉱物に富み同型置換由来の永久負荷電が多いときに最も低い値をとるが，鉄やアルミニウムの蓄積が進むようになると再び高くなる．

2．生成した土壌の特徴

1）土壌の風化と化学的組成

　土壌の化学的組成は，母材そのものの性質と風化作用の進行の程度によって決まる．母岩から風化した土壌（残積性土壌）では，母岩そのものが酸性か中性か塩基性かによって，生成する土壌の性質が異なる．わが国の土壌は，酸性の母岩からの風化土壌が多く，降水量も多いため，生成する土壌も主に酸性である．

　わが国は火山国であるので，国土の大部分の地域は少なからず火山灰の影響を受けている．岩石からの土壌の風化は 10 万年〜 100 万年のオーダーで続いている．それと比べると，火山性の堆積物から生成した土壌は，せいぜい数万年と短い．したがって，火山灰は残積性土壌の上に新たに加わった土壌母材と考えることができると同時に，その下に埋没した土壌の風化条件がかわり，地表面の性質をすっかりかえるほどの変化となる．黒ボク土の化学的性質は，噴出したマグマの化学組成に影響を受ける．酸性岩質のマグマからは降水量の多い条件下で活性の高いアルミニウムを生成することが多いため，生成した土壌の大部分が酸性の強い土壌となる．

一方，山地が60％を占めるわが国の土壌では，山地の土壌母材は斜面上部からの崩積物（崩積性土壌）である場合が多い．崩積性土壌は山地を形成している土壌母材の化学的性質や風化の程度によって規定される．

2) 土壌養分の流亡

土壌母材の風化は，母材鉱物が分解することによって進行する．その際に，養分元素が環境中に放出され，一部は土壌中に残り，それ以外は流亡する．環境中で普通に見られるpH領域（4〜9）で，母岩からの風化に伴う陽イオンの動きやすさ（可動性）を環境からの損失速度として見ると，表5-3のようにまとめられる．土壌母材の風化に伴って，はじめにアルカリ金属，アルカリ土類金属である Na^+，K^+，Ca^{2+}，Mg^{2+} が流亡する．K^+ はイライトに固定された場合のみ損失速度が低下する．湛水条件では酸素欠乏が進行し，還元的な条件が卓越するため，鉄が Fe^{2+} の形となって容易に溶出する．風化がさらに進行すると粘土鉱物の崩壊が進み，Si^{4+} がゆっくりと失われる．また，Ti^{4+} は母材鉱物から $Ti(OH)_4$ として放出されても溶解度は低く，脱水して TiO_2 の形になれば可動性を失う．鉄は酸化的条件下では可動性がない．アルミニウムはpH 4.5〜9.5の範囲では水酸化物または重合イオンの形になっており，ほとんど可動性がない．岩石からの風化が究極的に進むと，最後に残るのは石英と鉄やアルミニウム，チタンなどの酸化物である．

わが国の土壌として非常に重要な位置を占めるものに黒ボク土がある．例えば，東北地方の酸性（ケイ長質）火山灰に由来する黒ボク土表層では，カルシウムとナトリウムの可動性が最も高く，アルミニウムと鉄の可動性が低い点では母材鉱物からの風化の場合と同じであるが，その他の元素は全く異なる（表5-3）．カリウムは黒ボク土表層に多量に含まれる2:1型鉱物の層間に保持されるため，可動性の最も小さい元素となっている．マグネシウムも2:1型や2:1型〜2:1:

表5-3 陽イオンの可動性

母岩鉱物からの風化（ラフナン，1969）
Ca^{2+}，Mg^{2+}，$Na^+>K^+>Fe^{2+}>Si^{4+}>Ti^{4+}>Fe^{3+}>Al^{3+}$
酸性火山灰からの風化
Na^+，$Ca^{2+}>Si^{4+}>Mg^{2+}>Al^{3+}$，$Fe^{3+}$，$K^+$

1型中間種鉱物の八面体シートの重要な構成成分として粘土鉱物の構造中に取り込まれているため，同様に可動性が低い．また，火山灰中の火山ガラスとして含まれるケイ素は容易に溶解して流亡することになる．このケイ素がアルミニウムと反応して生成するのが，アロフェンやイモゴライトなどのケイ酸塩鉱物である．しかし，火山灰からの風化はせいぜい数万年と速く，100万年オーダーの母岩からの風化とはタイムスケールが大きく異なることに留意が必要である．

3）土壌の粒度組成

土壌中の固相を構成するのは，その大部分が無機質の粒子である．岩石片，一次鉱物，二次鉱物がその主成分である．これらの無機質粒子のほとんどが単独では存在せず，遊離酸化物や水酸化物，有機物などによって結合した集合体として存在する．無機質粒子の粒度組成は，土壌のさまざまな機能と直結する基本的な性質である．

（1）粒度区分

わが国では国際土壌科学会法による粒度区分を採用している（表5-4）．FAOの土壌分類などにも，この国際土壌科学会法が用いられている．これに対して米国農務省の粒度区分では，シルト画分が0.05〜0.002 mm, 砂画分が2〜0.05 mmとされ，砂画分はさらに5つのサイズに細分されている．各粒度区分の特徴的な理化学性は大きく異なる．粒度の細かいものほど表面積が大きく反応性に富む

表5-4 土壌の粒度区分

区分の名称	粒径（mm）	理化学性
礫（gravel）	2以上	表面積が小さく，土壌の理化学性にはほとんど寄与しない．
粗砂（coarsesand）	2〜0.2	表面積が小さく，土壌の理化学性に対する寄与が小さい．しかし，粒子間に毛管力による水分保持，孔隙率の増大，通気，排水の促進に役立つ．
細砂（finesand）	0.2〜0.02	
シルト（silt）	0.02〜0.002	砂と粘土の中間的性質を持つ．粘着性はないが，弱い凝集力を示す．
粘土（clay）	0.002以下	表面積が大きく，コロイドとしての性質を強く示す．水の吸着保持，イオン交換，コンシステンシーなどの土壌の重要な理化学性に大きく寄与する．

ため，土壌中での水や養分の吸着保持とそれに伴うイオン交換反応など，主な化学反応の母体となる．逆に粒度の粗い画分ほど，通気，排水といった物理的性質を制御する能力を発揮する．

(2) 土　性

無機粒子画分である砂（粗砂＋細砂），シルト，粘土の重量の合計を100％とした場合のそれぞれの割合を計算し，図 5-9 の土性三角図によって土性の名前を決定する．

(3) 土性の意義

土性は無機粒子の機械的な分別によって得られる性質という意味からは土壌の物理性といえるが，粒度組成のバランスによって養分保持などの特徴も大きく異なるので，土壌の化学性ということもできる．したがって，土性は，土壌の基本的な生産力としての土壌肥沃度を示す指標の1つである．

砂画分が 60 ～ 65 ％以上存在する土壌は，粗粒質な土壌（土性が SL, SCL, SC, LS, S など）と考えることができる．耕耘しやすく，通気性，排水性（透水性）などの物理的環境がよい．しかし，養水分を保持する能力には乏しいため，水分欠乏になったり，施肥養分の流亡が大きかったりする．一方，粘土画分が 40 ％以上も存在する微粒質な土壌（主に HC）は，養水分の保持力は大きいが，粗孔隙が小さいため排水性（透水性）や通気性が不良で，滞水した場合に根の酸素欠

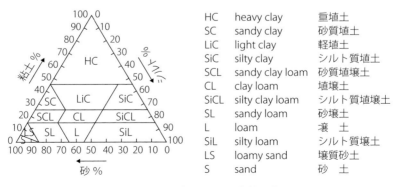

図 5-9　三角図による土性区分

乏状態が起こる．また，水が多いと粘り，乾くと堅くなるため，耕耘が容易ではない．中粒質（SiL, SiCL, CL, L など），細粒質（LiC, SiC など）の土壌はこれらのバランスがよく，生産力が安定する．

　畑や樹園地としては中粒質，細粒質，微粒質な土壌が適している．一方，水田では微粒質の土壌は根腐れを起こす原因となるが，適切な水管理をすることによって，それを防ぐこともできる．また，粗粒質の土壌でも鋤床がしっかりとしていれば，それが不透水層となり，水の損失を防ぐので水稲耕作が可能である．

コラム：土壌素材としての火山灰の特徴

　土壌素材としての火山灰の特徴の1つは，火山灰の年代，すなわち，土壌生成開始の時間がかなりの場合にわかることである．そして，わが国のような湿潤気候下では，火山灰の主な風化生成物はアロフェン，イモゴライト，アルミニウム - 腐植複合体であり，これらに含まれるアルミニウムの合計量は酸性シュウ酸塩抽出法で近似できる．東北日本（東北，北海道）に分布する火山灰土の年代とA層中の酸性シュウ酸塩可溶アルミニウム（Al_o）の関係は図のようになる．火山灰のAl_o含量は時間の経過に伴って増加し，2,000年経過すると約20 g/kgに達する．酸性〜中性の火山灰に含まれるアルミニウムは70〜90 g/kg程度であり，2,000年経過すると火山灰の約1/4が風化したことに相当する．Al_o含量がこのレベルに達すると黒ボク土の諸性質は十分に発現する．固結した火成岩に比べて，火山灰の風化速度は速い．

　火山灰の風化は環境条件に影響されやすい．湿潤気候下の生成物は前記の通りだが，半乾燥気候下や火山灰の深層ではハロイサイトが増加する．半乾燥気候下ではケイ酸が溶脱しにくく，火山灰の深層では上層からの供給で土壌溶液中のケイ酸濃度が高まるためと推察される．

　黒ボク土の中にはアロフェン，イモゴライトが少なく，2:1〜2:1:1型中間種鉱物に富む非アロフェン質黒ボク土がある．非アロフェン質黒ボク土の特徴の1つは交換性アルミニウムを含み，ゴボウやオオムギなどに酸性障害を与えることである．アロフェン，イモゴライト，アルミニウム - 腐植複合体のアルミニウムは層状ケイ酸塩鉱物の構造中に組み込まれたアルミニウムと異なり，反応性に富み，リン酸イオンを固定する．

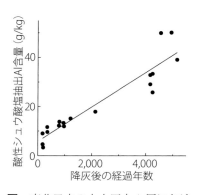

図 東北日本の火山灰土A層における風化速度
降灰後の経過年数として土壌温度10℃に換算した年数を用いている．（Shoji, S. et al., 1993を参考に作成）

第6章

土壌の化学

1. 土壌のイオン吸着

1）吸着反応とは

　吸着（adsorption）とは，異なる2つの相の界面に物質が濃縮される現象のことである．土壌で起こる吸着現象は，土壌固相と土壌の間隙水（土壌溶液）の界面で発生し，土壌溶液に溶存しているイオンなどが固相に吸着される．吸着された物質の状態は，土壌固相の表面に接しているだけでなく，固相と化学結合を形成しているものや，固相とイオン間の引力によって固相表面近くにゆるく集まっている状態などあるが，本節ではこれらをまとめて吸着と呼ぶことにする．

　土壌の吸着現象は，土壌溶液のイオン濃度を変化させる要因の1つとなっており，土壌中の元素挙動に大きく影響している．以下，吸着サイトや吸着反応の種類を示し，土壌の養分や有害元素の挙動が吸着反応によってどう変化するかを考えてみたい．

2）吸着サイトの種類と吸着反応

　土壌の固相を形成する物質のうち，粒径が小さく比表面積が大きな粘土画分の粒子や腐植物質が土壌の吸着特性を左右する．これらの土壌物質が持つ主な吸着サイトは，粘土鉱物の同型置換部位，粘土鉱物の縁辺部や酸化物・和水酸化物鉱物表面の水酸基，腐植物質のカルボキシ基やフェノール性水酸基である．

（1）粘土鉱物の同型置換部位
　粘土鉱物の構造において，ケイ素四面体シートのSi^{4+}の一部がAl^{3+}に，アル

ミニウム八面体シートのAl^{3+}の一部がFe^{2+}やMg^{2+}に置き換わる同型置換（isomorphous substitution）が生じると，結晶構造内部のプラスの電荷が不足してマイナスの電荷を生じ，この電荷を中和するため陽イオンが静電気的に吸着されている．この同型置換由来のマイナス電荷は，粘土鉱物自体が壊れない限り変化しないため，永久荷電（permanent charge）と呼ばれる．

同型置換量は粘土鉱物の種類によって異なり，2:1型鉱物では雲母鉱物，バーミキュライト，スメクタイトの順に小さくなる．ただし，雲母鉱物は構造内に生じるマイナス電荷が最も多いものの，後述するイオンの固定により，多くの電荷がカリウムイオンによってすでに中和されているため，吸着反応に関与することができる陽イオン量は少ない．

また，土壌粒子が持つマイナス電荷によって静電気的に吸着されているイオンは，土壌粒子に密接しているのではなく，土壌粒子周辺の水を介してゆるく保持されている．吸着されている陽イオン濃度は土壌粒子表面近くで最も高く，逆に陰イオン濃度は表面で最も低く，表面から離れるほど拡散によって周辺溶液（バルク溶液）のイオン濃度に近づくように分布している．このバルク溶液と異なるイオン濃度を持つ被吸着領域を拡散二重層と呼ぶ（図6-1）．

(2) 鉱物表面や腐植物質の官能基

土壌中の鉄，アルミニウム，マンガンの酸化物・和水酸化物鉱物，アロフェンやイモゴライトの表面および層状ケイ酸塩鉱物の縁辺部には水酸基（-OH）が存在する．また，腐植物質にはカルボキシ基（-COOH）やフェノール性水酸基（-ベンゼン環-OH）などの官能基が存在する．これらをまとめて，表面官能基（surface functional group）と呼ぶ．表面官能基によるイオン吸着は，①表面官能基と溶存イオン間の表面錯体（surface complex）の生成と，②表面の錯形成反応および酸塩基反応の結果生じた電荷による静電気的なイオン吸着による（図6-1）．

表面官能基と溶存イオンによる表面錯体の生成は，表面官能基の酸素原子が溶存金属イオンに配位する，もしくは，鉱物の金属イオンに配位している水酸基が溶存陰イオンと配位子交換することによる．このとき，表面官能基と吸着イオン間は配位結合，すなわち共有結合性の強い化学結合が形成され，できた錯体を特に内圏錯体（inner-sphere complex）と呼ぶ．一方で，溶存イオンが1つ以

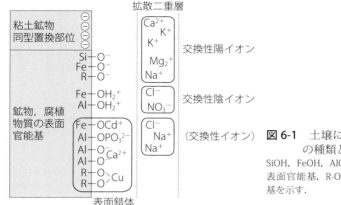

図 6-1 土壌に存在する吸着サイトの種類と吸着形態の模式図
SiOH, FeOH, AlOH は各元素を含む鉱物の表面官能基, R-OH は腐植物質由来の官能基を示す.

上の水分子を介して表面官能基とのペアを形成することもあり，これを外圏錯体（outer-sphere complex）と呼ぶ．どちらの種類の表面錯体が生成されるかは，表面官能基とイオンの組合せによって異なるが，外圏錯体よりも内圏錯体が形成された方がイオンは強く吸着される．

また，鉱物や腐植物質の表面水酸基は弱酸的な官能基で，土壌溶液の pH が高いと水素イオンを解離，pH が低いと水素イオンが付加する酸塩基反応を示し，その結果として土壌粒子表面に電荷を生じる．土壌の表面官能基をまとめて SOH で表すと，ここで起こる酸塩基反応は次のように表される．

$$SOH = SO^- + H^+$$
$$SOH + H^+ = SOH_2^+$$

土壌鉱物に存在する官能基のうち，ケイ酸塩鉱物に存在する $\equiv$ Si-OH が最も強酸的で，通常の土壌 pH の範囲で水素イオンの付加によるプラスの電荷を持つことはない．一方，粘土鉱物やアルミニウム水酸化物に存在する $\equiv$ Al-OH や，鉄鉱物表面の $\equiv$ Fe-OH はプラスにもマイナスにも帯電し，鉱物種によるが，およそ pH 6〜9 を境に酸性側ではプラスの電荷，アルカリ性側ではマイナスの電荷を生じる．このため，土壌が持つプラスの電荷は，鉄やアルミニウムの酸化物・和水酸化物鉱物またはアロフェンやイモゴライトに由来する．また，腐植物質のカルボキシ基は，通常の pH では一部解離して，マイナスの電荷を生じているが，フェノール性水酸基はより弱酸的であり，一般的な土壌 pH の範囲ではあまり解

離していない．塩基性の官能基であるアミン（-NH$_2$）はプラスの電荷を生じるものの，その量は少ない．

　これらの表面官能基の酸塩基反応は，実際には単独で起こることはほとんどなく，土壌に酸や塩基が入ってきたときに中和反応の結果として起こる．例えば，土壌に水酸化ナトリウム溶液を加えると，加えた分だけ土壌の官能基がほぼ定量的に解離し，生じたマイナス電荷にナトリウムイオンを吸着する．

$$SOH + OH^- + Na^+ = SO^- Na^+ + H_2O$$

　土壌固相の表面官能基の酸塩基反応により，高 pH では土壌粒子はマイナス，低 pH ではプラスの電荷量が多くなる．また，陽イオンとの表面錯形成はプラスの表面電荷，陰イオンとの表面錯形成反応はマイナスの電荷を生じやすい．その他，溶液のイオン強度が高くなるほど表面電荷量は大きくなる．このように，表面官能基から生じる電荷は溶液の条件によって容易に変化するため，変異荷電（variable charge）と呼ばれる．

3）イオン交換反応

(1) 土壌の電荷特性

　土壌粒子は全体としてマイナスの電荷を帯びていることが多い．これは，土壌物質に多く含まれる粘土鉱物や腐植物質がマイナスの電荷を生じるためである．土壌の電荷は，土壌が持つ永久荷電と変異荷電の合計として現れる．永久荷電は pH やイオン強度の影響を受けにくいため，バーミキュライトやスメクタイトを多く含む土壌は，土壌溶液の組成が変化しても土壌の電荷量が変化しにくい（図 6-2）．一方で，永久荷電が少なく，表面官能基を持つ腐植物質や酸化物・和水酸化物鉱物，アロ

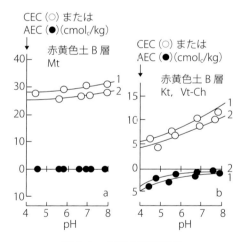

図 6-2　土壌の電荷特性
Kt：カオリナイト, Mt：モンモリロナイト, Vt-Ch：バーミキュライト - 緑泥石中間種鉱物．1：0.1 N NH$_4$Cl, 2：0.001 N NH$_4$Cl を用いて測定．AEC（anion exchange capacity）は陰イオン交換容量．（和田光史, 1981）

フェンなどを多量に含む黒ボク土や風化の進んだ土壌は，pHや溶液のイオン強度の変化によって土壌の電荷量が大きく変化し，pHが低下すると陰イオン吸着能を示す．

(2) 陽イオン交換容量と交換性陽イオン

土壌のイオン保持容量は，あるイオンの最大吸着量を基準に決められることが多い．土壌が持つマイナス電荷によって吸着される陽イオン量は，陽イオン交換容量（cation exchange capacity，CEC）と呼ばれ，日本においてはショーレンベルガー法によるアンモニウムイオン（NH_4^+）の吸着量として決定される．ショーレンベルガー法では，pH 7 の 1 mol/L 酢酸アンモニウムを用いて土壌試料にアンモニウムイオンを十分に吸着させ，メタノールまたはエタノールで間隙水中のアンモニウムイオンを除去したのち，塩化ナトリウム溶液などで吸着アンモニウムイオンを脱着させ，その量を測定する．ただし，日本の多くの土壌では土壌溶液pHは7より低く，土壌溶液のイオン強度も 1 mol/L より低いため，ショーレンベルガー法では酢酸アンモニウムと土壌を反応させる過程で，現場の土壌状態よりも多くの表面官能基が解離してマイナスの電荷を発生し，そこにアンモニウムイオンが吸着される．したがって，酸化物・和水酸化物鉱物，アロフェン，腐植物質など官能基を多く持つ土壌では，陽イオン交換容量が高めに出ることに注意しなくてはならない．

土壌の陽イオン交換容量は 数〜数十 $cmol_c/kg$ の範囲にあり，大きいほど土壌のpHやイオン組成の変化に対する緩衝能が大きくなる．土壌の陽イオン交換容量を増やすためには，堆肥などの有機物や，高い陽イオン交換容量を持つゼオライトなどが土壌に施用される．

また，ショーレンベルガー法におけるアンモニウムイオンとの置換過程で抽出された陽イオンを，交換性陽イオン（exchangeable cation）と呼び，土壌のマイナス電荷によって吸着されていた陽イオンと見なされる．ただし，アルカリ土壌や施設土壌ではカルサイト（$CaCO_3$）やドロマイト（$CaMg(CO_3)_2$）が存在していることが多く，酢酸アンモニウムはそのpH緩衝能によりこれらの炭酸塩を溶解するため，交換性陽イオンが過大評価される．土壌の交換性陽イオン組成は，カルシウム，マグネシウム，カリウム，ナトリウムイオンからなることが多い．

酸性土壌では，土壌鉱物からアルミニウムイオンが溶出し，交換性アルミニウムの量が大きくなる．アルカリ土壌では，交換性ナトリウムの割合が高いものがあり，このような土壌では粘土鉱物が分散して土壌物理性が悪化する．水田などの還元土壌では，窒素がアンモニウムイオンとして保持される他，鉄鉱物が二価鉄として溶出し，交換性陽イオンとして保持される．

土壌中の重金属は含量が低いことに加えて表面錯体としての存在割合が多いため，交換性陽イオンとしての存在量は少ない．しかしながら，交換性重金属イオン，すなわち，交換態画分の重金属は土壌溶液に溶存している水溶態画分と合わせて土壌での移動性が高い化学形態と見なされるため，逐次抽出法（sequential extraction）による土壌中重金属の形態分析では測定されることがある．土壌中重金属の交換態画分抽出には，塩化マグネシウム，酢酸アンモニウム，硝酸カルシウム溶液などが用いられているが，塩化物イオンや酢酸イオンは重金属イオンと錯体を形成して抽出量が多くなり，交換態画分を過大評価する恐れがある．

(3) 陽イオン交換反応と選択性

土壌のマイナス電荷によって吸着されている交換性陽イオンは，土壌溶液中の他の陽イオンと容易に交換される．このとき，吸着されているイオンは同じ電荷量の溶液中のイオンと交換され，例えば，吸着されている2価のカルシウムイオン（Ca^{2+}）1つは土壌溶液のカリウムイオン（K^+）2つと交換される．このような反応を陽イオン交換反応（cation exchange reaction）と呼び，土壌粒子が持つ1つのマイナス電荷を X^- と表すと，次のような化学反応式で表される．

$$CaX_2 + 2K^+ = 2KX + Ca^{2+}$$

陽イオン交換反応では，吸着サイトのイオン種による選択性に極端な違いはないが，一般的に価数の大きなイオンの方が吸着されやすい．ただし，粘土鉱物にはカリウムイオンやアンモニウムイオンに選択性の高いサイトが存在するため，土壌粒子のマイナス電荷の陽イオンに対する選択性は，K^+，NH_4^+ > Al^{3+} > Ca^{2+} > Mg^{2+} > Na^+ の順となる．また，溶液のイオン強度が低下すると，価数の大きなイオンの方がより吸着側に分配されやすくなるため，含水率変化により土壌溶液の濃縮や希釈が起こると溶存イオン組成が変化する．

(4) イオンの固定

カリウムイオン,アンモニウムイオン,セシウムイオン,ルビジウムイオンなどは,2:1型粘土鉱物であるバーミキュライトやスメクタイトの層間へ水和水を離して侵入し層間を閉ざして,他の陽イオンで容易に脱着されない状態になる.この現象をイオンの固定と呼ぶ.イオンの固定が起こるのは,2:1型鉱物のケイ素四面体シートの6つのケイ素四面体に囲まれた部分に形成される窪みの大きさとこれらのイオンの半径がほぼ同じで,カリウムイオンなどとケイ素四面体シートの酸素原子との間に内圏錯体が形成されるためである.

他の陽イオンと交換されにくい状態となったイオンを非交換態陽イオンと呼ぶが,絶対的な区分があるのではなく,抽出試薬によって交換態と非交換態の割合が変化する.例えば,固定されたカリウムはアンモニウムイオンでは抽出されにくいが,ナトリウムイオンとは少しずつ交換される.

4) 表面錯形成反応

(1) 陽イオンの表面錯形成反応

土壌の表面官能基と金属イオンは錯体を形成して非常に強く吸着される.この反応を表面錯形成反応(surface complexation)という.例えば,鉛イオンの表面錯形成反応では,陽イオンに対する表面官能基の配位の仕方によって次のような反応が起こりうる.

$$SOH + Pb^{2+} = SOPb^+ + H^+$$
$$2SOH + Pb^{2+} = (SO)_2Pb + 2H^+$$

重金属イオンの表面錯形成反応は,アルカリ金属イオン,アルカリ土類金属イオンが共存していてもほとんど影響を受けずに進むため,特異吸着(specific adsorption)とも呼ばれる.

ただし,表面錯形成による重金属イオン吸着量は,溶液pHの影響が非常に大きく,

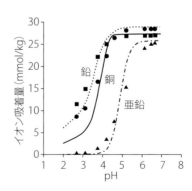

図 6-3 土壌による銅,鉛および亜鉛イオン吸着のpH依存性の例
(和田信一郎,2005)

pHが高くなるほど吸着反応が進行し,あるpHを境に吸着量が急激に変化する(図6-3).重金属イオン間での表面錯形成反応の起こりやすさは,Pb^{2+},Cu^{2+} > Zn^{2+},Ni^{2+} > Co^{2+},Cd^{2+}である.なお,pHが高くなると金属イオンの水酸化物の沈殿も生じやすくなり,非常に高いpHでの溶存金属イオン濃度の低下は水酸化物の沈殿生成による場合もあるので,現象の解釈には注意を要する.

(2) 陰イオンの表面錯形成反応(配位子交換反応)

リン酸,ホウ酸,ヒ酸,クロム酸,亜セレン酸などのオキソ酸イオンやフッ化物イオン,カルボキシ基などの官能基を持った有機酸や腐植物質は,鉱物表面の水酸基との配位子交換により表面錯体を形成する.例えば,表面官能基へのリン酸イオンの吸着反応では次のような反応が起こりうる.

$$SOH + HPO_4^{2-} = SOPO_3^{2-} + H_2O$$

土壌溶液に多く存在する硝酸イオン,塩化物イオン,硫酸イオンは前記のイオンよりも陰イオン吸着の選択性は低いが,その中では硫酸イオンが表面官能基への選択性が高く,変異荷電土壌である黒ボク土では,プラスの電荷を生じたサイトの大部分が硫酸イオンによって占められている.

陰イオン吸着へのpHの影響は,金属イオンとは逆に土壌のプラス電荷が多くなる酸性側で吸着量が多くなる傾向があるものの,pHが低くなるほど単純に吸着量が増加するものばかりではない.これは,陰イオン自体も酸解離反応によってその化学種の形態が変化し,吸着特性に影響することが原因だと考えられる.また,ヒ素,クロム,セレンなど酸化数が変化する元素は,酸化還元状態が元素の吸着特性に影響する.

植物生育にとって重要なリン酸イオンは,アルミニウムや鉄の鉱物,またはアロフェンなどの表面水酸基に吸着しやすい.吸着されたリン酸イオンは,次第にリン酸鉄やリン酸アルミニウムなどの鉱物に変化すると考えられており,土壌に施用されたリン酸肥料の利用率が低い原因となっている.土壌のリン酸固定量の指標はリン酸アンモニウムを用いたリン酸イオンの吸着量として示されており,リン酸吸収係数と呼ばれる.リン酸吸収係数は,黒ボク土以外で500〜1,000 mg P_2O_5/100 g,黒ボク土では1,500 mg P_2O_5/100 g以上となる.

5）土壌溶液組成と吸着反応

吸着反応は土壌溶液のイオン濃度を左右し，土壌中の元素挙動に大きく影響する．この吸着反応を含めた土壌内の化学反応を理解することで，土壌中の養分や有害元素の挙動が理解され，さらにコントロールすることができるようになると考えられる．

植物の必須元素であり肥料成分として重要な窒素は，畑土壌など酸化的な条件では無機態窒素の大部分が硝酸イオン（NO_3^-）として存在しているが，土壌への吸着が起きにくいため，雨が降れば容易に溶脱される（図6-4）．水田などの還元的な条件では，窒素がアンモニウムイオン（NH_4^+）として存在し，陽イオン交換反応によって吸着保持されるため，窒素の有効利用の面では有利である．また，NH_4^+はバーミキュライトやスメクタイト層間への固定または強い吸着も起こる一方，土壌溶液のNH_4^+が減少すると徐々に放出される．

リン酸イオンは，土壌鉱物に対して特異的に吸着され，pHが低いときには吸着量が増加し，pHを上昇させると土壌溶液濃度が高まる．リン酸イオンの濃度増加は，吸着のみの影響ではなく，pH上昇により土壌溶液の鉄やアルミニウムイオンの濃度が水酸化物生成によって抑えられ，リン酸鉄やリン酸アルミニウム

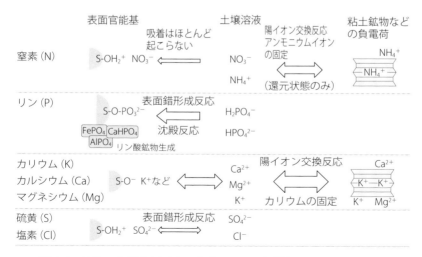

図6-4 植物の多量必須元素の土壌における無機化学種形態と吸着反応

が溶出してくることも要因だと考えられる．また，植物根は土壌に有機酸を放出してリン酸イオンを可溶化するとも考えられているが，これは有機酸とリン酸イオンとの吸着の競合によりリン酸が吸着サイトから脱着されることと，有機酸が鉄やアルミニウムイオンと錯体を形成してリン酸鉄やリン酸アルミニウムの溶解度を増大させるためである．

　カルシウムイオン，マグネシウムイオン，そしてカリウムイオンの一部は，交換性陽イオンとして土壌に保持されている．カリウムの作物吸収量が仮に 20 kg K_2O/10 a だとすると，作土層の厚さが 10 cm で仮比重が 1.0 Mg/m^3 の場合，土壌から 20 mg K_2O/100 g = 0.42 cmol/kg のカリウムが吸収されることに相当する．土壌の交換性カリウム含量が 30 mg K_2O/100 g = 0.64 cmol/kg 程度だとすると，単純に考えて 1 作に必要な量のカリウムイオンが交換態として保持されていることになる．また，粘土鉱物の層間に固定されたカリウムイオンも，土壌溶液濃度が低下すれば徐々に放出されて植物に利用される．カリウムの固定が起こりにくい黒ボク土では，カリウムが土壌から溶脱されやすい．カリウム，カルシウム，マグネシウムイオンは植物に対する吸収の競合が起こるため，土壌診断基準では，交換性陽イオンの Ca/Mg および Mg/K の当量比がそれぞれ，4〜8 および 2〜5 の範囲にあるのが望ましいとされている．しかしながら，土壌に吸着された交換性陽イオンの比と土壌溶液の陽イオンの比は陽イオン交換反応の結果として決まり異なるため，植物への影響を調べるときには土壌溶液のイオン組成を調べる必要がある．

　微量必須元素である亜鉛や銅などの重金属イオンは土壌の表面官能基と表面錯体を形成する．このため，土壌の酸性を中和する際に pH を上げすぎると，これらの金属イオンは土壌に強く吸着されて土壌溶液濃度が低下し，植物への欠乏症が出やすくなる．また，モリブデンやホウ素も土壌と表面錯体を形成し，吸着挙動が溶存形態に影響する．

　汚染土壌の管理法に目を向けると，カドミウムなどによる重金属汚染土壌において植物による重金属吸収量を抑制する場合，pH を上昇させて表面錯体の生成量を増加させ，土壌溶液の濃度を下げることが効果的である．一方で，土壌溶液濃度を増加させる要因として，塩化物イオンや溶存有機物による土壌溶液内での金属錯体の生成がある．例えば，土壌溶液の塩化物イオン濃度が高い場合，遷移

金属の多くが塩化物と錯体をつくるため，溶存している金属イオン濃度の全体量が増加し，土壌中での移動性が高まる．

以上のように，土壌中元素の挙動は，吸着反応をはじめとした，土壌中で起こる化学反応による影響を受ける．土壌中元素の化学形態変化を量的に推定する手段として，化学平衡シミュレーションを活用することができる．陽イオン交換反応，表面錯形成反応，腐植物質への金属錯形成反応など，土壌に特有なさまざまな吸着反応に対して吸着モデルが提案されてきており，これらを含めた化学平衡計算に基づき土壌の元素形態および移動性の解析や予測が可能となってきている．

2．土壌のpH

1）土壌pHと交換性陽イオン，塩基飽和度

土壌が酸性，中性，あるいはアルカリ性を示す性質を土壌の反応（soil reaction）といい，土壌のpHを測定することによって判定される．土壌pHは土壌試料に2.5倍量の水を加えて30分間振とうしたのち，この土壌懸濁液にpHメーターのガラス電極を差し込んで測定される（水のかわりに1 M塩化カリウム溶液や0.01 M塩化カルシウム溶液を用いたpHもよく測定される）．一般の水溶液の場合と同様に，土壌pHは次の式で定義される．

$$pH = \log[H^+]^{-1}$$

ここで，$[H^+]$は水素イオン濃度．

しかし，一般の水溶液とは異なり，懸濁状態ではH^+の分布は均一ではない．H^+の大部分は土壌粒子表面かその近くに存在し，ごく一部が溶液中に存在する．土壌pHはこのように，土壌全体から見れば少ししか存在しない土壌溶液中のH^+濃度を主に反映したものである．図6-5に見られるように，鉱質土壌の多くはpH 3.5〜10を示す．

前節で述べられたように，土壌の陽イオン交換基（cation-exchange group）には陽イオンが吸着され電気的中性が保たれている．土壌中の陽イオンは通常，Ca^{2+}，Mg^{2+}，K^+，Na^+，Al^{3+}，H^+などである．このうち，H^+は前述のように，

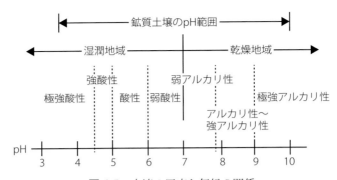

図 6-5 土壌の反応と気候の関係
（和田光史：新土壌学，朝倉書店，1984 を参考に作図）

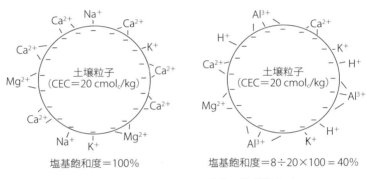

図 6-6 交換性陽イオンの状態と塩基飽和度

その一部が溶液に存在して酸性を示す．Al^{3+} は溶液中では加水分解され H^+ を放出する．

$$Al^{3+} + H_2O = Al(OH)^{2+} + H^+$$

溶液中でのアルミニウムイオンは 6 分子の水を配位しているので，この形式で表すと次のようになる．

$$Al(OH_2)_6^{3+} = Al(OH_2)_5(OH)^{2+} + H^+$$

Al^{3+} や H^+ とは反対に，Ca^{2+}，Mg^{2+}，K^+ および Na^+ は pH を高く保つ原因となるイオンなので交換性塩基（exchange bases）と呼ばれる．交換性塩基が陽イオン交換基全体に占める割合を百分率で表示したものを塩基飽和度（base-saturation percentage）という．塩基飽和度がほぼ 100％ またはそれ以上（塩基は交換

性だけではなく水溶性でも存在することを意味する）では，土壌 pH は中性〜アルカリ性となる（図 6-6 左）．これとは逆に，交換性塩基が欠乏し塩基飽和度が低くなるほど，Al^{3+} や H^+ の割合が増し，土壌の酸性が強くなる（図 6-6 右）．

2）土壌の酸性化

　日本のように，降水量が蒸発散量を上まわる湿潤地域では土壌は酸性化しやすい（図 6-5）．これは，雨水が土壌に浸透すると雨水中の H^+ が交換性塩基を交換し，塩基飽和度が低下するためである．雨水中の H^+ を増加させる要因の 1 つが大気中の二酸化炭素（CO_2）である．二酸化炭素は雨水に溶けて炭酸（H_2CO_3）となる．炭酸は次のように電離して弱い酸性を示す．

$$H_2CO_3 = HCO_3^- + H^+$$

　これに加えて，化石燃料の燃焼時に生じる窒素酸化物やイオウ酸化物由来の硝酸，亜硫酸，硫酸，そして火山由来の硫酸，亜硫酸，塩化水素などの強酸が土壌中に入ると，土壌の酸性化はさらに進むことになる．

　酸性化の原因となる酸は土壌中でも生産される．土壌生物や植物根は炭酸やクエン酸，シュウ酸などの有機酸を放出する．土壌有機物の分解過程ではアンモニウムイオンも生成するが，これは硝酸化成作用（硝化作用，nitrification）を受けて硝酸となる．硫化鉄（FeS_2 など）を含む湖沼や海性堆積物由来の土壌が干拓や土地造成に伴って表層に露出されると，硫化鉄が酸化され硫酸が生成して，土壌 pH は 3 台にまで低下する場合もある．このような土壌を酸性硫酸塩土壌（acid sulfate soil）という．

　現代の農業生産では多量の窒素質肥料が用いられている．アンモニア態窒素を含む肥料（尿素態窒素も容易にアンモニア態窒素に加水分解される）の多用は，硝酸化成に伴う土壌の酸性化を短期間のうちに進行させる．茶園では窒素質肥料が大量に用いられるが，土壌 pH が 4 以下にまで低下することも珍しくない．

　植物による陽イオンと陰イオンの吸収の不均衡によって，土壌の酸性化が起きる場合もある．例えば，塩化カリウム（KCl）を施与すると，植物は K^+ をより多く吸収する．その結果，土壌中には塩酸が残ることになる（K^+ の吸収時に根から H^+ が放出されるため）．このような肥料は生理的酸性肥料（potentially acid fertilizer）と呼ばれる．

3）土壌のアルカリ性

　乾燥地域では湿潤地域とは異なり，交換性塩基の溶脱が進まないので，塩基飽和度が高く保たれる．すでに述べたように，図6-6左のように陽イオン交換基のほとんどが飽和されれば，土壌反応は中性からアルカリ性を示すようになる（図6-5）．

　塩基飽和度が100％より高い場合には，土壌中に炭酸塩が存在することがある．炭酸ナトリウム（Na_2CO_3）や炭酸カルシウム（$CaCO_3$）などの炭酸塩は弱酸と強塩基の塩なので，その水溶液はアルカリ性を示す．ただし，$CaCO_3$ の水への溶解度は低いので，これだけでは土壌pHは8.2程度までにしか上昇しない．実際の土壌では動植物の呼吸由来の二酸化炭素が溶解するため，pHはこれより低くなる．一方，Na_2CO_3 は水によく溶解し，次のように加水分解して，pH8.5〜10の強いアルカリ性を示す．

$$Na_2CO_3 + H_2O = NaHCO_3 + Na^+ + OH^-$$

　日本では湿潤気候のため，自然状態では土壌中に炭酸塩が含まれることはない．しかし，地下への水の浸透が制限される条件にあるビニールハウスや温室の土壌には炭酸カルシウムが集積することがある．また，湖などの干陸によって生成した土壌では，それまで生息していた貝類の殻（主成分は $CaCO_3$）が土壌中に残っている場合がある．八郎潟干拓地（秋田県）の一部の土壌にはシジミの貝殻が多量に含まれており，このため塩基飽和度は100％を越え，土壌pHは中性ないし微アルカリ性となっている．

4）土壌の緩衝能

　酸やアルカリを水に加えると大きなpHの変化が起きる．しかし，土壌には酸やアルカリが加えられたときの急激なpH変化を抑える働きがあり，これを土壌の緩衝能（buffer capacity）という．植物や微生物の生育は強酸性や強アルカリ性で阻害されるので，安定した生育環境に保つという意味で緩衝能は土壌の重要な性質の1つである．

　例えば，土壌に塩酸が加えられた場合を考えると，炭酸塩がある場合には，その溶解によって酸が消費されるので土壌pHはほとんど変化しない．

$$CaCO_3 + 2H^+ + 2Cl^- = Ca^{2+} + 2Cl^- + H_2O + CO_2$$

炭酸塩がない場合でも，次のように交換性塩基とのイオン交換反応によって土壌溶液中のH^+が除去されるのでpHは低下しにくい．

$$CaX_2 + 2H^+ + 2Cl^- = 2HX + Ca^{2+} + 2Cl^-$$

ここで，X：土壌の陽イオン交換体．

また，酸化鉄鉱物やアロフェンを多く含む土壌では，陰イオン吸着能が発現する．この原因は鉱物末端のOH基がH^+を取り込むためで，陰イオン吸着能の発現も緩衝作用の1つである．

一方，土壌に加えられたアルカリは，酸性土壌の場合には，交換性アルミニウムイオンおよびH^+で中和され土壌pHの上昇が抑制される．添加されたアルカリはまた，腐植物質のカルボキシ基（-COOH）やアロフェンのシラノール基（-SiOH）などの弱酸的官能基との反応でも中和される．

5）土壌pHと土壌の分散性

土壌pHが上昇するに伴って土壌粒子は水に分散（dispersion）する性質が強くなり，水が多いと濁りやすく，乾燥すると固化しやすくなる．交換性塩基のうち，1価の陽イオン（Na^+やK^+）の割合が高ければ分散性は高まる．アルカリ性を示す土壌のうちでナトリウムの多い土壌（ナトリウム土壌，sodic soil）ではこの性質が強く発現し，土壌は無構造で緻密化している．

土壌の粒径分析（particle size analysis）においては，この現象を利用して分散処理が行われる．すなわち，土壌懸濁液に水酸化ナトリウム溶液を加えてpHを上昇させると，多くの土壌（特に層状ケイ酸塩粘土の多い土壌）では分散しやすくなる．

6）土壌のpHと植物および土壌生物の生育

土壌のpHは微生物の活動や植物の生育に大きな影響を与える（図6-7）．土壌微生物のうち，細菌（放線菌を含む）は土壌pHの低下で活動が低下するものが多い．特に，硝酸化成菌や空中窒素固定菌は低pHの影響を受けやすい．これに比べて，糸状菌はpH低下の影響を受けにくい．植物は一般には，中性付近の土壌pHで最も生育がよく，酸性またはアルカリ性では生育不良になるものが大

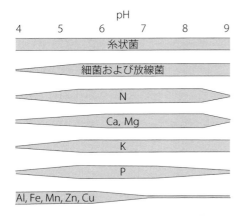

図 6-7 土壌微生物の活動および植物養分の可給度に及ぼす土壌 pH の影響
(和田光史:新土壌学, 朝倉書店, 1984 を参考に作図)

部分である．この原因は極端な場合を除いては，H^+ や OH^- の直接的な障害ではなく，多くは養分元素の欠乏あるいは過剰などの間接的な要因による．

植物養分のうちで最も重要な元素の1つの窒素について見ると，低 pH では細菌によるアンモニア化成，硝酸化成および窒素固定が阻害される．したがって，酸性では土壌有機物由来の窒素供給能が劣るが，硝酸化成作用が抑制されるため硝酸の流亡による窒素の損失は少ない．中性ないしアルカリ性の土壌では窒素の供給能は酸性土壌よりも高いが，硝酸化成で生成した硝酸の流亡する可能性が大きくなる．また，pH 8 以上ではアンモニウムイオンがアンモニアガスとなって空気中に揮散しやすい．

図 6-6 右のように，土壌 pH が低い原因は交換性カルシウム，マグネシウム，カリウムが欠乏しているためで，低 pH ではこれらの養分が欠乏しやすい．一方，アルカリ土壌ではカルシウムとマグネシウムは炭酸塩（$CaCO_3$, $MgCO_3$）となり，これらの可給性は低下する場合がある．

リンは $H_2PO_4^-$ や HPO_4^{2-} として植物に吸収され，中性付近の土壌反応で最もよく吸収される．これらのイオンは酸性土壌中で鉄やアルミニウムと，アルカリ土壌中ではカルシウムと反応し，非常に水に溶けにくい塩をつくる．

酸性土壌では図 6-6 に示したように，交換性アルミニウム（exchangeable aluminum）が多くなる．低 pH 条件ではアルミニウムの他に，マンガン，鉄，銅，亜鉛が溶けやすくなり，これらの元素の高濃度障害が起きることがある．後述するように，酸性土壌における植物の生育阻害要因のうち，アルミニウムの過剰障害への対応が最も重要である．他方，中性ないしアルカリ性の土壌ではこれらの金属の溶解度が下がるので，マンガン，鉄，銅，亜鉛の欠乏が起きやすくなる．極強アルカリ性の土壌では，アルミニウムはアルミン酸イオン（$[Al(OH)_4]^-$）

として溶解し，アルミニウムの過剰障害が起きる可能性がある．

7）酸性土壌のアルミニウム過剰障害

酸性土壌での植物生育を阻害する要因として，水素イオン，アルミニウム，マンガンの各過剰障害，養分元素の不足，窒素無機化や窒素固定などを行う有用微生物の活性低下などがあげられるが，一般にはアルミニウム過剰障害が最も深刻である．

（1）アルミニウム過剰障害の症状と原因

植物がアルミニウム過剰障害を受けると，①根の伸長が抑えられ障害部が太くなる，②主根が分岐（枝分かれ）する，③根毛が少なくなる，④障害部が褐変する（褐色に変色すること）などの特徴的な症状が現れる．根の伸長阻害が起きる

表6-1 作物のアルミニウム耐性

強	強～中	中	中～弱	弱
イネ，シソ，ソラマメ，クランベリー，キャサバ，チャ，バミューダグラス，モラッセスグラス	エンバク，トウモロコシ，キビ，ダイズ，ソバ，ギニアグラス	ライムギ，インゲン，エンドウ，キャベツ，ハクサイ，ゴボウ，ナス	コムギ，ソルガム，ダイコン，カブ，トマト，トウガラシ，キュウリ	オオムギ，タマネギ，アスパラガス，カラシナ，コマツナ，タイナ，ミズナ，チシャ，レタス，セロリ，シュンギク，ニンジン，パセリ，ビート，ホウレンソウ，ワタ，アルファルファ，ブッフェルグラス

（但野利秋：植物栄養・肥料学，朝倉書店，1993）

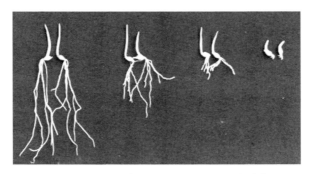

図6-8 オオムギ根のアルミニウム過剰障害
左は正常で，右側に行くほど強い障害を受けている．

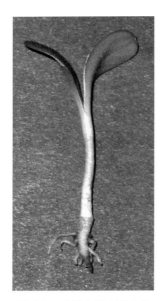

図 6-9 ゴボウ根のアルミニウム過剰障害
根の伸長が抑えられ，障害部が太くなり，褐変が見られる．

のは，アルミニウムが根の細胞壁に結合して細胞伸長に影響を与えるためと見られる．また，アルミニウムはカルボキシ基やリン酸基を含む化合物など，重要な生体物質と強く結合するので，前記の症状はいくつかの複合的な要因によるものと考えられている．根からの養水分の吸収が妨げられるので，地上部の生育も悪くなっていく．表 6-1 に植物のアルミニウム耐性の比較を示した．また，図 6-8 にアルミニウム耐性が弱いとされるオオムギでの障害の様子を，図 6-9 には障害を受けたゴボウ根を示す．

(2) 毒性アルミニウムの発現とその評価法

アルミニウムは土壌に多量に含まれる元素の1つで（平均 7 %），主に鉱物中に存在している．アルミニウムは土壌 pH が中性付近では安定であるが，pH が低下すると鉱物の破壊に伴ってアルミニウムが溶解し，陽イオン交換基に吸着される（図 6-6 右の状態）．これが土壌溶液に溶け出して生物に影響を与えるようになる．また，土壌によっては腐植と結合したアルミニウムを多く持つものもある．日本に広く分布する黒ボク土のうち，アロフェンが少ないもの（非アロフェン質黒ボク土）の腐植層には，腐植と結合したアルミニウム（アルミニウム - 腐植複合体）

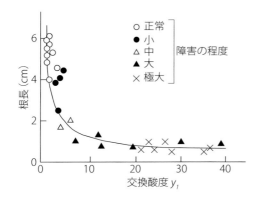

図 6-10 黒ボク土の交換酸度 y_1 とゴボウ根の生育
y_1 は土壌 100 g を 250 mL の 1 M KCl 溶液で抽出し，抽出液 125 mL を 0.1 M NaOH で滴定して求める．(Saigusa, M. et al., Soil Science, 1980)

が多量に含まれている．この形態のアルミニウムの大部分は安定で毒性がないが，pHの低下に伴ってその一部が交換性となり溶液中に放出されやすくなる．

　アルミニウム毒性の程度の指標として，交換酸度（exchange acidity）y_1 が用いられることがある（大工原酸度ともいう）．y_1 は KCl 溶液での土壌抽出液を NaOH で中和滴定することによって測定され，交換性アルミニウムと交換性水素の合量が定量される．鉱質土壌（mineral soil）ではそのほとんどが交換性 Al^{3+} であり，黒ボク土の場合には $y_1 = 3$ が交換性アルミニウム $= 1$ $cmol_c/kg$ にほぼ対応する．図6-10は黒ボク土の y_1 とゴボウ根の生育の関係を見たものであり，y_1 が6以上ではゴボウ根は大きな障害を受けることがわかる．

(3) 酸性土壌の改良

　酸性土壌の改良で重要なのは，交換性アルミニウムを減少させることである．このためには交換性塩基を増加させ，pHを上昇させることが必要となる．一般には，石灰資材（炭酸カルシウム，水酸化カルシウム，酸化カルシウム）による改良が行われている．炭酸カルシウムが酸性土壌中に施用されると，次のような反応が起きる．

$$2AlX_3 + 3CaCO_3 + 3H_2O = 3CaX_2 + 2Al(OH)_3 + 3CO_2$$

このように，交換性カルシウムが増加し，土壌pHも上昇して，Al^{3+} イオンは水酸化物の沈殿となって毒性がなくなる．

　石灰の必要量の決定には，大きく2つの方法がある．1つは交換性アルミニウム量（または，交換酸度 y_1 など）を定量し，それを水酸化物にする量を計算する方法である．もう1つは，土壌pHを指標とする方法である．土壌試料に水と何段階かの石灰を加え，一定時間反応させてpHを測定する．この土壌pHと石灰添加量との関係の曲線（緩衝曲線と呼ばれる）から，目標のpHにするための石灰添加量を読み取る．一般に，土壌pHが6以上では交換性アルミニウムがほとんどなくなるので，酸性矯正の目標pHは6〜6.5とされる．

　石灰の施用によって酸性土壌の植物生育を阻害する要因は大きく減少するが，それに伴う不利な点も認識しておく必要がある．土壌反応が中性になると土壌細菌の活性が高まり，硝酸化成作用も活発になる．これは窒素質肥料の損失や硝酸による地下水汚染の危険性が高まることにつながる．ある種の土壌病害（ジャガ

イモそうか病，インゲンマメ根腐病など）ではアルミニウムイオンが病原菌に作用し，発病が軽減されている．交換性アルミニウムがない条件では，これらの土壌病害の防除はより厳重に行う必要がある．また，過剰な石灰施用によって土壌pHの上がり過ぎが問題となる場合がある．土壌がアルカリ性になるとアルカリ土壌の場合と同様に，マンガン，鉄，亜鉛，銅などの微量要素欠乏（micronutrient deficiency）が起きやすくなる．

3．土壌の有機物

1）土壌有機物の量と給源

　土には落葉および落枝（リター），枯死根，遺体，排泄物など様々な形で植物や動物，微生物から有機物が供給される．供給された有機物は，土壌動物や微生物のはたらきによって破砕・分解され，最終的には二酸化炭素，水，アンモニアなどにまで無機化される．有機物の分解速度は，温度や水分といった環境因子の影響を受けるのに加え，有機物の構造や土壌中の無機成分との相互作用によって異なる．植生が存在する環境下では，植物から供給された有機物が完全に無機化される前に新しい有機物が供給されるため，土には常に分解過程の様々な段階にある有機物が混在することになる．土壌中に存在する生きた有機物（生物）と形状を維持している動植物遺体を除くすべての有機物を土壌有機物（soil organic matter）あるいは腐植（humus）と呼ぶ．腐植の中には生体成分と同じ分子構造を維持しているものと，環境中で生体成分から生化学反応，化学反応あるいは熱反応により二次的に生成したものが存在する．後者は暗色（明褐色〜黒色）を呈し，腐植物質（humic substances）と呼ばれる．前者は，腐植物質と対をなすものとして，非腐植物質（non-humic substances）と呼ばれる．

（1）土壌有機物の量

　土壌有機物の量は，重量の約半分を占める炭素の量として評価され，地球全体で深さ3mまでに2,000〜3,000 Gt C存在すると見積もられている．この値は，植物バイオマスの4倍以上に相当するが，近年は減少傾向にある．表層土壌に

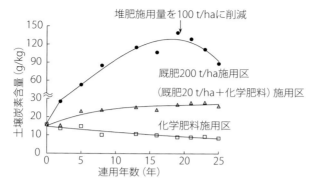

図 6-11 厩肥，化学肥料の連用にともなう土壌有機物（炭素）含量の経時変化（名大附属農場畑圃場；黄色土）

おける有機炭素含量は1％未満から50％以上まで幅広い値を示し，土壌の色や物理性，化学性および生物性に影響を与える．各土壌の有機炭素含量は，有機物の供給速度と消失速度とのバランスによって決まる．消失は無機化と水溶性有機物の溶脱によって起こる．

　一般的に，土壌有機炭素含量は寒冷・湿潤な気候で高く，温暖・乾燥な気候で低いが，土地利用の影響も大きい．森林の耕地化は，植物からの有機物供給量を減少させるのに加え，特に播種前後や収穫後には，土壌表面に太陽光や風雨が直接当たるため，日中の地温上昇による有機物分解の促進や表層土の流亡が起こり易くなる．耕起による土壌への酸素供給量の増大も微生物による有機物分解を加速させ，これらの結果，有機炭素含量が急速に低下する．畑地において土壌有機物量を維持あるいは増大させるには，作物残渣の還元だけでは不十分であり，堆肥の施用など外部からの有機物の持込みが必要である．ただし，施用を止めれば有機炭素含量は再び低下する（図6-11）．水田では，畑と比較して土壌有機物の減少は少ない．これは，主に気温の高い夏期に土壌が湛水され，酸素の供給が制限されることで，微生物活性が抑えられるためと考えられている．

(2) 土壌有機物の給源

　土壌に供給される有機物の中で最も重要なのは植物残渣（リターや枯死根）と菌体である．植物残渣の主要な構成成分は，セルロース，ヘミセルロース，リグ

ニン，タンニンであり，他にクチン，スベリンを含む脂質，タンパク質などであるが，植物の種類，組織，器官，部位によってその組成は異なる．

セルロース（図6-12a）は，β-D-グルコースが1→4結合した直鎖状高分子であり，植物細胞の細胞壁を構成する．木本植物では乾物重の40〜50％，草

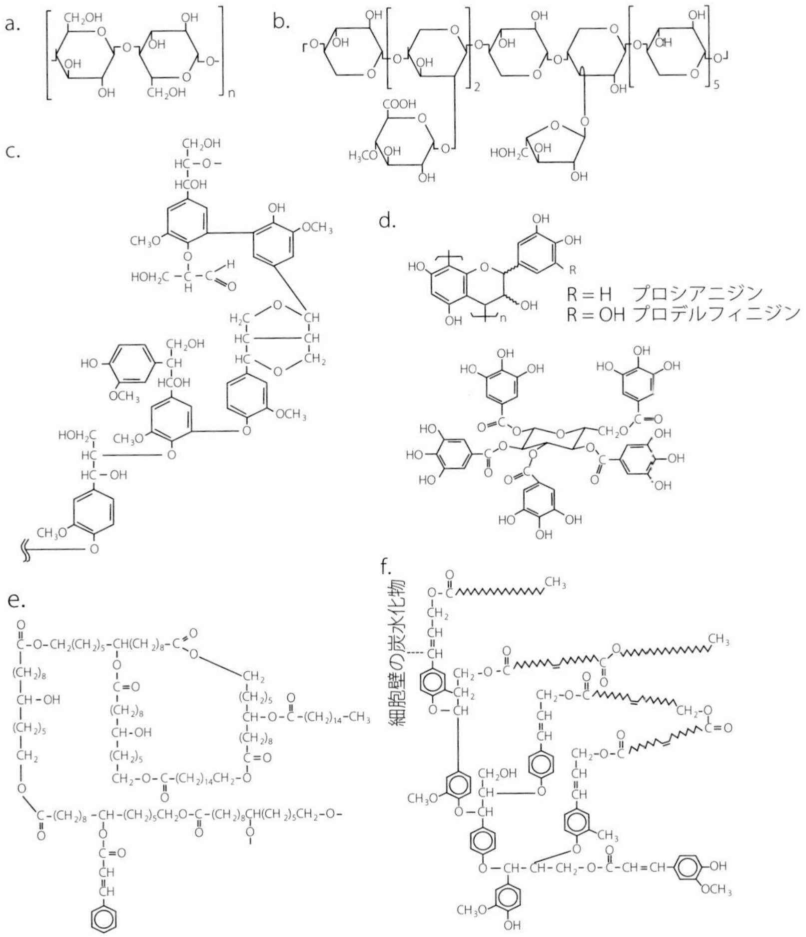

図6-12 土壌有機物の給源となる主要な植物成分の構造
a：セルロースの構造単位，b：ヘミセルロースの構造単位の例（アラビノ-4-O-メチルグルクノキシラン），c：リグニンの部分構造モデル，d：縮合型タンニンの構造単位（上）と加水分解性タンニンの例（ペンタガオイルグルコース，下），e：クチンの部分構造モデル，f：スベリンの部分構造モデル．

本植物では 30 〜 40％を占める．ヘミセルロース（図 6-12b）は，水に不溶でアルカリに可溶な多糖類の総称で，木本植物では乾物重の 25 〜 35％を占める．セルロースと異なり分岐しており，重合度も低い．セルロースと水素結合して，一次細胞壁の基本骨格である網目構造を形成する．代表的なものはキシログルカン，キシラン，マンナン，(1,3)(1,4)-β-D-グルカンであり，植物種により構成糖類が大きく異なる．

　リグニン（図 6-12c）は，フェニルプロパンを構造単位とし，それらがエーテル結合，炭素−炭素結合によりランダムに架橋して形成された高分子物質である．維管束植物やシダ類において木化細胞を形成している．コケ類，藻類，微生物には含まれない．一般的に，針葉樹幹部では乾物重の 25 〜 35％，広葉樹幹部では 20 〜 25％，草本植物では 15 〜 25％を占める．また，リグニンを構成するフェニルプロパン単位の組成が針葉樹，広葉樹，草本植物間で異なることから，土壌有機物の給源の推定に利用されることがある．

　タンニン（図 6-12d）は，高等植物中に含まれるポリフェノールのうち，タンパク質と結合して不溶性の複合体を形成する化合物の総称で，葉，花，細根などでは乾物重の 20％以上になることもある．タンニンは大きく縮合型タンニンと加水分解性タンニンに分類される．縮合型タンニンは，フラバン-3-オールを単位構造とし，重合度や水酸基の数が異なる高分子化合物の混合物である．加水分解性タンニンは，没食子酸（3,4,5-トリヒドロキシ安息香酸）およびその誘導体がグルコースなどの六単糖とエステル結合した化合物である．

　クチン（図 6-12e）とスベリン（図 6-12f）は，いずれも脂肪酸およびその酸化誘導体とグリセロールからなるポリエステル重合体である．クチンは C_{16} と C_{18} の脂肪酸を含み，クチクラ層の骨格を形成している．スベリンは C_{16} 〜 C_{26} の脂肪酸と芳香族成分からなり，地下部器官や樹皮のコルク細胞の細胞壁に存在する．

　菌体の主要な構成成分は，タンパク質，炭水化物，脂質，核酸であり，その割合は微生物の種類や生息環境などにより大きく異なる．糸状菌の細胞壁の主成分はキチン，グルカン，マンナンなどの多糖であるが，細菌の細胞壁の主成分は糖とタンパク質の複合体からなるペプチドグリカンである．セルロースも糸状菌には存在するが，細菌にはほとんど存在しない．キチンやペプチドグリカンの存在

により，菌体は植物体よりも炭素含量と窒素含量の比（C/N比）が小さく，細菌は糸状菌より炭水化物含量が低いため，さらにC/N比が小さい．

2）土壌有機物の生成と蓄積

(1) 土壌有機物の生成

植物残渣や堆肥などの初期分解過程では，構成成分の無機化とともに断片化，小サイズ化が進み，森林土壌のH層に代表される粗大な腐植〔粒状有機物 particulate organic matter）となる．水溶性有機物の一部は土壌溶液に溶け込む（溶存有機物，dissolved organic matter）．初期サイズが大きく異なるが，死菌体の場合も同様と考えられる．鉱物との間に相互作用を持たず（遊離），非腐植物質が多く残る粒状有機物や溶存有機物は，腐植の中で最も分解され易い形態である．

植物体を構成する成分のうち，特にデンプン，ヘミセルロース，セルロースなどの炭水化物やタンパク質は土壌中で速やかに分解される（易分解性有機物）．ただし，易分解性有機物であっても団粒の内部に隔離されると，微生物や菌体外酵素が接触できず長期間残留しうる（図6-13）．リグニンやスベリン，クチンなどの脂質は相対的に分解速度が小さいが，その差は，それらの主要な分解者である糸状菌が活動できる好気的な環境では土壌粒子への吸着によるところが大きい．

土壌中における有機物の分解過程には，高分子物質の低分子化，側鎖の置換および消失，環構造の開裂，カルボキシ基の生成などが含まれる．分解は必ずしも無機化へと一方向に進むわけではなく，例えば，リグニン，タンニンなどのポリ

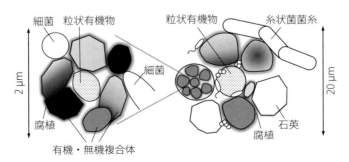

図6-13　微小団粒内への粒状有機物の隔離

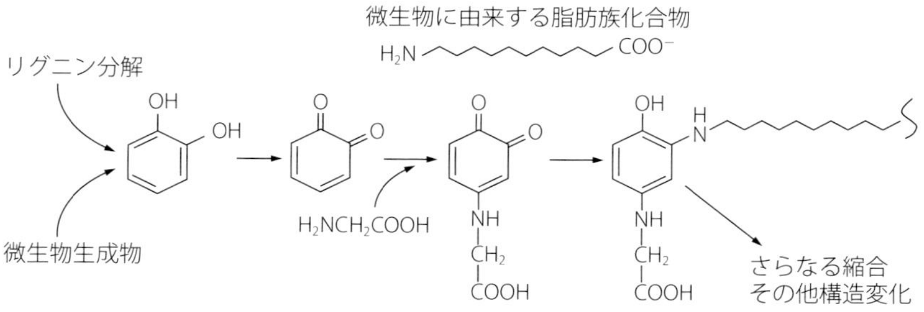

図 6-14 キノンとアミノ化合物からの腐植物質生成機構の仮説
（Horwath, W. R., 2015 を一部改変）

フェノールがキノンへと酸化されると，反応性の高いキノンは自己縮合やアミノ化合物との縮重合を起こす（図 6-14）．アミノ化合物は還元糖や他のカルボニル化合物とも反応し，着色重合物を生成する（褐変反応）．これらの反応は多様な生成物を与え，腐植物質の生成過程のひとつと考えられてきた．微生物によるリグニンの分解の多くは，付着あるいは結合しているセルロースやヘミセルロースをエネルギー源や炭素源として利用することを目的としているため，リグニンを完全に無機化せず，腐植物質生成の出発物質を与える．腐植物質は，微生物が生産する各種のポリフェノール，キノン，アミノ化合物，還元糖などからも生成し，植物，微生物両方を起源とするものも想定される．

　新しく生成した腐植物質の安定性もまた土壌粒子への吸着に依存し，分解を免れた腐植物質がさらなる構造変化を経て，微生物が分解しにくい難分解性有機物になると考えられる．土壌中のマンガンや鉄は，腐植物質の生成や構造変化に関わる酸化還元反応の触媒としてはたらきうる．

　菌体量（微生物バイオマス）は，炭素として土壌有機炭素の 1 〜 3％に相当するにすぎないが，菌体中に窒素が濃縮されることから，土壌有機窒素に対する寄与は大きい．

（2）土壌有機物の蓄積

　土壌有機物の分解速度は，有機物の化学構造，団粒内部への隔離，無機成分への吸着に依存する．粒状有機物の更新速度は 10 年未満であるが，シルトサイズの団粒内部に隔離されることで 100 年以上，粘土鉱物に吸着して粘土サイズの

団粒に保護されることで 1,000 年以上にまで低下することがあり，土壌有機物の蓄積をもたらす．一般に土壌粒子の粒径が小さいほど有機炭素の更新速度は遅い（図 6-15）．

有機物の土壌粒子への吸着様式は，配位結合，水素結合，静電吸着，ファンデルワールス力などを含む．腐植物質はカルボキシ基やフェノール性水酸基に富み，鉱物表面のアルミニウムや鉄との配位結合（配位子交換反応）や多価金属イオンによる鉱物−有機物間の架橋結合により安定化する（図 6-16）．そのため，アル

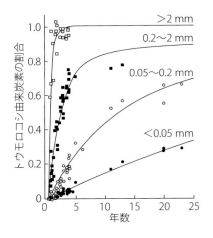

図 6-15 小麦畑からトウモロコシ畑への転換後のトウモココシ由来炭素が土壌有機炭素に占める割合の経時変化
小麦とトウモロコシの炭素安定同位体比の違いを利用して求めた．(Balesdent, J., 1996)

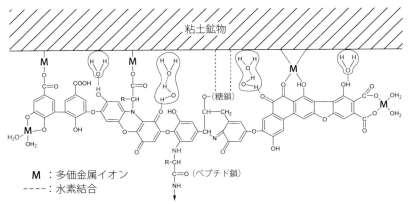

図 6-16 フミン酸の粘土鉱物への吸着：有機・無機複合体の形成
(Stevenson, F. J., 1994). 著者注：この構造モデルには，糖鎖，ペプチド鎖以外の脂肪族構造が不足している．

ミニウムに富む黒ボク土やカルシウムに富むチェルノーゼムは土壌有機物含量が高い．解離していない弱酸性官能基やアルコール性水酸基，カルボニル基，アミノ基などは鉱物表面の酸素や水酸基と水素結合を形成する．脂質など極性の低い有機物は主にファンデルワールス力によって吸着するが，水素結合を形成したり先に吸着している有機物に疎水性相互作用により吸着されることもある．腐植物質は構造中に疎水性部位と親水性部位を持つため，親和性の高い部位同士が結合あるいは吸着することで鉱物表面に重なって蓄積する．

砂と粘土とでは比表面積が大きく異なるため，砂の割合が大きい土壌は有機物の吸着容量が小さい．また，粘土鉱物の中でもアロフェンやイモゴライトなどの非晶質/準晶質アルミニウムケイ酸塩鉱物は，層状ケイ酸塩鉱物よりも比表面積が大きく，表面にアルミニウムが多く配置されているため，特に有機物の吸着容量が大きい．腐植物質の1画分であるフミン酸の各種層状ケイ酸塩鉱物への吸着量は，スメクタイト＞バーミキュライト＞ハロイサイト＞カオリナイト＞イライト＞クロライトの順に高い．膨潤性の高い鉱物では層間にも有機物を吸着できるため，吸着量が大きくなる．

砂と粘土に含まれる土壌有機物の組成を比較すると，砂は植物に由来する有機物，粘土は微生物に由来する有機物をそれぞれ相対的に多く含んでいる．死菌体の分解過程で生成する微小な粒状有機物は，本質的には易分解性であるが，粘土鉱物に吸着したり，粘土サイズの団粒内に隔離されたりする確率が高いため，徐々に微生物を起源とする腐植の存在比が増大していくと考えられる．

3）土壌有機物の組成

土壌有機物は無数の物質からなる混合物であるため，個々の成分に分けることはきわめて難しいが，その機能や動態を把握するために，化学的性質や分解速度の類似したグループに分類して扱われる．分類基準が複数あるため，しばしば同じ物質が複数のグループに属する．

（1）腐植物質（フミン酸，フルボ酸，ヒューミン）

腐植物質は，酸とアルカリに対する溶解性の違いに基づき，フミン酸（humic acid，アルカリ可溶・酸不溶性，腐植酸ともいう），フルボ酸（fulvic acid，アル

カリ・酸可溶性），ヒューミン（humin，酸・アルカリ不溶性）の3種に分類される．ただし，本来の溶解性によらず，土壌鉱物との結合が強固なために酸でもアルカリでも抽出できないものもヒューミンと見なされる．いずれも無数の分子からなる混合物である．フミン酸やフルボ酸は，溶液中では見かけ上高分子（平均分子量＞1万）としてふるまうが，各種質量分析では分子量数百〜数千のものが多く検出されることから，超分子（複数の分子からなる集合体）を形成しているとも考えられている．また，各腐植物質の化学構造は完全に異なるわけではなく，共通している構造成分も多い．

　フミン酸は，炭素当たりで全土壌有機物の5〜30％を占める．構造中にカルボキシ基やフェノール性水酸基が含まれることで酸としての性質を示す一方，縮合芳香環や長いアルキル鎖が含まれることで疎水的な性質も示す．pHが高く酸

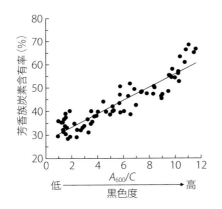

図 6-17　フミン酸の黒色度と芳香族炭素含有率（全炭素に占める割合）との関係

A_{600}/C：フミン酸の黒色度の指標のひとつ．0.1 M NaOHに溶解したフミン酸 1mg/mL あたりの 600 nm の吸光度．

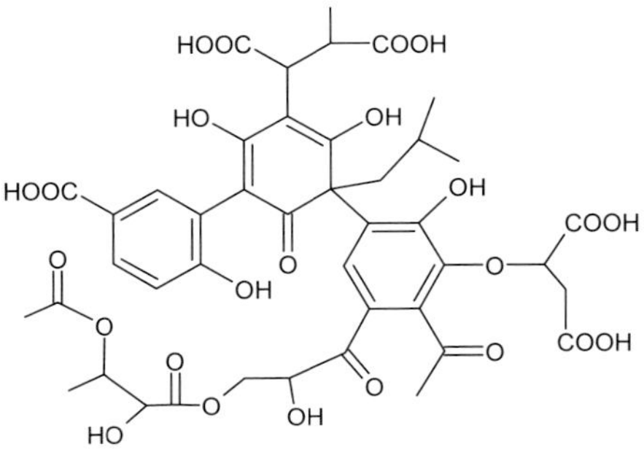

性官能基が解離しているときは水に溶けるが，pHが下がって分子内および分子間の静電的反発が弱まると，水素結合の形成や疎水性相互作用による会合，凝集が進み沈殿する．フミン酸の炭素は30〜70％が芳香族炭素，数〜35％が飽和脂肪族炭素である．褐色から黒色を示し，黒色度が高いものほど芳香族炭素（図6-17）やカルボ

図 6-18　フルボ酸の構造モデルの例
（Leenheer, J. A., 2007）

キシ基を多く含み，芳香族炭素含量が高いフミン酸は縮合芳香環に富む．

フルボ酸（図6-18）は，炭素当たりで全土壌有機物の2〜10％を占める．フミン酸よりも明るい褐色を呈し，より多くのカルボキシ基を含む．炭素の25〜40％を占める芳香族炭素はリグニンやタンニンに由来するものが多い．フルボ酸と金属イオンとの錯体の安定度は，$Fe^{3+} > Al^{3+} > Cu^{2+} > Pb^{2+} = Ca^{2+} > Zn^{2+} > Mn^{2+} > Mg^{2+}$の順である．

（2）非腐植物質

非腐植物質の中で多いものは炭水化物，タンパク質/ペプチド/アミノ酸，脂質で，Stevenson and Cole（1999）によれば，それぞれ全土壌有機物の5〜25％，9〜16％，1〜6％を占める．ただし，タンパク質/ペプチド/アミノ酸含量は定量法の問題により過小評価されており，実際にはこれらより5〜10％程度高いと予想される．脂質には，前出のクチンやスベリンのほか，脂肪，リン脂質，ステロールなども含まれる．窒素化合物としては，他にアミノ糖，核酸塩基やピロールなどの複素環化合物などが存在する．リン脂質以外の主なリン化合物はイノシトールリン酸と核酸であり，主なイオウ化合物には含硫アミノ酸とコリン硫酸，コンドロイチン硫酸などの硫酸エステルが挙げられる．

（3）溶存有機物

溶存有機物は，主にフルボ酸と水溶性非腐植物質からなる．量的にはわずかであるが，有機物を構成している元素のみでなく，吸着している元素や物質の移動に重要な役割を果たしている．土壌中には溶存有機物よりも多くの水溶性有機物が土壌粒子に吸着して存在しており，降雨などにより溶存有機物が溶脱あるいは希釈されると，物理吸着や静電吸着により弱く吸着していた水溶性有機物の一部が土壌溶液中に溶出する．

（4）ブラックカーボン

森林火災や火入れの際，酸素供給が不十分な状況で起こる熱反応は，有機物の構造を劇的に変化させ，元の構造にかかわらず，縮合芳香環を主構造とする黒い有機物を生成させる．その一部は煤として大気へ拡散したあとに土壌や海に沈着

し，それ以外は木炭や部分的に炭化した物質として残留する．ブラックカーボンはそれらの総称である．土壌中のブラックカーボン量は，土壌有機物全体の数%〜30%以上を占めると見積もられている．フミン酸に含まれる縮合芳香環の一部も炭化物に由来すると推定されている．

(5) 有機・無機複合体

土壌有機物の多くは，土壌鉱物に直接あるいは金属イオンや既に吸着している有機物を介して吸着することで有機・無機複合体を形成している．土壌鉱物からの分離が困難なヒューミンのみでなく，多くの腐植物質やブラックカーボンもこの区分に含まれる．土壌鉱物に吸着していない粒状有機物との分離は，比重の違いに基づいて行われ，団粒を破壊した後に比重 $1.6\ g/cm^3$ もしくはより重い重液に浮かないものが有機・無機複合体と見なされる．複合体中の有機物の安定性は一様ではなく，堆肥などの施用により，有機物/鉱物比が増大すると，分解を抑制する効果が弱められる．

4）土壌有機物の機能

土壌有機物の生物生産や環境保全において果たしている役割（機能や存在意義）は多岐にわたる．以下に代表的なものを挙げる．

①**団粒形成能**…土壌有機物は鉱物粒子を覆い，さらに粒子同士を接着することで，多彩な大きさの粒子と間隙を形成する．接着された粒子（団粒）は風雨による移動（侵食）が起こりにくい．また，気相が増えることで土が柔らかくなるため，植物は根を伸張し易くなり，農地では耕起が容易になる．大小様々な間隙の存在は，高い通気性と高い保水性を両立させ，土壌生物に酸素濃度や水分条件が異なる多様な住み場を提供する．

②**微生物のエネルギー源，栄養源**…分解速度の大きい有機物は，土壌微生物のエネルギー源，栄養源としてその増殖を促し，各種生化学反応を活性化することで，土壌中における物質代謝を円滑にする．土壌有機物に含まれる多彩な成分は，微生物の様々な栄養要求を満たすことで微生物相の単純化を防ぎ，植物病原菌など特定の微生物の著しい増殖を抑制する．

③**植物の養分源**…土壌有機物中の窒素やリン，イオウは，有機物が分解される

ことで植物が利用可能な無機態として放出される．有機物の分解速度が多様で，養分元素の放出も徐々に起こることから，植物にとって過剰供給になりにくく，有効に利用されることで溶脱による損失や固定による不可給化が抑制される．特に，C/N 比の低い菌体に由来する腐植は窒素の供給源として重要である．

④**植物養分保持能・緩衝能**…土壌有機物の中でも特にカルボキシ基やフェノール性水酸基に富む腐植物質は，変異荷電の担い手として，Ca^{2+}，Mg^{2+}，K^+，NH_4^+ など植物に必要な交換性陽イオンの保持に寄与している．同時に H^+ イオンの放出（解離）と吸収によって，土壌溶液中の H^+ イオン濃度を調整する緩衝剤として機能している．

フルボ酸やその他の水溶性有機酸は，鉄や銅などの微量金属元素と錯体を形成してそれらを可溶化し，植物による吸収を助ける．また，その一部は土壌から河川，海へと移動して，河口域および沿岸域の生態系に必要な微量元素を供給する．

⑤**重金属および有機汚染物質の拡散制御能**…フミン酸，ヒューミンといった可動性の低い腐植物質は，弱酸性官能基によって鉛，水銀，カドミウム，アルミニウムなど有害な金属イオンを吸着し，土壌からの溶出や生物による吸収を抑制する．ダイオキシン類をはじめ有機汚染物質の多くは疎水性だが，フミン酸やヒューミンは構造中に疎水性の高い縮合芳香環やアルキル鎖を含むことから，それらの有機汚染物質も強く吸着し，環境中における拡散や生物への吸収を抑制する．

⑥**炭素貯留能**…植物が大気から固定した炭素を長期間土壌中に貯留し，大気中の炭素濃度を制御する機能を指す．特に，地球温暖化の観点から近年重要視されている．粘土鉱物に吸着して微小団粒内に隔離された腐植，特にブラックカーボンや構造的に難分解性である腐植物質はこの機能が大きい．

これらのほか，フルボ酸やフミン酸については植物根の成長促進など生理活性機能を示す研究例も存在する．しかしながら，①〜⑥の機能と異なり，各種生理活性作用については，どの土壌の腐植物質にも見られる普遍的な機能とは考えられていない．

コラム：もしもイオン交換能がなかったら

　土壌粒子は全体としてマイナスの電荷を帯びていることが多く，電気的中性を保つために土壌溶液の陽イオンを静電気的に緩やかに保持している．もしも土壌のイオン交換能がなければ，土壌溶液中で陽イオンとして存在している植物にとっての必須元素，特に，カリウム（K^+），カルシウム（Ca^{2+}），マグネシウム（Mg^{2+}），そして水田など還元状態で存在するアンモニウムイオン（NH_4^+）を保持することができない．雨が降れば，土壌水分の地下浸透とともに，陽イオンも簡単に洗い流されてしまい，土壌では通常あまり気にされないカルシウムやマグネシウム不足も植物生育の制限要因になってしまうだろう．このように，保肥力という意味の陽イオン交換保持が土壌の重要な機能の1つだといえる．

　近年，土壌を使わない完全な水耕栽培や，反応性の低い培地を用いた溶液栽培が実用化され，高い生産性が示されている．しかしながら，植物に適した養分状態の維持はエネルギーとコストをかけて行われており，人類の生存を支える穀物など土地利用型の作物を賄うことは難しい．

　土壌で作物が生育するとは，陽イオン交換反応をはじめとした化学反応を生じる非常に反応性が高い土壌という培地を使った，土壌溶液による水耕栽培であるともいえる．土壌が持つ機能を最大限に活かすため，土壌物質の特性や土壌で起こる現象を十分に理解し適切に管理していくことが，今後も重要である．

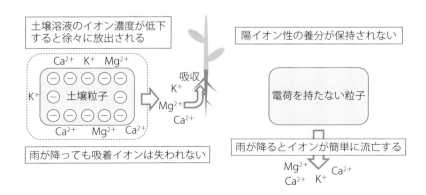

第 7 章

土壌中の生物とその働き

1. 土壌中の生物の種類

1) 土壌微生物の種類

　地球上のすべての生物はリボソーム RNA の塩基配列の比較による系統進化の知見に基づいて，細菌（Bacteria），アーキア（Archaea，古細菌），真核生物（Eukaryote）の 3 領域に分類され（系統分類），進化の歴史を表した系統樹の上にそれぞれの種名を示すことができる（図 7-1）．代表的な土壌微生物として，細菌，アーキア，真核生物に含まれる糸状菌，藻類などを取り上げる．

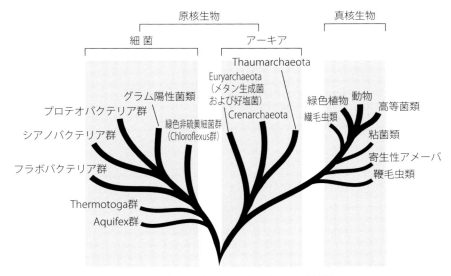

図 7-1　生物の進化の歴史を表した系統樹

(1) 細　　菌

　単細胞で細胞核を持たない原核生物で，形態的には丸い球菌，細長い桿菌，らせん状菌などさまざまである．細胞の大きさは，球菌では 0.5 〜 1 μm，桿菌では幅 0.5 〜 1 μm，長さ 3 μm 程度のものが多い．

　生育に酸素を必要とするものを好気性細菌（aerobic bacteria），必要としないものを嫌気性細菌（anaerobic bacteria）と呼ぶ．一種の耐久体である胞子を形成するものがいる（胞子形成菌）．養分，水分，温度などの環境条件が悪化すると胞子を形成し，適切な条件下では発芽して栄養細胞に戻る．運動器官として鞭毛を持ち，養分や水分などの好適な環境を求めて，あるいは不利な環境から逃れて移動できる（運動性）ものがいる．細胞壁の構造の違いから，グラム陽性細菌と陰性細菌に分けられる．土壌中のさまざまな有機・無機化合物の形態変換を行い，物質循環や植物生育を支えている．

　系統分類において細菌（bacteria）は 16S rRNA の配列から 24 の門（phylum）に分類されており，それぞれの門がさらに下位の分類群（綱（class），目（order），属（genus））に分けられる．

(2) 放　線　菌

　放線菌（actinomycetes）はグラム陽性細菌群の大きなグループに含まれ，特徴的な形態の菌糸を形成する．胞子が発芽して伸長および分岐した菌糸から空中に気菌糸を伸ばす．形態的には糸状菌に似ているが，菌糸の幅は 0.5 〜 1 μm と細い．系統分類では一部の桿菌や球菌も含まれている．多糖類やタンパク質，リグニンなど多様な有機化合物を栄養源として利用する．キチンを分解できる放線菌は植物病原性糸状菌の抑制に，油脂や炭化水素を分解できる放線菌は土壌浄化への利用が期待されている．二次代謝産物として抗生物質をはじめとするさまざまな生理活性物質を生産するものがおり，*Streptomyces* 属に多い．土壌特有のにおいは放線菌の生産物が原因とされている．

(3) アーキア（古細菌）

　リボソーム RNA 塩基配列だけでなく，細胞表層構造や脂質の立体構造から，

細菌や真核生物とは異なる系統に位置づけられている．これまでに絶対嫌気的環境や高熱，低 pH，高塩濃度などの極限環境から多くのアーキア（archaea）が分離されてきた．しかし，土壌や底質，海洋などの一般的な環境にも多様なアーキアが生息していることが近年明らかになった．還元が進行した水田土壌でメタンを生成するメタン生成菌はアーキアである．最近，アンモニア酸化アーキアが発見された．

(4) 糸 状 菌

真核生物に属し光合成を行わない生物である菌類は，カビ，キノコ，酵母に大別される．糸状で分岐した菌糸を形成して栄養をとるカビ，キノコを糸状菌と総称する．菌糸の直径は 5～10 μm で，繁殖のために胞子を形成する．肉眼で識別できる子実体がキノコである．糸状菌（fungi）はその形態的特徴に基づいて鞭毛菌，接合菌，子嚢菌，担子菌，不完全菌（有性世代の確認されていない糸状菌）に分けられる．植物残渣や落葉および落枝の分解に重要で，接合菌や鞭毛菌は単糖などの易分解性有機物を分解し，子嚢菌，担子菌，不完全菌はセルロースも分解する．リグニンを分解できる担子菌がいる．

(5) 藻 類

酸素発生型光合成を行う生物のうち，コケ，シダ，裸子植物，被子植物を除くすべてであり，原核生物であるシアノバクテリア（ラン藻）と真核生物に属する藻類（algae）の両方を含む．シアノバクテリアには土壌表面に生息して窒素固定をする *Nostoc* 属，水田などでアカウキクサに共生して窒素固定をする *Anabeana* 属などが含まれる．土壌に生息する主な真核藻類は緑藻，黄緑藻と珪藻である．

(6) ウイルス，ファージ

遺伝情報を担う RNA または DNA とそれを包む外被タンパク質から構成される細胞構造を持たない巨大分子（数十～数千 nm）である．エネルギー生産やタンパク質合成能力を持たず，宿主（動物，植物，細菌）細胞に感染し，宿主の代謝系やリボソームを利用して自らを複製する絶対寄生的な存在である．細菌に感染するウイルス（virus）はバクテリオファージまたはファージ（phage）と呼ばれ

ている．土壌中には多くのバクテリオファージが存在している．

2）エネルギーと炭素の獲得様式による微生物の分類

生育に必要とするエネルギーと炭素の獲得様式によって微生物を大別することができる（図7-2）．微生物には生命の維持に必要なエネルギーを，①光合成により光から得るもの（光合成微生物）と，②無機物または有機物の酸化から得るもの（化学合成微生物）とがいる．また，生体の合成に必要な炭素を，①光合成により二酸化炭素を固定して得るもの（独立栄養微生物）と，②有機物から得るもの（従属栄養微生物）とがいる．これらの組合せにより次の4グループに分けられる．

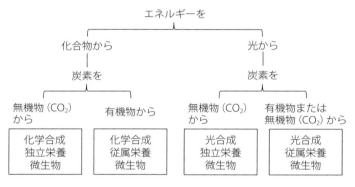

図 7-2 エネルギーと炭素の獲得様式による生物の分類

（1）化学合成独立栄養微生物

NH_4^+，NO_2^-，Fe^{2+}，Sなどの無機化合物を酸化してエネルギーを獲得し，二酸化炭素を固定して炭素源とする（表7-1）．有機物を必要とせず，無機物のみで生育できる．土壌中の無機化合物の形態変換に重要な役割を果たしている．

（2）化学合成従属栄養微生物

他の生物に由来する有機物からエネルギーと炭素を獲得して生育する．多くの土壌微生物が従属栄養的な生活をしており，有機物の分解と無機化に重要である．好気性菌は有機物の酸化の際に生じる電子の受容体としてO_2を用いるが，嫌気

表 7-1 化学合成独立栄養微生物の例

電子供与体	電子受容体	生成物	細菌の例
NH_4^+	O_2	NO_2^-	アンモニア酸化細菌 *Nitrosomonas*, *Nitrosococcus*
NO_2^-	O_2	NO_3^-	亜硝酸酸化細菌 *Nitrobacter*, *Nitrococcus*
Fe^{2+}	O_2	Fe^{3+}	鉄酸化細菌 *Thiobacillus ferrooxidans*
H_2	O_2	H_2O	水素細菌 *Pseudomonas facilis*
S_2^-, S^0	O_2	SO_4^{2-}	イオウ酸化細菌 *Thiobacillus thiooxidans*

性菌には電子受容体として NO_3^-,Fe^{3+},SO_4^{2-},CO_2 などを利用するものがある.これらが電子を受け取るとそれぞれ N_2,Fe^{2+},S^{2-},CH_4 に還元される.これらの微生物はそれぞれ脱窒菌(denitrifying bacteria),鉄還元菌(iron-reducing bacteria),硫酸還元菌(sulfate-reducing bacteria),メタン生成菌(methanogen)と呼ばれ,嫌気的な土壌中での物質変換に重要である.

(3) 光合成独立栄養微生物

光からエネルギーを獲得し,二酸化炭素を固定して炭素源とする.藻類,緑色イオウ細菌,紅色イオウ細菌が属する.水田や湖沼など嫌気条件で窒素固定をするものが多い.

(4) 光合成従属栄養微生物

クロロフィルを持ち,光からエネルギーを獲得する.炭素は有機物から得る.紅色非イオウ細菌と呼ばれる光合成細菌が属する.嫌気条件で窒素固定を行うものが多い.

3)土壌動物の種類と働き

(1) 土壌動物の種類

土壌には大小多彩な土壌動物が生息しており,体のサイズによって分類されている.体の幅が 0.1 mm 程度より小さい微小な動物は,小型土壌動物(soil mi-

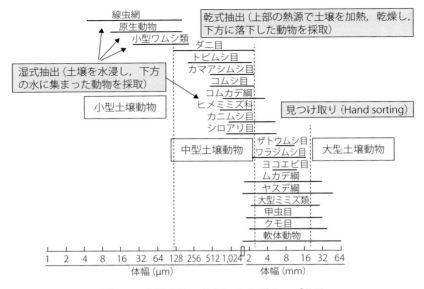

図 7-3 土壌動物の体幅によるグループ分け
（金子信博：土壌生態学入門，東海大学出版会，2007）

crofauna）と呼ばれ，土壌の液相に生息している．アメーバ，繊毛虫，鞭毛虫などの原生動物（protozoa）やセンチュウ（nematode）が含まれる．原生動物は土壌細菌を摂食する．センチュウには植物の根に寄生するものがおり，農業で問題になることがある．2 mm までの体幅の動物は中型土壌動物（soil mesofauna）と呼ばれ，トビムシやダニ類などの小型の節足動物が多い．これらは土壌中の孔隙を移動でき，有機物の他，カビや細菌を摂食するものがいる．2 mm〜2 cm 程度の体幅のミミズやヤスデ，ダンゴムシなどは大型土壌動物（soil macrofauna）と呼ばれ，土壌に孔を掘って移動したり，土壌表層の落葉層の間隙に生息している．モグラやネズミなどの脊椎動物は巨大土壌動物と呼ばれる（図 7-3）．

(2) 土壌動物の働き

a．植物遺体の摂食および粉砕

大型・中型土壌動物は森林の落葉，農耕地の作物残渣などの植物遺体を摂食し，そのうち約 20%は同化および吸収するが，残りはふんとして排出する．摂食の際あるいは消化管を通る間に植物遺体は粉砕される．粉砕され，表面積が増大す

ることにより，細菌や糸状菌によるその後の分解が促進される．

b．土壌の耕うん，撹拌，土壌と有機物の混合

ミミズは土の中を水平・垂直方向に移動して土壌や植物遺体を摂食し，粉砕および消化し，鉱物粒子と混合してふん塊と呼ばれる粒子として地中や地表に排出する．ふん塊は，土壌肥沃度の向上に大きく寄与する．日本のある草地において，年間 $1 m^2$ 当たり 3.8 kg のふん塊がミミズによって地表に排出された．これは土壌 3.1 L に相当し，おおむね 3.1 mm の厚さの土の層が作りかえられたことになる．

土壌動物のこれらの働きによって土壌の物理性の向上，養分の蓄積などが起こり，土壌微生物や他の土壌動物の活性が高められる．これらの相乗作用によって，植物生育に好適な環境が形成されていく．

4）土壌生物の土壌中での分布

(1) 土壌微生物の数と量

土壌にはきわめて多くの生物が存在する．平板培養法で調べると土壌 1 g 当た

表 7-2 土壌の微生物数（日本の畑地 26 地の平均）

微生物の種類	第 1 層（作土）（$\times 10^4$/g）	第 2 層（$\times 10^4$/g）
好気性細菌	2,185	628
嫌気性細菌	147	57
放線菌	477	172
糸状菌	23.1	4.3

（石沢修一ら，1964 を参考に作表）

表 7-3 スイスの草地における深さ 15 cm までの土壌生物群の重量

	重量（kg/ha）
微生物群	19,800
（うち細菌）	(9,900)
原生動物	371
線　虫	48
ミズミミズ	14
ミミズ	3,916
ダニ，トビムシ，原尾類，ハサミコムシ目の合計	11
その他の無脊椎動物	783
合　計	24,943

深さ 15 cm までの土壌の重量は約 1,630,000 kg/ha．（Russell, E. J., 1957 を参考に作表）

り 10^7 程度の細菌が計数される（表 7-2）．土壌細菌には一般的な方法では培養が困難なものが多く，顕微鏡下で計数する方法では $10^8 \sim 10^9$ に達する．原生動物の数は土壌 1 g 当たり $10^3 \sim 10^4$，トビムシ，ダニは 1 m^2 当たり数千〜数万，センチュウは 1 m^2 当たり $10^5 \sim 10^6$ である．

草地において調べられた例では，深さ 15 cm までの土壌において土壌生物群の重量は ha（10,000 m^2）当たり約 25,000 kg，うち微生物群は約 20,000 kg であり，土壌の重量に占める割合は微生物群だけで約 1.5%であった（表 7-3）．

(2) 土壌の微小環境と微生物の特徴

土壌は鉱物粒子，腐植，植物遺体，それらが互いに結合した団粒（aggregate）構造，植物根，そして土壌水，土壌空気からなる構成物であり，土壌を微視的に見るとその構造はきわめて不均一である．ひとつかみの土壌中にも多種多様なミクロな物理化学的環境や栄養環境が存在しており，それぞれの環境に特徴的な微生物が生息している．

a．土壌粒子

土壌細菌の大部分は土壌粒子に付着して存在する．毛管水が保持される粒子間の孔隙も細菌の住処である．カビや放線菌は水のない空間にも菌糸を伸ばせる．植物遺体にはそれを分解する従属栄養微生物が多数生息している．

b．団粒構造

団粒構造には大小さまざまな孔隙が存在し，細菌やカビ，原生動物，センチュウの生息場所となる．サイズの小さい細菌は団粒内外の毛管孔隙，粗孔隙に生息し，カビや原生動物は団粒外部の粗孔隙に生息する．団粒内部には酸素が到達しない嫌気的部位が存在し，嫌気性細菌が生息している．

c．根　圏

植物は光合成産物の 10%弱程度を根から水溶性および不溶性（ムシゲル）有機物として分泌しており，これを利用して根周辺の根圏土壌や根面では微生物が活発に活動している．根圏（rhizosphere）の細菌密度は根から離れた非根圏土壌よりもはるかに大きい．根圏には窒素固定菌や植物ホルモン生産菌など植物の生育を助ける微生物も生息している．

d. 植 物 根

　植物根に共生して生息し，植物の生育を助けている土壌微生物に根粒菌や菌根菌がいる．

　根粒菌（rhizobium）はマメ科植物の根に根粒（図 7-4）を形成し，窒素固定（nitrogen fixation）を行う土壌細菌である．大気中の窒素ガスをアンモニアに変換して植物に与えるかわりに，植物からは炭素化合物をエネルギー源として受け取って生活している．年間の窒素固定量は ha 当たり 100〜350 kg N にも及ぶ．マメ科植物はダイズ，インゲンなどの食用作物の他，レンゲ，クローバーなどの肥料作物，アルファルファなどの飼料作物としても重要であり，窒素固定能力の高い根粒菌を人工的に接種する技術が普及している．

　土壌中の糸状菌が植物の根の表面または内部に着生したものを菌根（mycorrhiza）と呼び，菌根を形成する糸状菌を菌根菌（mycorrhizal fungi）と呼ぶ．菌根菌は土壌中に張り巡らした菌糸からリン酸，窒素などの養分や水分を吸収して宿主植物に供給し，かわりに炭素化合物を植物から受け取って共生生活をしている．特にリン酸の吸収効果が大きい．アーバスキュラー菌根菌（arbuscular mycorrhizal fungi，図 7-5）は，ほとんどすべての草本類と一部の木本類に共生する．根の表皮から菌糸が侵入し，細胞間隙を伸長して皮層細胞の細胞膜を押し込んで樹枝状体と呼ばれる養分交換器を形成する．養分を貯蔵するのう状体を形成するものもある．外生菌根菌（ectomycorrhizal fungi，図 7-6）は樹木の根の表面を菌糸で覆った菌鞘を形成し，ここで養分交換を行う．菌鞘から土壌へ伸びた菌糸の先に子実体（キノコ）を形成する．マツタケやショウロなどは外生菌根菌である．菌根菌が共生することにより，根から離れた部位へも菌糸が張り巡らされ，植物は土壌のより広範囲からリン酸

図 7-4　ダイズの根に形成された根粒
（写真提供：南澤　究氏）

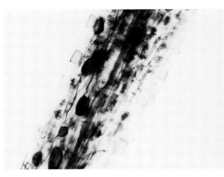

図 7-5 根に共生したアーバスキュラー菌根菌
（写真提供：齋藤雅典氏）

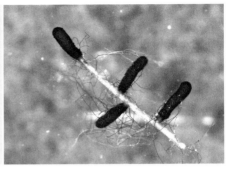

図 7-6 コナラの根に形成された外生菌根
（写真提供：松田陽介氏）

や水分を吸収することができる．農業や緑化技術への利用がなされている．

(3) 土壌のマクロな環境と土壌微生物の特徴

わが国の主な土壌は水田，畑，草地，森林の土壌であり，土壌生物にとって異なる環境である．

a．森林土壌

森林は陸上最大のバイオマスを誇る生態系で，生産者である樹木と分解者である土壌微生物が生態系を維持する主役である．森林土壌の表面には落葉および落枝が積み重なり，分解が進行しているリター層（litter layer）が形成されている．リターや枯死した細根の分解は土壌中の中型動物と微生物により行われる．落葉直後の葉に含まれるアミノ酸や糖類は細菌や糸状菌によって分解される．一方，樹木の材を構成するリグニンは白色腐朽菌と呼ばれる担子菌類により，セルロースやヘミセルロースは褐色腐朽菌と呼ばれる担子菌類により分解される．白色腐朽菌はシイタケ，エノキタケなど多くの食用キノコを含む．

b．水田土壌

水田土壌は水稲の生育するほとんどの期間中湛水され，田面水に被われる．これによって土壌への大気酸素の供給が制限され，表層の薄い数 mm 〜 1 cm の酸化層とその下の還元層に分化する．酸化層では硝化菌（nitrifying bacteria）やメタン酸化菌（methan-oxidizing bacteria）などの好気性菌が活動する．一方，還

元層では脱窒菌，鉄還元菌，硫酸還元菌，メタン生成菌などの嫌気性菌の活動が盛んである．

c．畑土壌

畑土壌は森林土壌に比べて頻繁に耕起され，水田のように田面水によって酸素の流入が制限されないため，好気的な環境が発達し，好気性菌が優占する．このため，土壌有機物の分解が促進されて有機物含量が低下していく傾向にある．そのため，堆肥などの有機物を施用して生産力の長期的な維持が図られる．有機物施用により，その分解に関わる土壌微生物が増殖し，微生物バイオマスが増加する．

d．草地土壌

草地では耕起がほとんど行われず，牧草の根の大部分が土壌表面から数 cm の範囲にマット状に密生してルートマットと呼ばれる層を形成する．ここでは刈取り残渣や根分泌物などの有機物の供給が豊富であり，これを分解する多くの土壌動物や微生物が活動し，細菌よりも糸状菌が優占している．有機物分解の過程で酸素が消費されるため，ルートマットより下層の土壌は嫌気的な条件になっており，微生物の数や活性が低く，糸状菌よりも細菌が優占している．

2．土壌生物による有機物の分解と各種元素の循環

1）有機物の分解過程

(1) 植物遺体の分解と土壌生物

陸地の表面を薄く覆う土壌，その土壌という場（土壌圏）における物質循環が地球の生物活動を支えている．土壌中の生物はその循環ポンプの役割を果たしている．例えば，林の地表に積もった落葉や落枝が分解および変質して土壌中で安定化した有機物である腐植（☞ 6-3）は木々の成長を助ける．また，腐植に含まれる炭素量は，地球全体では大気中の二酸化炭素（CO_2）量の約 2 倍にも及ぶといわれ，炭素循環や地球全体の気候変動などを考えるうえできわめて重要な炭素貯蔵庫になっている．その一方，土壌に蓄えられた炭素は徐々に分解されて，酸素の十分ある好気的環境では二酸化炭素となり再び大気に戻る（図 7-7）．また，

第7章 土壌中の生物とその働き

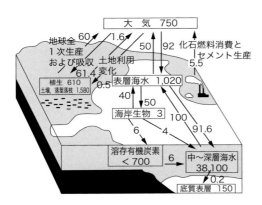

図7-7 地球上における炭素の存在量（□内）と年間の循環量（矢印）
単位：ギガ（10^9）t.（IPCC, 2007に基づき作図）

有機物の中に含まれる窒素やリン，イオウなどの元素も同様に無機化し，植物へ養分を供給する．こうした循環を司るのが土壌生物である．

落葉および落枝や水稲根など作物残渣由来の植物遺体の分解初期過程では，まず好気性の糸状菌菌糸が表皮から植物遺体に侵入し，植物細胞壁を溶解しながら菌糸が伸びていく（図7-8）．また，溶菌酵素を分泌する細菌類も植物遺体の分解には重要である．これらの微生物は有機物を餌として生きていることから従属栄養菌と呼ばれる（☞ 7-1）．こうした微生物は植物遺体を構成する高分子炭水化物を主体とする有機物を分解し，低分子の有機物を生成するとともにその一部を自らの菌体（微生物バイオマス，☞ 7-3）とし，残りを二酸化炭素と水にまで分解する（図7-9）．一方，河川および湖沼の底質や水田土壌の還元層な

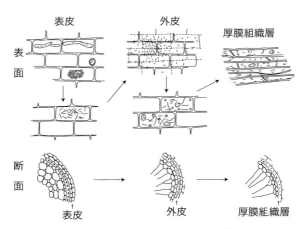

図7-8 植物（水稲）根の分解の模式図
上：表皮，外皮，厚膜組織層の微生物を観察した図．下：そのときの横断図を示す．表皮→外皮→厚膜組織層と層位ごとに微生物が侵入，分解していく．（宮下清貴ら, 1977）

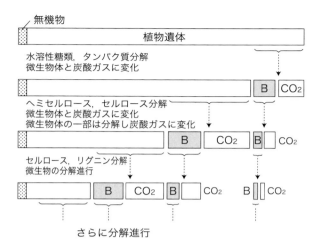

図 7-9 土壌中の植物遺体の微生物による分解模式図
B：微生物バイオマス．(Stevenson, F. J., 1986)

ど酸素の不足した嫌気的環境では，嫌気性微生物の一種，メタン生成菌によって有機態炭素が分解されメタンガスとなり大気へ戻るが，メタンの大気中濃度も近年上昇し，その温室効果が懸念されている（☞ 13）．土壌中に含まれる2種類のアミノ酸の異性体比を各地の水田で調べたところ，植物には含まれず微生物が合成したと考えられる D-アミノ酸が集積していた（表7-4）．植物遺体の分解初期に働いた微生物菌体は死滅後，さらにそれを餌とする別の微生物によって利用され，微生物相は遷移していく．

この他，土壌動物が分解初期に植物遺体を物理的に破砕し，その分解を促進し

表 7-4 水田土壌中の D-アミノ酸含量比

土壌	全窒素（乾土当たり%）	D-アラニン（%）[1]	D-グルタミン酸（%）[2]
二日市	0.27	8.8	5.4
富 山	0.16	11.3	7.6
粕 屋	0.23	10.2	7.5
諫 早	0.24	9.8	7.7
都 城	0.38	14.3	6.7
羊ケ丘	0.30	12.7	8.0
青 森	0.30	10.5	7.5

[1] (D-アラニン/D,L-アラニン)×100, [2] (D-グルタミン酸/D,L-グルタミン酸)×100
上記2者は，いずれも土壌の酸加水分解物のアミノ酸画分中のもの．　　　　（甲斐秀昭ら，1976）

表 7-5 各種有機物の C/N 比

有機物の種類	C/N 比
微生物菌体	5～10
若いスイートクローバー	12
腐熟堆肥	20
成熟クローバー	23
青刈りライムギ	36
わら	60～80
おがくず	400

(Foth, H.D., 1981 を一部改変)

たり，ミミズのように消化管の中で団粒を形成する効果も広く認められている．熱帯雨林やサバンナなどではシロアリの活動も重要になる．

農業において，土壌に加えられる有機物は重要である．土壌の物理・化学性の改善，土壌肥沃度の維持および向上のために，わら類，堆肥，コンポストなど各種の有機物が圃場へ施用される．この他，作物の刈り株や残根，雑草なども毎作ごとに土壌に加えられる．これら有機物もその主体は植物遺体であり，その分解過程は前述とほぼ同様である．近年，地力（土壌生産力）の向上や炭素貯留能の強化を目指して有機物施用も見直されつつある．

施用有機物の炭素率（C/N 比, C/N ratio）はその分解過程で作物の窒素欠乏（窒素飢餓）を引き起こすかどうかの重要な指標となる（表 7-5）．炭素率が 20 を大きく越えるような有機物を土壌へ施用すると，微生物による炭素化合物の分解と菌体合成が盛んになり，その結果として土壌中の無機態窒素の大部分が菌体に取り込まれて，作物の利用できる窒素量が激減し窒素欠乏状態を呈する．これを回避するためには，施用有機物にあらかじめ窒素肥料を添加して炭素率を低下させたり，作付け前に早めに有機物を施用して分解を進めておくなどの注意が必要である．

(2) 土壌有機物の分解と微生物

土壌に加えられた植物遺体などの有機物は，微生物による分解過程と腐植化過程を経て，次第に安定な有機物（腐植）へと変化する．この過程では土壌の無機成分，特に粘土と有機物の相互作用が重要になる．腐植と粘土が安定な複合体（腐植 - 粘土複合体, ☞ 6-3）を形成すると微生物による分解を受けにくくなる．ところが温度や水分，pH など土壌中の環境条件が変化すると，安定化していた有機物が微生物分解を受けやすくなる．例えば，土壌をいったん風乾してから再度水分を加えて培養すると，湿ったまま培養した場合より有機物の分解量が増大する．同様なことは土壌を加熱したり，アルカリ化させたりしても起こる．これは，

部分殺菌効果や腐植 - 粘土複合体が変化して微生物による分解作用を受けやすくなったためと考えられている．

(3) 有機物分解モデル

土壌中での有機物の分解過程にはさまざまな生化学反応が関わっているが，分解過程全体を有機物の減少や二酸化炭素の発生，有機態窒素の無機化などで見ると，化学反応などで用いられる比較的単純な反応速度論のモデルが適用できる場合が多い．その反応式の主なものとしては，ゼロ次反応，1次反応などがある（図7-10）．ゼロ次反応は冷温帯土壌で比較的分解がゆっくり進む場合の近似式である．1次反応は温帯から熱帯土壌に対して，以下に述べる有機態窒素の無機化反応によく利用されている．これらの反応式やその変形式を用いて有機物分解のモデルを作成し，実際の分解反応の推定や反応式に含まれるパラメータの比較，温度や水分など環境要因の影響評価が行われる．

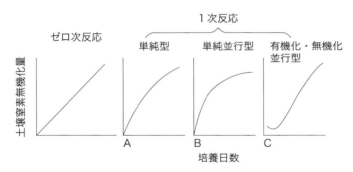

図 7-10　有機物分解モデル
土壌有機態窒素の無機化式モデル．

2）窒素，リン，イオウ，金属の循環と土壌生物

(1) 窒　　素

大気中の窒素ガスは生物的あるいは非生物的（化学工業的）にアンモニアに変換され，生物により代謝されてアミノ酸やタンパク質など有機態窒素に変化する．

大気の主成分である分子状窒素ガス（N_2）は，そのままの状態ではほとんどの生物にとって利用できない．唯一の例外として空中窒素固定能力（単に窒素固

定能ともいう）を持つ窒素固定細菌が，単独または他の生物（例えばマメ科植物など）と共生して空気中の窒素ガスをアンモニア態窒素にまで変換する．共生する窒素固定菌は，宿主となる植物の種類を判別し，窒素固定のできる場所（例えば根粒）を作り出し，宿主植物から光合成産物である炭水化物をエネルギー源として受け取り，窒素固定酵素（ニトロゲナーゼ）を発現させて窒素ガスをアンモニア態窒素に変換する．根粒菌以外にも，アカウキクサ（$Azolla$）と共生するラン藻のアナベナや単独で生育するラン藻および放線菌の一種フランキア，緑色イオウ細菌などが空中窒素固定を行う．固定された窒素は植物体内で代謝され，さらに土壌中で分解されて無機化する．

一方，化学工業では大量の化石エネルギーを用いて高温高圧をかけ空気中の窒素ガスがアンモニア肥料に変換される．この反応プロセス（ハーバーボッシュ反応）によって，結果的に多くの作物が最も必要とする窒素養分が不足することなく供給され，安定した食料生産が維持されている．

植物に吸収された窒素成分は動物に利用され，あるいは植物の枯死と同時に土壌へ還元される．生物中の有機態窒素は従属栄養生物によって利用分解され，タンパク態からアミノ酸を経て最終的にアンモニア態窒素にまで分解される（窒素の無機化）．

無機化されたアンモニア態窒素は，土壌中の粘土に陽イオン交換反応によっていったん保持され（☞ 6），その後，植物に吸収される．植物に吸収されなかった分は，酸素の十分存在する環境では好気性細菌であるアンモニア酸化細菌と亜硝酸酸化細菌によって硝酸態窒素にまで酸化される（硝化反応）．また，新鮮な有機物の周辺など炭素化合物の多い環境では，アンモニア態窒素が再び有機化され微生物菌体に戻る経路が卓越することがある（窒素の有機化）．硝酸態窒素も植物に利用されるが，その残りは粘土に吸着される割合がアンモニア態窒素より著しく低いので，土壌から溶脱されて地下水や河川湖沼，最終的には海洋へ流入する．多量の窒素成分が流入した水圏ではアオコや赤潮などが発生し，富栄養化による環境劣化が進行する．

一方，酸素の不足した嫌気的環境では，嫌気性細菌の一種，脱窒菌および糸状菌の一種によって硝酸態窒素は還元され，一酸化二窒素（N_2O）を経由して最終的には窒素ガスとなり大気に戻る（☞ 4）．中間産物である一酸化二窒素はその

まま大気へ放出されると，温室効果ガスおよびオゾン層破壊ガスとなるので，その発生量の推定と放出制御が求められているが，一酸化二窒素は溶解度が大きいため，水田など水に覆われた湛水環境からはほとんど大気までは放出されず，さらに還元されて窒素ガスとなり大気へ戻る．これに対して畑土壌でも酸素の少ない団粒内部や施肥直後あるいは降雨後の水分含量の高い状態では，一酸化二窒素が脱窒の中間産物として生成され大気へ放出されている．また，硝化反応の途中から副産物としても一酸化二窒素が生成する．一酸化二窒素は農業由来の発生量が多く大気中の寿命も長いので，その正確な見積りと削減対策が求められている．例えば，硝化抑制剤や緩効性肥料の使用などが提案されている（☞ 13）．

(2) リ　　ン

リンは植物に必要な3大要素の1つであるが，地球上では鉱物として産出される．しかし，その埋蔵量には限りがあり分布も偏っているので，将来枯渇する恐れがあると指摘されている．リン鉱石や難溶性リン化合物（鉄，アルミニウムなどのリン酸塩）はそのままでは植物が利用しにくい．しかし，リン溶解菌（各種の酸生成菌など）が存在するとその働きで可溶化が促進され，植物は利用しやすくなる．植物に吸収され有機化されたリンは，イノシトールリン酸あるいはATPなどのエネルギー代謝，または核酸などの遺伝情報を司る化合物として代謝利用される．植物が枯死するとリン酸化合物は各種の微生物や他の植物が産生する加水分解酵素（ホスファターゼなど）によって分解され，再び無機リン酸となって利用される（☞ 2-2）．

また，植物に利用されにくいリン酸は，糸状菌の一種で植物に共生する菌根菌によっても吸収され，宿主の植物に運搬されて利用される．菌根菌は植物根に共生し，その菌糸を土壌中に伸ばしてリンを可溶化し吸収する．その一方，菌根菌はリン吸収利用に必要なエネルギーを宿主植物から得ている．水田土壌の還元状態下ではリン酸の鉄化合物が鉄の還元とともに可溶化し，水稲に利用される．

(3) イ オ ウ

イオウは土壌中で酸化・還元，有機化・無機化といった形態変化を受け，植物に利用されその遺体が微生物に分解されるという点では窒素の形態変化に類似し

ている.

　土壌中のイオウの大部分は生物体に由来する有機態で存在する．含硫アミノ酸はS-S結合によりタンパク質の高次構造を保持する．多くの酵素が持つSH基は基質との結合に重要である．硫酸エステルはCOS結合を持つ有機イオウ化合物である．

　これらの有機イオウ化合物は動物や微生物の働きで硫酸あるいは硫化水素イオンに分解される（イオウの無機化）．タンパク質の分解に伴って硫化水素やメルカプタンなど含硫ガスが発生し，酸素のある環境では硫酸イオンに酸化され，さらにその一部は酸性雨や土壌の酸性化などの原因となる．硫化水素は，嫌気性細菌である硫酸還元菌によっても生成されるが，通常は鉄などと反応して硫化物となり遊離の硫化水素はほとんど存在しない．ただし，鉄の少ない老朽化水田では硫化水素が蓄積して水稲に障害をもたらすことがある．硫酸還元菌は嫌気的な土壌中で有機物分解に寄与しており，メタン生成菌と競合している．

　無機イオウ化合物は植物や微生物によって再び利用され有機態イオウ化合物に変化する．一方，硫化物や元素状イオウはイオウ酸化細菌の働きで硫酸イオンにまで酸化される．特に，干拓地やマングローブ林土壌などに含まれる海水由来のパイライト（FeS_2）がイオウ酸化細菌によって硫酸イオンに変化する過程で，強酸性を呈する土壌である酸性硫酸塩土壌を生成する（図7-11）．

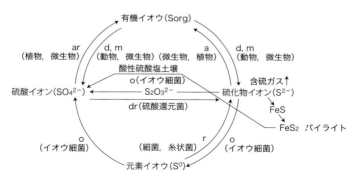

図 7-11 土壌中におけるイオウの循環

d：分解（decomposition），m：無機化（mineralization），a：同化（assimilation），ar：同化的硫酸還元（assimilatory sulfate reduction），o：酸化（oxidation），r：還元（reduction），dr：異化的硫酸還元（dissimilatory sulfate reduction）．（若尾紀夫，1994を一部改変）

(4) その他の元素

 土壌中で微生物が関与する反応としては他にも多数あるが,金属の中でも鉄は土壌や岩石に多く含まれ生体反応でも重要な役割を果たす.中性からアルカリ性土壌における鉄は,主に安定な第二鉄化合物となる.細菌や糸状菌はシデロフォアというキレート物質を出してこれを溶かし,吸収利用する.酸性硫酸塩土壌では前述のイオウ酸化細菌の一種がパイライト中の鉄を酸化する.

 水銀は環境中では水俣病などを引き起こす有害金属であるが,底質の浄化では有機水銀を分解し気化させる水銀耐性細菌が注目されている(図7-12).重金属などによる汚染土壌の生物的浄化も期待されている.ヒ素やセレン,鉛などの重金属などの有害元素も糸状菌や細菌によってアルキル化,メチル化され,移動および吸収が促進される.

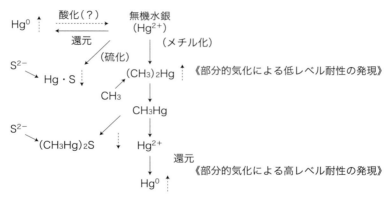

図7-12 細菌による環境中での水銀の化学的変換
(遠藤銀朗,2002)

3.微生物バイオマス

1) 微生物バイオマスの定義

 「バイオマス」とは,もともと生態学において,ある空間に存在する生物の量

を表す概念であり，生物量または現存量とも呼ばれる．一方，土壌学の分野では，土壌中に生存する生物の現存量で示す．土壌中には小型動物，原生生物，藻類，菌類，細菌類といった生物が多数生息しているが，これらすべてをひとまとめにした生物集団を土壌バイオマスと呼ぶ．土壌バイオマスの中で，微生物に分類される細菌類と菌類は，それぞれ47～50％，40～49％を占めている．土壌バイオマスの中で，細菌類と菌類のバイオマスが大部分を占めることから，細菌類と菌類のバイオマスを合わせたものを，微生物バイオマスと呼んでいる．

2）陸域生態系での土壌微生物バイオマスの位置づけ

陸域生態系には，農地，森林，草地などの立地や人為的な管理が異なる生態系がある．それぞれの生態系の中では，物質の流入や流出，貯留があり，主に大気，植物，土壌の間で物質の循環が起きている．循環はさまざまなプロセスより構成されており，各プロセスでは生元素（炭素，窒素，リンなど）を含む化合物が，生物の作用により変換を受けている．

生態系での物質循環の各プロセスを説明するために，コンパートメントモデルが使用される．図7-13に森林生態系を例として，炭素，窒素，リンの循環のコ

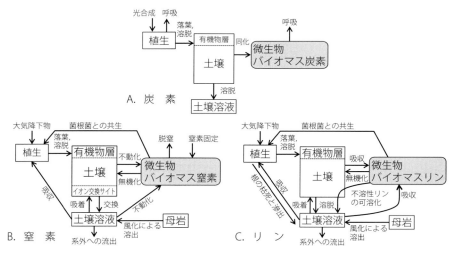

図7-13 陸域生態系での炭素，窒素，リンの循環における土壌微生物バイオマスの位置づけ
（徳地直子，2012を参考に作図）

ンパートメントモデルを示した．コンパートメントとは，さまざまな物質の流入および流出と貯留を司る区画である．コンパートメント間の矢印は，各コンパートメントからの物質の移動（フロー）を示している．

　図7-13において，土壌微生物バイオマスは，生態系での炭素，窒素，リン，その他のミネラルの循環に関与している．特に，「土壌微生物バイオマス」のコンパートメントは，土壌へ流入した養分物質を貯留し，貯留した養分物質を植物に供給するという機能を持っており，物質循環の駆動力として非常に重要である．

3）微生物バイオマス測定法

　現在までに数々の土壌微生物バイオマスの測定法が開発されている．

　直接検鏡法は，土壌の懸濁液中に含まれる微生物を寒天薄膜またはフィルター上に固定し，蛍光色素などを用いて微生物を染色し，蛍光顕微鏡下で計数する方法である．細菌細胞と菌類菌糸の体積を測定し，比重，含水率，炭素含有率を考慮して，微生物バイオマス炭素の量を算出する．

　クロロホルムくん蒸-抽出法は，土壌をクロロホルムでくん蒸すると，土壌中の微生物が死滅し，クロロホルムにより膜透過性が増加することで，微生物の細胞内成分が抽出可能になるという現象に基づいた測定法である．この方法では，くん蒸処理および非くん蒸処理土壌から炭素成分を抽出し，両土壌より抽出された全炭素含量の差を，クロロホルムにより死滅した微生物体に由来する炭素元素と見なす．これに換算係数を乗じて微生物バイオマス炭素の量を算出する．なお，微生物バイオマス窒素，リン，イオウ，カリウムについても，同様の手順で定量することができる．

　ATP法は，生きた微生物の細胞のみにATPが存在するという特徴を利用した方法で，土壌中から抽出したATPをルシフェリン-ルシフェラーゼによる酵素反応を利用して定量する．ATP量はバイオマス炭素に換算することができる．

　基質誘導呼吸法は，グルコースなどの炭素源を土壌に添加すると，土壌微生物の呼吸活性が一時的に高まる現象（基質誘導呼吸）を利用した測定法である．土壌へグルコースを添加した直後に現れる最大呼吸速度は，微生物バイオマスの量と正の相関関係があり，両者の回帰式を用いて，バイオマス炭素に換算することができる．

その他，微生物体の構成成分であるムラミン酸やヘキソサミンを測定する方法，微生物に含まれる DNA を測定する DNA 法，菌類バイオマスのみを測定できるエルゴステロール法などがある．

4）土壌微生物バイオマスの量

　土壌中の微生物バイオマスは，微生物の菌体を構成する炭素元素の重量として一般的に表示される．物質循環における植物への窒素やリンの供給に関する説明をする場合は，微生物バイオマス窒素，微生物バイオマスリンの測定値を利用する．以下では，特に元素の表記がない場合は，微生物バイオマス炭素を表す．

　土壌微生物バイオマスの量は，土地の利用形態や土壌の層位で異なっている．

　一般に，水田，畑地，草地の土壌では，微生物バイオマスは，およそ 200〜1,000 mg C/kg の範囲にある．微生物バイオマスは，季節に伴う大きな変動を示すことはないが，有機質資材や植物残渣など易分解性の有機物が大量に投与された場合，一時的な増加を示すことがある．草地土壌では，土壌表層から 5〜10 cm の深さの部分にルートマットと呼ばれる草本植物の根が多量に存在する層がある．この層では，下層に比べて微生物バイオマスの量は大きいが，植物根の量が多くなると，微生物バイオマスは減少する傾向にあるといわれる．

　森林の土壌は，土壌表層に落葉落枝（リターと呼ぶ）およびその分解途中にある有機物により構成される層を有する．これを O 層と呼び，その下に鉱質土壌層が存在する．一般に，乾物当たりの微生物バイオマスは，O 層で大きく，土壌層位が深くなるにつれて，減少する．O 層では，微生物の基質となるリターが多量に存在し，これを微生物や土壌動物が活発に分解する．部分的に分解された有機物断片が下層へと移動し，下層に定着する微生物に基質として利用される．森林土壌における微生物バイオマスの量は，地域，樹種により大きく異なっている．O 層の微生物バイオマスはおよそ 1,000〜5,000 mg/kg であり，鉱質土層の表層 0〜10 cm 程度の層位ではおよそ 10〜100 mg/kg の範囲にあるが，それ以上のバイオマス量を有する場合もある．

5）微生物バイオマスの量に影響を及ぼす要因

　土壌微生物バイオマスの量は，土壌をめぐる環境や土壌の理化学的特徴といっ

たさまざまな要因によって影響される.

一般に，年平均気温の上昇に伴って微生物バイオマス炭素は減少する傾向にある（図7-14）．年平均気温が30℃付近の土壌環境にある微生物バイオマスは，0℃前後のそれと比べて小さく，実験室内で森林土壌を培養した試験でも，30℃を超えると，微生物バイオマスは減少するという傾向が見られた．

一方，土壌中の粘土含量や土壌水分が増加すると，微生物バイオマスが増加する傾向にある．また，団粒のサイズが小さいほどバイオマスは大きくなっており，土壌の微小団粒と粘土の組合せが，土壌の微細な環境で生息する微生物を物理的に保護していると考えられる.

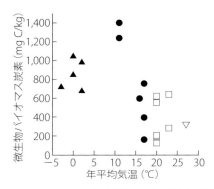

図 7-14　異なる気候帯での年平均気温と土壌微生物バイオマス炭素との関係
□：タイ，●：日本，▲：カザフスタン，▽：インドネシア．（Sawada, K. et al., 2009 を参考に作図）

作物の栽培に適した耕地土壌のpHは5.5〜6.5の範囲といわれており，この範囲で微生物バイオマスは，大きな変化を示すことはない．しかし，土壌のpHの範囲が3〜7と幅広い森林では，土壌pHの増加に伴い，微生物バイオマスが増加したということである．一方，ECの増加の増加に伴い，微生物バイオマスも増加する傾向にあるが，塩類が過度に集積した土壌では，微生物バイオマスの量は抑制される.

土壌中の全炭素含量または有機態炭素含量と微生物バイオマス炭素，全窒素含量と微生物バイオマス窒素との間には，多くの土壌において，正の相関関係が認められている．滋賀県内の水田土壌でのこの関係を図7-15に示した．全炭素，全窒素の中には，微生物が利用しやすい成分が含まれており，微生物はこれを炭素源および窒素源として利用し増殖することで，一定のバイオマスの量を維持している.

ところで，火山灰土である黒ボク土は腐植を多量に含む特異的な土壌であり，全炭素含量または有機態炭素含量が増加してもバイオマス炭素は非黒ボク土に比べてあまり増加しない（図7-16A）．また，全炭素含量当たりの微生物バイオマ

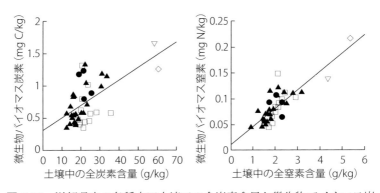

図7-15 滋賀県内の各種水田土壌での全炭素含量と微生物バイオマス炭素,全窒素含量と微生物バイオマス窒素との関係
□:グライ土,●:褐色低地土,▲:灰色低地土,▽:多湿黒ボク土,◇:泥炭土.(西堀康士ら,2009を参考に作図)

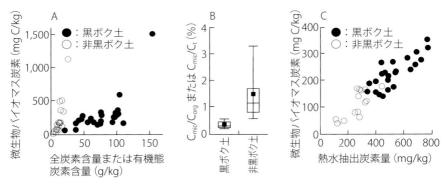

図7-16 黒ボク土および非黒ボク土における微生物バイオマス炭素量の特徴
(AおよびBは坂本一憲・大羽 裕,1991;関 鋼ら,1997;村田智吉ら,1997を参考に作図.Cは前記の坂本一憲・大羽 裕,1991;村田智吉ら,1997を参考に作図)

ス炭素の割合（C_{mic}/C_t）は,黒ボク土で小さい（図7-16B）.このことは,黒ボク土では単位炭素量当たりの微生物バイオマスの生産性が低いことを示している.一方,黒ボク土と非黒ボク土ともに,熱水で抽出される炭素量が増えると,微生物バイオマスも増加する傾向があった（図7-16C）.これは,黒ボク土および非黒ボク土にかかわらず,微生物バイオマスは,熱水で抽出されるような易分解性の有機物を炭素源として利用していることを示している.

一般的に，堆肥や植物残渣を土壌へ投与すると，微生物バイオマス炭素および窒素は増加する．同様に微生物バイオマスリンも増加する場合が多く，バイオマス窒素量とバイオマスリン量との間には正の相関関係があるといわれている．ただし，投与する堆肥や植物残渣に含まれるリンの量やC/N比は，微生物バイオマスリンの量に影響を及ぼすとのことである．

6）微生物バイオマスの機能

（1）養分の貯蔵庫（シンク）としての機能

　微生物の菌体内に含まれる重要な養分元素としては，窒素，リン，カリウム，イオウなどがある．窒素は，アミノ酸，タンパク質およびアミノ糖として，さらに多糖であるキチンを構成する成分として存在し，細胞壁や細胞質を構成する．リンは無機態のオルトリン酸やポリリン酸だけでなく，有機態であるイノシトール-6リン酸，リン脂質，核酸などに含まれる．イオウは，無機態の硫酸塩や有機態の含硫アミノ酸，リポ酸などに含まれている．また，カリウムは，カリウムイオンとして，原形質の構造維持，陰イオンに対する中和や浸透圧の調整といった機能を持つ成分として重要である．

　このような各元素の微生物細胞内に含まれる相対量について，代表的な土壌微生物の細胞に含まれる炭素元素を1としたときの窒素，リン，カリウムの各元素の重量比は，次のように求められている．細菌：C：N：P：K＝1：0.18：0.06：0.03，菌類：C：N：P：K＝1：0.13：0.11：0.11．この炭素と各元素の重量比を落葉広葉樹の葉の分析値と比較すると，微生物細胞の方が約2〜50倍大きい．

　微生物細胞の炭素と各元素の重量比をもとに，土壌微生物バイオマスに保持された各養分元素の量を推定した例がある．日本のアカマツ林のO層とA層の微生物バイオマスに保持された窒素，リン，カリウムの量は，それぞれ110，77，66 kg/haであった．この値を日本の落葉広葉樹林での樹木による年間の養分吸収量と比較すると，ほぼ同じか，元素の種類によってはそれを上回る量に相当していた．このように土壌微生物バイオマスを構成する微生物細胞には，植物に比べてはるかに多くの養分物質が含まれていることから，微生物バイオマスは養分物質の貯蔵庫（シンク）と見なされる．

(2) 養分の供給源（ソース）としての機能

　土壌中の微生物が死滅すると，土壌中で微生物体は速やかに分解され，死滅した微生物体に含まれていた養分物質は土壌中へと放出される．微生物バイオマスから土壌へと養分物質が放出される様式には，以下の2つがある．

a．部分殺菌効果による一時的な放出

　土壌に物理的または化学的な刺激を与えると，土壌微生物の一部が死滅する．死滅した微生物体に含まれていた養分物質は，他の生き残った微生物により無機化の作用を受け，植物に利用可能な養分物質として土壌中へ放出される（図7-17A）．このような微生物の一部を死滅させる処理により養分物質が一時的に放出される効果は，部分殺菌効果と呼ばれている．部分殺菌効果として土壌の乾燥と湿潤の操作，土壌を比較的高温にさらす処理，土壌 pH の変化，土壌の凍結と溶融という処理が知られており，これらの操作や処理により土壌中の有機態窒素が無機化され，植物に利用されやすい無機態窒素が増加する．このような現象は経験的に知られており，従来より地力窒素と呼ばれてきた．

　土壌への部分殺菌効果の分析例として，耕地土壌に 70℃, 24 時間の加熱を行った実験がある．この結果によると，加熱処理後の土壌を培養したときの土壌微生

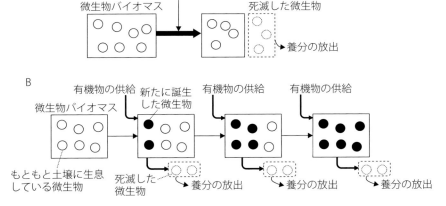

図 7-17　土壌中の微生物バイオマスからの養分放出の様式
A：土壌への加熱処理などにより生じる一時的な養分放出．B：微生物バイオマスの代謝回転に伴う持続的な養分放出．微生物バイオマスの枠の大きさは相対的な量を示す．

物バイオマス窒素の減少量と無機態窒素の増加量との間には有意な正の相関が認められた．このことは，加熱による微生物の死滅に伴い，微生物バイオマス窒素の一部が無機化され，土壌へと放出されたことを示している．

b．微生物バイオマスの代謝回転による持続的放出

土壌中の微生物バイオマスは，動的平衡状態にある場合，新たに増殖する微生物がいる一方で，同時に死滅する微生物も存在し，増殖と死滅の速度は一致している．このとき，見かけ上の微生物バイオマスの量はほぼ一定で変化はないが，微生物バイオマスを構成する成分は絶えず更新されている（図7-17B）．これを微生物バイオマスの代謝回転と呼んでおり，現存する微生物のバイオマス成分が新しいバイオマス成分とすべて入れかわる更新に要する時間を微生物バイオマスの代謝回転時間と定義されている．微生物バイオマスをこの代謝回転時間で割ることにより，微生物バイオマスを経由する単位時間当たりの物質量（フロー）を求めることができる．このフローが植物の養分の重要な供給源となる．

図7-18に，^{14}C，^{15}Nでラベルされた有機物を用いて求められた日本の耕地土壌の微生物バイオマス炭素およびバイオマス窒素の代謝回転時間と1年間にバイオマスを通過する炭素フローおよび窒素フローを示した．代謝回転時間はバイオマス炭素よりもバイオマス窒素で長くなる傾向にあった．これは，バイオマス窒素からの窒素フローの一部がバイオマス窒素に再吸収され，その結果バイオマス窒素にとどまるためである．一方，バイオマスリンの代謝回転時間は，バイオ

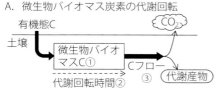

土　壌	バイオマスC (kg/ha) ①	代謝回転時間 (日) ②	炭素フロー (kg/ha·y) ③
腐植質黒ボク土	235	134	639
暗赤色土	1,160	215	1,969

土　壌	バイオマスN (kg/ha) ①	代謝回転時間 (日) ②	窒素フロー (kg/ha·y) ③
褐色低地土	23.6～26.3	793～923	9.8～10.8
褐色火山性土	19.2～21.8	747～912	7.7～10.6

図7-18　微生物バイオマスの代謝回転
炭素フローまたは窒素フローは次式により算出できる．③＝①×365/②
（AはSakamoto, K. and Hodono, N., 2000のデータを参考に作成，Bは新良力也，2000を参考に作成）

マス炭素および窒素に比べると短い．その代謝回転時間は 70 ～ 160 日であり，土壌の種類や土壌の管理の違いが代謝回転時間に影響していると考えられる．

ところで，畑地での畑作物による窒素吸収量は 8 ～ 40 kg/ha であるといわれている．図 7-18 に示す窒素フローは，作物が吸収する窒素量の 23 ～ 100％を賄うことができる量に相当する．このように，微生物バイオマスから放出される養分物質は，植物に対する重要な供給源の 1 つであり，容易に分解され植物に対して供給可能な形態となることから，植物に対する可動性養分（labile nutrient）として認識されている．

7）微生物バイオマスの生理生態的特徴

土壌微生物バイオマスは，微生物の現存量を元素成分で示したにすぎない．しかし，土壌の特徴を示すその他の分析値と組み合わせることで，特定の土壌環境に置かれている微生物群集の生理的，生態的な特徴が明らかとなる場合がある．

C_{mic}/C_{org} または C_{mic}/C_t（microbial quotient）は，土壌中の有機態炭素含量（または全炭素含量）に対する微生物バイオマス炭素の割合，つまり，土壌有機物の中で生命活動を有する有機成分の割合を示す．C_{mic}/C_{org} は，土壌の立地や管理のあり方によっても異なることがわかっており，単一耕作の畑地よりも輪作の畑地や緑肥などの有機物を添加した畑地において高くなる傾向がある．一方，重金属を含む農薬の散布により銅が蓄積したリンゴ園土壌での分析によると，土壌の全銅含量の増加は，C_{mic}/C_{org} を減少させたということであり，C_{mic}/C_{org} は，土壌微

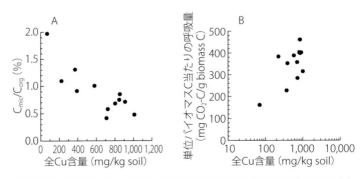

図 7-19 微生物バイオマスの各種生理生態的特徴の傾向とその例
（Aoyama, M. and Nagumo, T., 1997 のデータを参考に作図）

生物が受けるストレスの指標と見なすことができる（図 7-19A）.

　qCO_2（methabolic quotient）は，単位微生物バイオマス炭素当たりの二酸化炭素発生速度を表す．この数値は，生態学者オダムにより提唱された生態遷移のモデルに基づいた概念である．qCO_2 は遷移初期に大きく，時間の経過とともに減少する傾向にあるという．遷移初期にある微生物群集は，環境変動に対して量的変動が激しく，易分解性の有機物を利用し，増殖速度も速い．一方，遷移後期では難分解性の有機物も含めて利用され，増殖速度も緩やかである．

　さらに，qCO_2 は土壌環境にストレスが負荷されたときも変化する．図 7-19B は，リンゴ園土壌の全銅含有量と qCO_2 との関係を示したものである．土壌の全銅含有量が大きくなるにつれて，qCO_2 は増加した．これは，土壌中に存在する銅に対するストレスに対応するため，微生物細胞のメンテナンスに多くのエネルギーを使用した結果，呼吸活性が活発になり，このことが図 7-19B につながると考えられる．

　基質誘導呼吸は，グルコースのような易分解性の有機物を分解する微生物の活性を示し，高い qCO_2 を示すような微生物群集の活動を反映する．他方，F/B 比（fungal to bacterial biomass ratio）は，基質誘導呼吸に基づいた細菌類と菌類のバイオマス比を示す．細菌群集または菌類群集の生育を阻害する抗生物質を添加し，基質誘導呼吸を分析することで求めることができる．農地，森林，草地の土壌では，菌類バイオマスの方が多いが，根圏土壌においては，逆に細菌バイオマスが多くを占める．菌類バイオマスは炭素源の同化効率が高いため，F/B 比が増加すると，バイオマス炭素当たりの呼吸量（qCO_2 に相当）は減少する．そのため，F/B 比は qCO_2 を規定する要因でもある．

コラム：もしも土壌微生物がいなかったら

　微生物が生態系において分解者として機能することはよく知られている．土壌圏に微生物がいなければ，落ち葉や動物の死骸などが分解されず，地表はごみの山になることは想像しやすいだろう．さらに，それらの分解産物であるアミノ酸やアンモニア，イオウなどが土壌に供給されないということになる．よって，土壌は徐々に貧栄養となり，植物は生育できなくなる．微生物の機能は分解だけではない．土壌微生物は，リンや金属などさまざまな元素やその化合物の形態変換や循環にも大きく関わっているため，土壌微生物がいなくなれば，それらの微量栄養素も植物に供給されなくなる．また微生物は，窒素固定によって植物への窒素供給に大きく貢献している．その働きがなくなれば，陸上の多くの植物が1年もせずに立ち行かなくなると考えられている．土壌微生物の中には，根粒菌や菌根菌のように，植物に共生してその生育を支えるものもいる．例えば，温帯以北の主要な樹木や熱帯・亜熱帯域の一部の樹木は，土壌からの養分獲得において外生菌根菌との共生に大きく依存している．よって，それらの微生物が土壌にいなければ，森林生態系の維持は困難になるだろう．植物は独立栄養であるため，単独で生きられると勘違いされがちだが，前述したように，実は微生物のいない土壌では生育し続けることはできない．土壌に植物が生育できないのなら，地上の動物たちもまた滅びる運命となる．

　微生物はまた，土壌の理化学性にも影響を与える．腐植物質は，土壌中の生体由来の有機物が微生物的・化学的作用を受けてつくられる．この物質が土壌の構造に大きな影響を与え，保水性や養分保持に大きく寄与する．また，微生物が分泌する粘質多糖もまた，土壌の団粒構造形成に寄与する．つまり，微生物がいなくなれば，やがて土壌の構造が崩壊し，土壌劣化や表土の流亡が起こるだろう．土壌微生物は土壌圏における物質循環の主要なプレイヤーであり，また，土壌と大気との間の物質交換を経て，地上の大気環境にすら影響を与える．土壌微生物は他の環境中の微生物とともに地球環境を支えており，土壌微生物がいなくなれば，現在の地球環境は失われるのだ．

＃ 第8章

土壌の構造と機能

1．土壌の構造

1）固相，液相，気相の割合と土壌による違い

　土壌は，さまざまな粒径を持つ無機粒子に，生物遺体の有機物が加わった有機・無機複合体である．無機粒子と有機物を固相（solid phase）という．固相は単位体積当たり泥炭土や黒ボク土の20％程度から，密に詰まった砂質土壌の60％程度までを占める．粒子間に存在する「すきま」を孔隙（pore）という．孔隙は単位体積当たりに，密に詰まった砂質土壌の40％程度から，泥炭土や火山灰由来の黒ボク土では80％程度を占める．孔隙は，水で満たされた液相（liquid phase）と空気が入り込んだ気相（gaseous phase）からなっている．両者は相補的な関係にあり，雨や灌水で水が加わると液相が増えて気相が減り，乾燥すると液相が減って気相が増える．液相にある水は土壌水（soil water），あるいは土壌固有の各種イオンが溶存した状態に注目すると土壌溶液（soil solution）という．気相に保持される空気を土壌空気（soil air）という．

　固相，液相，気相の割合を三相分布（three phase distribution）という．固相の割合を固相率（solid ratio），液相の割合を液相率（liquid ratio）あるいは体積水分率（volumetric water content），気相の割合を気相率（gaseous ratio）あるいは空気率（air filled porosity）という．孔隙率（porosity）は，液相率と気相率の合計となる．また,固相と液相の合計体積を実容積（actual volume）と呼ぶ.

　図8-1は，冬コムギ生育最盛期の各種土壌断面に見られる三相分布である．黒ボク土は，灰色台地土，砂丘未熟土，褐色低地土に比べて固相率が低い．気相率はいずれも表層で高いが，砂丘未熟土は深い層まで他より高く，粘質な灰色台地

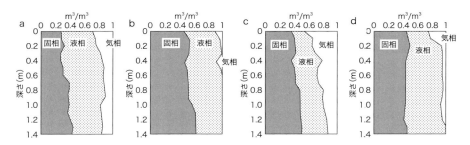

図 8-1 各種コムギ畑土壌の三相分布（生育最盛期）
a：黒ボク土，b：灰色台地土，c：砂丘未熟土，d：褐色低地土．

表 8-1 各種鉱物，腐植，土壌の真比重

	Mg/m³
石　英	2.65
長　石	2.5〜2.8
雲　母	2.7〜3.3
アパタイト	3.1〜3.3
粘土鉱物	2.0〜3.0
腐　植	<1.5
土　壌	2.5〜2.6

（Encyclopedia of Soil Science，2008 を参考に作表）

土では他より著しく低い．液相率は，固相率の低い黒ボク土で高く，気相率が高い砂丘未熟土で低くなる傾向にある．土壌間にこのような違いが生じる原因は，土性，鉱物性，有機物含量，コロイド特性などの物性が，保水性や透水性を特徴づける土壌の構造に強く影響するからである．

単位体積当たりの固相重量を容積重（bulk density）という．容積重は，仮比重，かさ密度，乾燥重とも呼ばれる．容積重は固相率 × 固相の真比重の関係にある．したがって，土粒子の真比重を求めておけば，容積重から固相率が得られる．固相はさまざまな一次鉱物や粘土鉱物および腐植が結合した土粒子の集合体であり，表 8-1 に示すように鉱物類に比べて腐植は著しく低い真比重を持つ．普通，鉱質土壌の固相土粒子の真比重は 2.5〜2.6 Mg/m³ の範囲にある．

2）植物の生育と土壌の三相との関係

植物の根は土粒子のすき間を伸び，そこにある水を吸収する．根はその伸張に

も，水吸収にもエネルギーが必要で，酸素を消費して呼吸している．図8-2はさまざまな畑作物の土壌中の酸素濃度と根の伸びの関係である．多くの作物で酸素濃度が低下すると，急速に根の伸びが低下することが認められる．このように，土壌の三相，特に気相と液相は畑作物の生育に強い影響を及ぼしている．多くの作物の生育には気相中の酸素濃度が10%以上であることが好ましい．これを達成するには気相率10%（$0.1\ m^3/m^3$）以上が要求される．

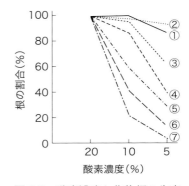

図8-2　酸素濃度と作物根の生育
①キュウリ，②ナス，③トマト，④サツマイモ，⑤ハナヤサイ，⑥メロン，⑦ピーマン．
（籠橋　悟ら，1970を参考に作図）

3）ペッドと団粒構造

　土粒子の集合体を団粒（aggregate）と呼ぶ．有機物の供給が多く，化学的風化が進行しやすい土壌表面近くでは砂やシルトの基本骨格粒子（skeleton grain）は，腐植や粘土，アルミニウムや鉄の加水酸化物，シリカゲルにより，また水の表面張力や化学結合により図8-3のように結合して，微小団粒（micro aggregate）となる．微小団粒はさらに，植物遺体の分解産物やカビの菌糸，根や細菌由来の粘質物により接着されて，団粒化（aggregation）する．それら団粒は，根の水吸収などで脱水収縮して安定化し耐水性団粒となり，雨滴により容易に破壊されないようになっている．団粒化すると，団粒の内部に小さな孔隙が，団粒間に大きな孔隙ができて，単粒と比べて，孔隙状態が多様になる．

　人により土壌が撹乱されていない場合，それらの団粒は自然構造単位（ペッド，ped）という．土壌構造（soil structure）は，土層にある最も特徴的なペッ

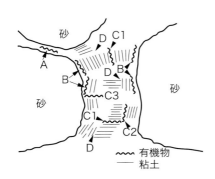

図8-3　土壌微細粒団の模式図
A：砂－有機物－砂結合，B：砂－有機物－粘土集合体，C：粘土集合体－有機物－粘土集合体（C1：面－面結合，C2：面－角結合，C3：角－角結合），D：粘土集合体の面－角結合．
（Emerson, W. W., 1959を参考に作図）

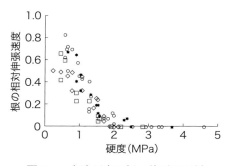

図 8-4 土壌硬度と根の伸張の関係
○:壌質砂土, ★:砂壌土, ◇:細粒砂質壌土, □:壌土. (Taylor, H. M. et al., 1966 を参考に作図)

ドの大きさと発達の程度で特徴づけられる．ペッドの大きさは，一般に，角柱状≧円柱状＞角塊状≧亜角塊状＞粒状構造の順になり，この順に前者ほど深い土層に現れ，深さ方向の異方性を特徴づけている．ペッド間の孔隙割合はペッドが大きくなるほど少なくなり，孔隙の連続性も垂直方向に片寄っていく．ペッド表面には粘土や有機物の皮膜（キュータン，cutan）が肉眼で認められることもある．その強い凝集力は団粒を安定化している．

　耕地で耕耘と砕土により生じた団粒は，ペッドと区別して単に土塊（clod）と呼ぶ．人為が加えられた土壌の構造を団粒構造（aggregated structure）という．団粒構造は粒状構造に近いものがよいと考えられるので，有機物を投入し，表層土壌を機械で細かく砕土している．しかし，大型機械の走行により下層土壌が硬くなり，植物が下層まで根を伸ばすことができなくなり，収量が低下することがある．このような場合には，心土破砕耕を併用して，下層土まで連続した割れ目をつくり，根を伸びやすくする．下層の連続した割れ目は，水みちとなり排水改善にも効果がある．図 8-4 は土壌硬度（soil hardness）と根の伸張速度（root elongation rate）の関係である．土壌硬度が 0.5 MPa から根の伸長が抑制され，1.5 MPa 以上で根の伸長が停止する．なお，わが国には，土壌硬度の測定に山中式硬度計を用いているが，土壌硬度 0.5 MPa は山中式硬度計 18 mm に相当し，1.5 MPa は 25 mm に相当する．

2．土壌中の水の分布

1）土壌中における水の存在状態

（1）毛管による保持

さまざまな大きさの土粒子と土壌粒団の配列により，土壌中にはさまざまな

大きさの孔隙が存在する．これらは，土壌中の水にさまざまな強さの表面張力（surface tension）をもたらすことになる．水はその表面張力により孔隙の壁面にメニスカスを作り，毛管現象（capillary action）により重力に抗して孔隙に保持されている．その程度は孔隙の大きさに依存する．毛管現象は，以下のジュレンの式（Julin's equation）により理論的に表される．すなわち，水面に立てた半径 r (mm) の毛管中を水が上昇する場合，その毛管上昇の高さ H (m) は，

$$H = 2\sigma/\rho gr = 0.0149/r$$

ここで，σ：水の表面張力（0.07275 N/m），ρ：水の比重（1 Mg/m³），g：重力の加速度（9.8 m/s²）である．

と表される．ジュレンの式は，毛管の半径が大きくなる程，毛管上昇の高さが低くなることを示している．換言すれば，太い管ほど水の吸引力（suction force）が弱い．直径 0.01 mm の毛管による毛管上昇の高さは 3 m である．直径 0.1 mm では 0.3 m であるが，直径 1 mm になると 0.03 m でしかない．

土壌が持つ水の吸引力は，水で満たされた最も粗い孔隙により生じている．図 8-5 のように水を満たした U 字管を持つセラミックプレートの上に土壌を置くと，土壌の水分状態に応じた U 字管内の水面の低下が見られる．すなわち，土壌が U 字管の水面の位置エネルギー（ポテンシャル，potential）を低下させたのであり，土壌水は負のポテンシャルを持つことを示している．この負のポテンシャルは，粒子配列（マトリックス，matrix）により生じていることから，これをマトリックポテンシャル（matric potential）と呼ぶ．

土壌孔隙を毛管の束で近似すれば，ジュレンの式から，水を保持している最大の孔隙半径 r (mm) と，マトリックポテンシャル ψ (m) の関係は，

$$\psi = -2\sigma/\rho gr = -0.0149/r$$

となる．ポテンシャルを圧力（kPa）で表示すると，

$$\psi = -2\sigma/\rho r = -0.146/r$$

が得られる．すなわち，9.8 kPa が 1 m に

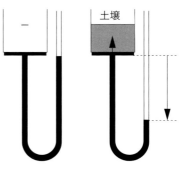

図 8-5 自由水（a）と土壌水（b）の位置エネルギー

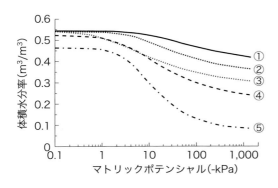

図 8-6 土性の異なる土壌の保水曲線
①重埴土，②軽埴土，③埴土，④壌質砂土，⑤砂土．

相当する．例えば，直径 0.1 mm 以下の毛管がすべて水で飽和された土壌中の水は－2.9 kPa（－0.3 m）のマトリックポテンシャルを持つ．

なお，土の保水を表す単位として pF がある．pF はマトリックポテンシャルを cm で換算し，その絶対値を対数表示したものである．すなわち，

$$pF = \log(-\psi \text{ (cm)})$$

である．しかし，水分飽和状態に近い場合の $\psi > -1$ cm の値を取り扱えないこともあって，学術上使用を控えてきている．しかし，80 年近く世界中で使用されてきたたいへん便利な単位であるので目にすることが多い．

土壌水のマトリックポテンシャルが低下するほど，細かい孔隙にしか水分は保持されていない．すなわち，水分率は低下する．マトリックポテンシャルと水分率の関係は，土性や土壌構造の状態に大きく影響を受ける．図 8-6 は土性の異なる土壌のマトリックポテンシャルと水分率の関係を示している．このような関係を保水曲線（water retention curve）という．砂質な土壌ほど粗い孔隙が多く，細い孔隙は少ないので，マトリックポテンシャルの低下に伴い急速に水分率が低下する．一方，粘質な土壌は細かい孔隙が多いので，マトリックポテンシャルが低下しても水分率は大きく変化しない．

(2) 吸着による保持

乾燥した土壌中では，水は水蒸気としても存在し，土粒子表面に吸着保持される．この吸着は，土壌空気の水蒸気と平衡を保つように生じるので，吸着水のポテンシャルは，土壌空気の水ポテンシャルに等しい．空気の水ポテンシャル（ψ，

Pa）は，次式のように表される．

$$\psi = (\mu - \mu_0)/V_w = (RT/V_w) \ln(e/e_0) = (4.62\times10^5 T) \ln(e/e_0)$$

ここで，V_w：水の部分モル容積（1.8×10^{-5} m³/mol），R：気体常数（8.31441 J/mol・K），T：絶対温度（K），e/e_0：相対水蒸気圧（相対湿度）である．

わが国の平均的な気温20℃（$T=295$）と相対湿度80％（$e/e_0=0.8$）で，ψ は -30×10^6 Pa（$=-30\times10^3$ kPa $=-30$ MPa）となる．すなわち，気温20℃，相対湿度80％の環境下に乾燥した土壌を置くと，水蒸気を吸着しながら土壌水のポテンシャルは-30 MPaになり，湿った土壌であれば水を蒸発して土壌水のポテンシャルは-30 MPaに変化する．このような状態の土壌を風乾土（air-dried soil）という．105℃で炉乾燥した場合の水ポテンシャルは-762 MPaとなる．粘土1分子層の水ポテンシャルは-300 MPaと見積もられているので，炉乾燥した土壌粒子表面にはごくわずかの水が残るに過ぎないことがわかる．

2）植物根が吸収できない土壌水の存在

土壌中には植物根が吸収できる土壌水と，吸収できない土壌水がある．降雨により土壌表層の土壌水が増加し最大容水量の飽和状態になると，下層への排水（drainage）が生じる．おおむね24時間後のマトリックポテンシャルはどの土壌も$-3\sim-6$ kPaである．ジュレンの式に従えば，このマトリックポテンシャルは，直径0.05〜0.1 mmの孔隙に相当する．すなわち直径0.05〜0.1 mm以上の孔隙からは降雨後即座に排水されるため，植物はその水を吸収できないことを意味している．そのような排水される大きさの孔隙を粗孔隙（macro-pore）あるいは非毛管孔隙（non capillary pore）といい，粗孔隙が排水されたあとの土壌が持つ水分率を圃場容水量（field capacity）という．それに対して，直径0.05 mm以下の孔隙は毛管張力により保水（water retention）する．このような保水する大きさの孔隙を毛管孔隙（capillary pore）という．温度20℃，湿度98％の空気に平衡した土壌のマトリックポテンシャルは-2.7 MPaに相当し，この水分量を吸湿係数（hygroscopic coefficient）と呼ぶ．圃場容水量から吸湿係数までの水はほぼ毛管張力により保持されているが，吸湿係数以下のマトリックポテンシャルの水は吸湿水（hygroscopic water）となっている．

毛管孔隙に保水された水はマトリックポテンシャルを持っている．そのために，

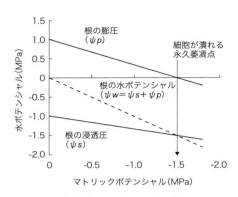

図 8-7 土壌水のマトリックポテンシャルの低下に伴う植物根の水ポテンシャルの変化と萎凋点の模式図

植物の根は土壌の吸引力より強い力で水を吸引しなければ，水吸収できない．すなわち，根はその水ポテンシャルを土壌のマトリックポテンシャルより低下させなければ水吸収できない．このことを根は細胞の浸透圧（osmotic pressure）を低下させることにより行っている．浸透圧もまたマトリックポテンシャル同様，負の水ポテンシャルである．ところが，根が水吸収のために浸透圧を低下させると，細胞を維持している膨圧（swelling pressure）も低下する．膨圧は正の水ポテンシャルである．根中のこの負と正の2つの水ポテンシャルの合計が根の水ポテンシャルである．図8-7は土壌のマトリックポテンシャルの低下に伴う根の浸透圧，膨圧，水ポテンシャルの変化を模式的に示したものである．根の水ポテンシャルがマトリックポテンシャルより低くなければ，根は水吸収できないが，根の水ポテンシャルの低下に伴い膨圧も低下するため，根の水ポテンシャルがあるレベル以下になると，膨圧がなくなり，細胞は潰れてしまう．すなわち，土壌のマトリックポテンシャルがそのレベル以下に低下すると，植物は水吸収できないばかりか，細胞が潰れて萎れてしまうのである．植物が萎れるマトリックポテンシャルはおおむね－1,500 kPa（－1.5 MPa）とされており，そのときの水分率を永久萎凋（しおれ）

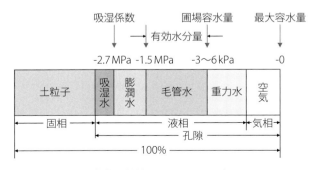

図 8-8 土壌水の状態とマトリックポテンシャル

表 8-2 土性の異なる土壌の圃場容水量，永久萎凋点と有効水分量

	容積重 Mg/m³	圃場容水量 −3 kPa m³/m³	永久萎凋点 −1.5 MPa m³/m³	有効水分量 m³/m³
重埴土	1.23	0.542	0.415	0.127
軽埴土	1.23	0.542	0.359	0.183
壌 土	1.24	0.531	0.302	0.229
壌質砂土	1.29	0.518	0.235	0.283
砂 土	1.44	0.462	0.080	0.382

点（permanent wilting point）という．

　結局，植物は−3 kPa〜−1.5 MPa までのマトリックポテンシャルの間の土壌水しか吸収できない．それらマトリックポテンシャルの間に存在する水分量を有効水分量（available water content）という．以上をまとめると，図 8-8 のようになる．土壌水の状態はマトリックポテンシャルにより特徴づけられ，土粒子近傍にマトリックポテンシャルの低い水が存在し，土粒子から離れるほどマトリックポテンシャルの高い水が存在する．細粒な土粒子は孔隙を狭くするため，マトリックポテンシャルの低い土壌水が多くなり，粗粒な土粒子は孔隙を粗くするため，マトリックポテンシャルの高い土壌水が多くなる．表 8-2 は図 8-6 に示した土性の異なる土壌の圃場容水量と永久萎凋点の水分率と有効水分量を示している．重埴土や軽埴土の永久萎凋点の水分率は砂土に比べて著しく高く，有効水分量が少ないことがわかる．

3）土壌水は根にどのように吸収されるのか

　植物根はマトリックポテンシャルより水分ポテンシャルを低下させて，土壌水を吸収している．植物根が水吸収（water uptake by plant roots）すると，まず根の極近傍の土壌水分が減少し，マトリックポテンシャルが低下する．しかし，その周りの土壌水分が多い場合には，根の近傍へ即座に水が供給され，全体の土壌から均等に水吸収が起こったかのように土壌水分が低下し，そのレベルに根の近傍のマトリックポテンシャルも維持される．しかし，全体の土壌水分が少なくなると，根の近傍への水供給が追いつかなくなり，根の近傍ほど土壌水分が少ない状態が生じる．すなわち，根の近傍ほどマトリックポテンシャルは低下する．

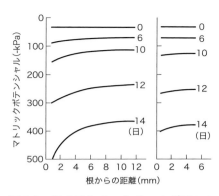

図 8-9 根の周りのマトリックポテンシャル
左：粗な根はり（2 km/m³），右：密な根はり（13 km/m³）．(Hillel, D. et al., 1975 を参考に作図)

図8-9は1本の根の周りのマトリックポテンシャル分布の時間変化を示している．時間が経過するにつれて，根近傍ほどマトリックポテンシャルの低下が大きいことが認められる．図には粗な根はり（根はり密度2 km/m³）と，密な根はり（根はり密度13 km/m³）の違いが示してある．粗な根はりは，根の周りに12 mmの土壌を持つのに対して，密な根はりは5 mmの土壌しか持たない．すなわち，粗な根はりは，密な根はりに比べて根の周りの土壌は多く，単位長さ当たりの根は多くの土壌水を占有していることになる．しかし，根の水吸収により，根の近傍の土壌水分が低下すると，粗な根はりは密な根はりの場合に比べて，より遠くから土壌水分が供給されなければならない．粗な根はりも，密な根はりも日数がたつにつれてマトリックポテンシャルの低下が生じている．しかし，粗な根はりでは，密な根はりに比べて，根近傍のマトリックポテンシャルの低下の程度が大きくなっている．すなわち，粗な根はりでは，根近傍の土壌の乾燥化がより進んでいることを示している．これは，土壌水の移動速度が乾燥するにつれて遅くなり，根の近傍での土壌水分の低下速度に対して，周囲土壌からの水供給が追いつかなくなっているためである．

土壌水の移動速度は，ダルシーの法則（Darcy's law）により下記のように表される．

$$Q = K(\Delta\Psi/\Delta x)$$

ここで，Q：水フラックス（water flux, m³/m²），K：透水係数（hydraulic conductivity, m/s），$\Delta\Psi$：Δx離れた2点間の水ポテンシャル（m）の差，$\Delta\Psi/\Delta x$：水ポテンシャル勾配あるいは動水勾配（hydraulic gradient）という．Ψ：マトリックポテンシャル（ψ, m）と重力ポテンシャル（z, m）の合計値である．ただし，z：地表面からの深さに等しく，負の値で表す．

したがって，水平方向の水移動の場合は，

$$Q = K(\Delta\psi/\Delta x)$$

鉛直方向の水移動の場合には，

$$Q = K(\Delta \psi / \Delta z + 1)$$

で表される．

　これらの式からわかるように，土壌中の水移動は土壌中の水ポテンシャル（マトリックポテンシャル＋重力ポテンシャル）勾配により生じ，透水係数の影響を受けている．なお，土壌水分が減少し，土壌が水不飽和になった状態の土壌の透水係数を不飽和透水係数（unsaturated hydraulic conductivity）といい，水で飽和された土壌の透水係数は飽和透水係数（saturated hydraulic conductivity）という．

　図8-10は土性の異なる土壌のマトリックポテンシャルと透水係数の関係である．これらの土壌は，図8-6に示した土壌と同じものであるので，それらを合わせてみると以下のようなことがわかる．すなわち，埴土のようなマトリックポテンシャルの低下に伴う水分率の低下が小さい土壌では，透水係数の低下も小さい．一方，砂土のようなマトリックポテンシャルの低下に伴う水分率の低下が大きい土壌では，透水係数の低下も大きい．この透水係数の低下の影響が根の給水の及ぼす影響はどのようなものであるか，図8-9の根の吸水に伴う根周囲のマトリックポテンシャル分布の変化において，粗な根はりの場合を例にとってみることにする．根から1 mmの土壌の6日目のマトリックポテンシャルは-90 kPa（-9 m），4 mmでは-80 kPa（-8 m）であった．動水勾配は333となる．このマトリックポテンシャルに相当する透水係数は，図8-10を見るとすべての土壌でほぼ10^{-7} m/sであった．それが14日目になると根から1 mmの土壌のマトリックポテンシャルは-500 kPa（-50 m），4 mmで-400 kPa

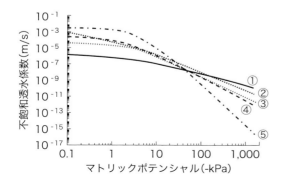

図 8-10　土性の異なる土壌の不飽和透水係数曲線
①重埴土，②軽埴土，③壌土，④壌質砂土，⑤砂土．

(−40 m) に低下していた．動水勾配は 3,333 となり，6 日目の 10 倍に達していた．図 8-10 から，このマトリックポテンシャルに相当する透水係数は重埴土で 10^{-8} m/s となり 6 日目の 1/10 に低下しており，重埴土は動水勾配の増加が透水係数の低下と釣り合っていることがわかる．しかし，砂土の透水係数は 10^{-13} m/s と，6 日目の 1/10 万にも低下した．すなわち，砂土では動水勾配の増加分よりも透水係数の低下分の方が大きく，根の近傍の土壌水の減少を補えないことになる．より土壌水分が減少すれば，さらに水供給は低下し，ついに根近傍土壌のマトリックポテンシャルは −1,500 kPa（−150 m）以下になり，植物は萎れてしまうことになる．

3．土壌中の空気の分布

1）根にとって必要な新鮮な空気

土壌中では微生物による有機物分解と植物根の呼吸により，酸素は消費され二

表 8-3　清浄な大気と土壌空気の成分組成

成　分	大　気 vol%	土壌空気 vol%
N_2	78	75 〜 90
O_2	21	2 〜 21
Ar	0.93	0.93 〜 1.1
CO_2	0.03905	0.1 〜 10
CH_4	0.0001803	trace 〜 5
N_2O	0.00003242	trace 〜 0.1
	ppmv	
He	5.2	その他
Kr	1	各種炭化水素，NH_3,
H_2	0.5	NO, H_2, H_2S, CS_2,
CO	0.1	COS, CH_3SH, DMS,
Xe	0.08	DMDS, 揮発性アミ
O_3	0.02	ン，揮発性有機物な
NH_3	0.01	ど多数
NO_2	0.01	
SO_2	0.0002	

（陽　捷行，1991；IPCC，2014）

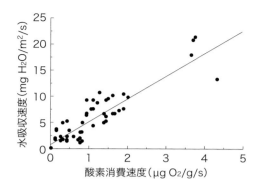

図 8-11 トウモロコシ根の酸素消費速度と水吸収速度
(Holder, C. B. and Brown, K. W., 1980 を参考に作図)

酸化炭素が生成する．作物生育期間中，土壌が湿潤高温下に置かれると，土壌空気中の二酸化炭素濃度は上昇し，酸素濃度は低下する．この二酸化炭素濃度の上昇は，一部は有機物の微生物分解，一部は根の呼吸により生じる．酸素と二酸化炭素の変動ばかりでなく，微生物は，嫌気的条件ではメタン，一酸化二窒素（亜酸化窒素），窒素ガスを，好気的条件においても硝酸化成の過程で一酸化窒素，一酸化二窒素を生成する．このため，表 8-3 に見るように，気相は大気と異なるガス組成を示す．

図 8-11 に示すように，根の水吸収速度は酸素吸収速度と比例関係にある．また，図 8-2 に示したように土壌空気中の酸素濃度が低下すると，根の伸張が阻害される．土壌空気中の酸素濃度の低下は，生物が排出した二酸化炭素をはじめとするさまざまなガスが大気の酸素とスムーズに交換されない場合に起こる．

2）気相と液相の関係，大気からの新鮮な空気の更新

土壌のガス交換は，空気で満たされた孔隙を通して，そのほとんどが拡散により行われる．したがって，ガスフラックス q （mg/m^2・s）は，以下のフィックの法則（Fick's law）で表される．

$$q = D\,(\Delta C/\Delta z)$$

ここで，D：ガス拡散係数（gas diffusion coefficient, m^2/s），C：ガス濃度（mg/m^3），z：距離（m）である．

ガス拡散係数は大気中においてもガスの種類で異なるが，大気のガス拡散係数 D_0 と土壌のガス拡散係数の比（D/D_0）はガスの種類にかかわらず同じであると

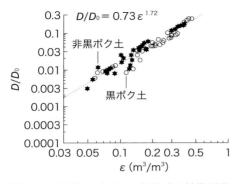

図 8-12 気相率（ε）と相対ガス拡散係数（D/D_0）の関係
（遅沢省子ら，1990を参考に作図）

されている．

図 8-12 は日本の畑土壌の気相率と D/D_0 の関係である．土壌水分が増加し，気相率が減少すると，D/D_0 は低下することがわかる．火山性土，非火山性土を問わず，D/D_0 値と気相率 ε（m^3/m^3）との間にはべき乗の関係があり，図の関係には，$D/D_0 = 0.73\,\varepsilon^{1.72}$ の関係が認められる．なお，D/D_0 が 0.02 以上のときにはガス交換はスムーズで，土壌中の酸素濃度の低下は小さいとされている．前式から $D/D_0 = 0.02$ のときの気相率は 0.124 m^3/m^3 と求められる．日本の畑作物の根の伸張を阻害しない気相率として 0.1 m^3/m^3 以上が要求されているが，根への酸素供給を目標にしていることが理解できる．

ところで，気相率と水分率の合計が孔隙率である．孔隙率はマトリックポテンシャルが 0，すなわち土壌が水で飽和されたときの液相率に等しい．そこで，図 8-6 の保水曲線（マトリックポテンシャルと水分率の関係）からマトリックポテンシャルに相当する気相率を求め，さらに前述の気相率と D/D_0 の関係式を用いて，その気相率を D/D_0 に換算して，マトリックポテンシャルとの関係を求めたものが図 8-13 である．粘土含量が高まるにつれ，植物が水を吸収できる有効水

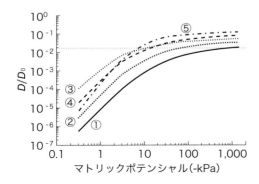

図 8-13 マトリックポテンシャルと相対ガス拡散係数（D/D_0）
①重埴土，②軽埴土，③埴土，④壌質砂土，⑤砂土．

分領域（−0.3 〜 −1,500 kPa）での D/D_0 値は低くなる．砂土では−6 kPa ですでに D/D_0 は 0.02 を越えているのに対して，重埴土では−1,000 kPa 以上でようやく D/D_0 が 0.02 を越える．すなわち，粘土含量が多い土壌では根は酸素不足になりやすい．

コラム：もしも土壌構造がなかったら，土壌三相の重要性

　土壌構造は，土壌粒子の二次的集合体であり，その形態は粒状，塊状，柱状など多様である（☞ 8-1-3）．これらに対して，土壌構造のない状態は壁状（例えば，低地における腐植が少なく粘土の多い重埴土など），単粒状（砂丘など）であり，土壌粒子は単純に密に詰まった状態である．この単純に粒子が詰まった状態は，特に重埴土の場合に畑作物の生育に大きな問題を生じる．その理由は，本章の重埴土の例に示されている．透水係数が小さく排水不良で，有効水分量が少なく気相が少ない，気体の拡散が不良で根は酸素不足になりやすく，根が生育不良になりやすい，などのためである．また，壁状の土壌は乾燥により固化もしやすい．他方，砂丘の土壌は，排水性が良すぎて，作物に必要な水を十分に保持できない．

　しかし，土性が重埴土であっても，有機物を含み，粘土粒子が集合体となって土壌構造が発達すると，構造と構造の間に比較的大きな隙間ができ，水や空気の通り道が形成される．集合体構造中の孔隙には有効水を保持する場所が形成され，重埴土でもバランスの取れた土壌三相を持つようになる．その結果，畑作物の生育改善につながる．排水不良土壌に暗渠を施工すれば乾燥・収縮，亀裂の形成，壁状から柱状〜塊状などの構造発達が促され，増収する（表）．

　他方，水田では代かき作業で作土を単粒状にする．これには，湛水状態（透水性の小さな状態）を維持し，田植え作業が容易になるなどの利点がある．しかし，このような水田作土においても，秋になって落水するときに速やかに排水され，収穫作業に備えて地耐力を回復するためには，適度な耐水性団粒となっていることが有効である．

表　重埴土転換畑の暗渠排水による増収効果

	コムギ子実重（kg/10 a）		
	排水不良区（A）	排水改良区（B）	(B)/(A)
平成2年（1990年）	330	460	1.4
平成3年	370	430	1.2
平成4年	430	510	1.2

（農研機構平成4年度研究成果情報「排水不良土壌における重粘土層改良機の性能と効果」に基づき作表）

第9章

日本の土壌，世界の土壌

1．日本の土壌

　多様な土壌が日本や世界には分布しているが，その分布にはある規則性がある．具体的には，第1章「森林と土壌」において述べたように，日本の北から南にかけてその森林土壌の性質は規則的に変化するが，それは気候植生帯の変化と関係性がある．この規則性はロシアで初めて確認され，帯状に分布するこの土壌の一群を成帯性土壌と呼ぶようになった．しかし，この規則性は地球上の土壌の地理的な分布の概要を理解するには有用であったが，気候植生帯が同一であるにもかかわらず，斜面上に異なる性質を持つ土壌が分布し，そこに規則性が見出された（☞ 1-コラム）．森林のみならず，農耕地においても気候植生帯が同一であっても地形の違いによって土壌の性質が規則性を持って変化する事実が明らかにされた．気候植生帯の変化は温度に，地形の違いは水分状況に影響を及ぼす．日本列島は，環太平洋火山帯に位置していることから，火山活動やプレートの活動による影響を受けるが，土壌も例外ではない．第5章「土壌の素材」において述べたように，日本列島を造る岩石や堆積物（母材）の性質は土壌の性質に影響を及ぼすという規則性もまた知られるようになった．自然科学的な側面から見た土壌の性質の規則性の解明に加えて，人間活動による土壌の性質への影響も明らかになってきたが，その詳細については，第2章「牧草地の土壌」，第3章「畑の土壌」，第4章「水田の土壌」に記されている．そして，これらの規則性を反映した土壌の特性に基づいて，多くの土壌分類法が提案されてきた．本章では，日本の土壌の性質に影響を及ぼす因子（土壌生成因子）を考慮し，特徴ある性質を有する土層を持つ土壌から順番に切り取って分類命名する最新の土壌分類に基づいて日本の土壌を概括する．

1）日本の土壌生成因子

土壌生成因子とは気候，地形，母材，植生（生物），時間の5つで，人為が第6の因子として加えられることがある．第1部から植生や人間活動が土壌生成因子であることが明らかであろう．

表 9-1　日本各地の平均気温，降水量，吉良の暖かさの指数，寒さの指数および蒸発散量

	年平均気温 (℃)	年降水量 (mm)	暖かさの指数 (℃・月)	寒さの指数 (℃・月)	年蒸発散量 (mm)
根　室	6.3	1,021	46.7	−31.4	486
札　幌	8.9	1,107	73.9	−27.1	722
仙　台	12.4	1,254	95.5	−7.0	693
新　潟	13.9	1,821	110.6	−4.3	905
宇都宮	13.8	1,493	109.9	−4.2	750
東　京	16.3	1,529	135.1	0.0	877
名古屋	15.8	1,535	130.5	−0.5	781
大　阪	16.9	1,279	142.4	0.0	908
高　知	17.0	2,548	143.3	0.0	886
広　島	16.3	1,538	135.3	0.0	849
福　岡	17.0	1,612	143.5	0.0	860
那　覇	23.1	2,041	216.4	0.0	955

総務省統計局統計データ（第一章国土・気象（気温・降水量，http://www.stat.go.jp/data/nihon/back12/01.htm）および気象庁，過去のデータ検索「平年値」（http://www.data.jma.go.jp/obd/stats/etrn/index.php）より作成．
暖かさの指数，寒さの指数については，各月の気温・降水量より計算．
蒸発散量については，近藤純正ら：日本の水文気象（3）―森林における蒸発散量，水文・水資源学会誌，5，8-18，1992より抜粋して作成．
暖かさの指数，寒さの指数の計算方法は，次の文献に則った．
吉良竜夫：生態学からみた自然，河出書房新社，1971．
吉良竜夫：植物の地理的分布―生物的自然の見直し（吉良竜夫著作集 4），新樹社，2012．

表 9-2　暖かさの指数による区分

0～15	ツンドラ
15～45	常緑針葉樹林
45～85	落葉広葉樹林
85～180	照葉樹林
180～240	亜熱帯林
240～	熱帯林

（吉良竜夫，1971および2012）

日本の気候は，那覇の熱帯気候（最寒月の気温が18℃以上）に近い温帯気候から札幌，根室の亜寒帯気候（最寒月の気温が−3℃未満で，最暖月の気温が10℃以上）まで分布している．吉良の暖かさの指数，寒さの指数を計算した結果に加えて，蒸発散量のデー

タを併せて表9-1に示した．吉良の暖かさの指数と寒さの指数（表9-1）に基づけば，那覇の216℃・月から根室の47℃・月までとなり，気候植生帯（表9-2）は亜熱帯林から，照葉樹林，落葉広葉樹林を経て，常緑針葉樹林まで分布する．土壌中の物質移動に影響を及ぼす水の上下の動きの推定には，降水量と蒸発散量の差異のデータが有効である．表9-1のデータより，どの都市も降水量が蒸発散量を上回るので，水の動きは，年間を通じて表層から下層への方向となる．つまり，水田に不可欠な潤沢な水供給を支える集水域に森林が成立し，その土壌中を常に水が流下する自然環境に日本列島全体が置かれている実態が理解できる．多様な植生から供給される落葉や落枝は土壌有機物や養分の供給源で，多様な生物群集が発達し，土壌に物理的，化学的，生物的な変化を与える（永塚，2014）が，土壌生物の詳細は，第7章「土壌中の生物とその働き」に記されている．なお，土壌表面に供給されるリターの質や量や森林土壌表面の生物群集の多様性，分解者，分解，腐植の蓄積に関しては，『森のバランス』（森林立地学会編，2012）を参照されたい．

　表9-3に，日本の土地利用と地形との関連性を表すデータを示した．地形の観点から，日本の国土を概観すれば，低地Ⅰ（三角州・谷底平野），低地Ⅱ（扇状地・自然堤防），台地段丘，丘陵，山地，火山地に分けられる．水田は，すべての地形に分布しているが，最も分布割合が高いのは，低地（扇状地・自然堤防）であった．一方，畑は，水田と同様，すべての地形に存在しているものの，その分布割合が最も高い地形は，台地段丘であった．草地は，多様な地形に万遍なく分布しているが，林地は，丘陵，山地，火山地に全体の約90％が存在していた．山地および丘陵地や土地の傾斜角度の大きい土地は，林地として利用されている．

表9-3　土地利用の地形区分割合（1984）

	低地Ⅰ	低地Ⅱ	台地段丘	丘陵	山地	火山地
水　田	23	37	16	10	12	2
畑	6	18	43	13	14	6
草　地	13	13	24	13	23	14
林　地	1	5	5	12	69	8
市街地	25	26	29	7	5	8
平　均	6	12	11	12	52	7

低地Ⅰ：三角州・谷底平野等の一級低地，低地Ⅱ：扇状地・自然堤防の微高地．
国土地理院：地域計画アトラス 国土の現況とその歩み，1984を参考に作成．

表 9-4 都道府県別の岩石・地質割合（％）[注]

	北海道	東 北	関東東山	北 陸	東 海	近 畿	中国四国	九州沖縄	全 国
第四紀堆積岩	22	16	37	23	19	18	7.1	14	19
第四紀火山岩	11	14	13	4.4	7.5	0	3.1	18	10
新第三紀堆積岩	23	31	11	22	7.8	7.9	2.6	5.9	16
新第三紀火山岩	19	12	8.3	19	5.7	1.8	3.1	17	12
古期堆積岩	21	12	16	17	26	40	31	32	23
古期火山岩	0.0	0.6	0.5	2.2	11	13	16	0.0	4.2
花コウ岩類	0.8	13	8.1	7.5	13	11	21	6.8	9.6
変成岩類	1.8	1.1	2.8	2.0	6.0	3.2	12	3.7	3.8
塩基性岩類	2.4	0.6	0.3	0.0	1.0	2.4	2.7	0.3	1.3
その他		0.6	2.1	2.5	1.8	2.4			1.4
面積（km^2）	83,456	66,890	50,453	25,204	29,342	27,339	50,723	44,452	377,859

[注] 面積測定のデータについては，「広川 治ら（編）：100万分の1日本地質図第2版，地質調査所，1978」とそれによる地質区分別面積測定論文2編（磯山 功ら，1984；須藤定久，2007）のデータより作成．

磯山 功ら：100万分の1日本地質図（第2版）から求めた各種岩石・地属の分布面積，地質調査所月報，第35巻第1号，p.25-47，1984．
須藤定久：日本における各種岩石・地層の分布と分布比率－都道府県別の骨材資源基礎情報－，平成18年度骨材資源調査報告書，産業技術研究所，2007．

『100万分の1日本地質図第2版』を基にした日本の地質および岩石に関する地方別の地質・岩石割合を参考に土壌大群の地域区分に調和する形で地質・岩石データを整理したものを表9-4に示した．全国平均値より高い値を示す場合には，グレーの塗りで表示した．日本の地質をこの表より概観すると，堆積岩が58％，火山岩・花コウ岩類が36％を占めており，塩基性岩類が1.3％と低い．

第四紀の火山岩の分布面積割合は，北海道，東北，関東東山，九州で高く，北陸，東海，近畿，中国四国では限定的である（表9-4）．さらに，第四紀および新第三紀の堆積岩（物）の分布面積割合は東で高く，西で小さいが，その分布面積割合は，関東で最も高く，中国四国で最も低い傾向にある．北陸，東海，近畿は中間的な値を示しており，第四紀火山岩の分布とは異なる傾向を示す．一方，古期堆積岩（古第三紀堆積岩，中生代堆積岩，中・古生代堆積岩，古生代堆積岩）は，近畿，九州，中国四国，東海でその分布面積割合が高く，古期火山岩類（古第三紀火山岩，中生代火山岩）と花コウ岩類については，中国四国，近畿，東海でその分布面積割合が小さい．北海道，東北，関東東山では，低地，台地，丘陵地や山地に至るまで，第四期火山岩から噴出した火山噴出物の影響を受けた土壌が発達する可能性が高く，東海，近畿，中国四国と比較して地質年代の新しい土壌母

材が広く分布する地域である．火山から放出される火山噴出物の中でも火山灰は広域に分布する場合や，大陸から飛来する黄砂に代表される風成の塵も土壌の母材となりうる風成の堆積物であるが，これらの風成の堆積物は，台地や丘陵地に残存しやすいと考えられる．

現在の土壌生成環境の下で定常状態にある土壌の生成には，ある一定の時間が必要となるが，この時間も生成因子である．この速度がわかると，土壌劣化を許容できる基準の設定につながる．A 層の生成速度は，花コウ岩では 0.1 〜 0.53 mm/ 年となり，火山灰では 0.11 〜 0.20 mm/ 年になる．一方，岩石，土壌や海水の元素組成から風化速度として無機的に土壌生成速度が計算されたが，その値は 570 kg・ha/ 年であった．さらに，Wakatsuki ら（1993）は，1 年間の土壌生成速度（風化速度）を島根県の意宇川において計算したところ 1,100 kg・ha/ 年を得た．実測値として，350 kg・ha/ 年が知られているので，仮比重を 1 Mg/m^3 として計算すると，土壌生成速度（風化速度）は，0.035 〜 0.11 mm/ 年となる．土壌群ごとの土壌生成速度が永塚（2014）により整理されている．その中から，日本の土壌をピックアップすると，典型的な水田土壌で 400 年以上，黒ボク土で 1,500 年以上，褐色森林土で 288 〜 1,525 年，赤黄色土で 125,000 年であった．

2）日本の主な土壌（土壌大群を構成する 10 の土壌）

以上の日本における土壌の生成因子に関する考察を基にして，日本の代表的な 10 の土壌を概説する．地域別に日本の土壌大群の分布割合を表 9-5 に示した．この表によれば，日本の土壌で最も分布面積割合が高いのは，黒ボク土（30.7％）と褐色森林土（30.0％）でほぼ同等である．それらの土壌に続いて分布面積割合が高い順に，低地土（14.1％），赤黄色土（10.1％），未熟土（7.0％），ポドゾル（2.2％），有機質土（1.2％），停滞水成土（0.8％），暗赤色土（0.5％），造成土（0.03％）の順となっている．以下，これらの土壌について，特徴土層や識別特徴について触れながら土壌の性質を概説する．

①黒ボク土大群（火山灰由来で，畑の代表的な土壌，口絵 5）…主として母材が火山灰に由来し，リン酸吸収係数が高く，容積重が小さく，軽しょうな土壌である．黒ボク土は，アロフェン，Al/Fe- 腐植複合体およびフェリハイドライトの

表 9-5 日本の土壌の分布割合（％）

土壌大群	北海道	東北	関東東山	北陸	中部(東海)	近畿	中国四国	九州沖縄	全国
黒ボク土	41.0	36.1	49.9	20.9	18.7	9.3	8.7	32.4	30.7
褐色森林土	29.3	27.0	17.2	33.4	37.3	37.9	42.2	25.2	30.0
低地土	10.3	14.0	16.9	20.6	14.6	16.9	13.5	12.9	14.1
赤黄色土	0.9	6.7	0.7	6.5	12.2	24.8	24.1	18.6	10.1
未熟土	7.9	6.1	6.2	6.2	10.4	4.6	10.1	4.3	7.04
ポドソル	1.2	5.5	4.0	3.1	3.0	0.1	0.0	0.0	2.24
有機質土	3.3	1.2	1.1	0.6	0.4	0.1	0.0	0.1	1.19
停滞水成土	1.9	0.0	0.3	3.0	1.4	0.6	0.0	0.0	0.80
暗赤色土	0.2	0.0	0.0	0.2	0.3	1.0	0.7	1.8	0.47
造成土	0.0	0.0	0.0	0.0	0.0	0.0	0.0	0.0	0.03
岩石地	0.0	2.1	1.4	4.8	0.5	0.9	0.3	0.4	1.08
その他	4.0	1.1	2.2	0.7	1.2	3.7	0.4	4.1	2.34
合計(km²)	81,001	66,714	49,142	24,814	28,170	25,933	49,626	44,775	370,175

関東東山（茨城，栃木，群馬，埼玉，千葉，東京，神奈川，山梨，長野），中部（東海）（岐阜，静岡，愛知，三重），近畿（滋賀，京都，大阪，兵庫，奈良，和歌山）．
（小原　洋ら：包括的土壌分類第1次試案に基づいた1/20万日本土壌図，農業環境技術研究所報告，37，133-148，2016より作成）

ような非晶質と準晶質のイモゴライトにより特徴づけられる．この黒ボク土の分布面積割合が日本の平均よりも高い地域（表9-5）は，関東東山（49.9％），北海道（41.0％），東北（36.1％），九州沖縄（32.4％）となり，近畿や中国四国で10％未満であり，その分布面積割合がとても低い．関東東山は，関東ローム層が広く分布しているという表現よりもむしろ，「黒ボク土の分布する面積が日本で最も広い地域」という表現方法を用いたい．より感覚的に述べれば，欧米の研究者の立場からすれば，見たこともない黒い色の表土を持つ地域が広がり，印象に残ったことからAndosol（暗土（Ando））と呼びならわされた．しかし，火山放出物から生成した土壌の中には黒い色にならないものも多く，褐色の表土を持つものも多数含まれていることが知られるようになった．

②褐色森林土大群（山地，台地上に分布し，表層が暗色で次表層が黄褐色の土壌，口絵6）…この土壌大群は，「黒ボク特徴」および「赤黄色特徴」を持たず，黄褐色の「風化変質層」または「粘土集積層」を持つと定義される．その一般的な特徴は，「岩石構造の喪失（岩石が風化作用や土壌化作用を受けて，一次鉱物粒子が変質した結果，岩石としての性質を失った状態）」，「粘土化（一次鉱物粒子が変質して二次鉱物が生成する現象）」，「土壌構造の発達（構造が発達すると，土塊を土壌断面から取り出したときに，土塊がある大きさの塊に割れる状態を示

す）」が認められるものを指す．日本の場合，気候条件から水が土壌内部に潤沢に存在し，その水は上から下へ流下するので，「塩基飽和度が低い」という特徴が加わる．「褐色森林土」と聞けば，溶脱条件下にある酸性土壌である．分布面積割合が全国平均より高い地域（表9-5）は，中国四国（42.2％），近畿（37.9％），中部（37.3％），北陸（33.4％）である．関東の分布面積割合が最も低い点（17.2％）が特徴である．黒ボク土の分布と対照的である．

　③低地土大群（河川などに近い低地の土壌，口絵7）…現世の河成，海成，湖沼成の沖積低地に広がる土壌である．「沖積堆積物」が50 cmの深さ以内に25 cm以上存在する土壌と定義される．多くは水田として活用されているが，一部畑として利用されることがある．低地土の分布の特徴は，全国に万遍なく広がっている点である．米どころの北陸において最も分布面積割合が高く，20.6％を占めている．続いて，関東東山（16.9％），近畿（16.9％），東海（14.6％）と続く．この土壌大群の中に低地水田土群（口絵7a）があるが，低地水田土の分布面積割合を計算すると，九州で最も広く30.9％，次いで東海18.4％，中国四国15.9％，近畿13.4％と続く．北陸5.6％，関東東山2.4％，東北0.8％，北海道1.6％と対照的である．一方，年間の大部分の期間，下層土が地下水で満たされると，グライ低地土が生成する（口絵7b）．その分布面積割合が最も高いのが北陸である．低地土大群の中で，最も分布面積割合が高いのが灰色低地土（口絵7b）である．また，畑作に利用されることの多い褐色低地土（口絵7b）の分布面積割合が最も高いのが北海道である．

　④赤黄色土大群（西南日本に多い風化の進んだ赤黄色の土壌，口絵8）…この土壌は，有機物の蓄積が少なく，塩基飽和度が低く，風化の進んだ赤色または黄色の土壌である．赤色や黄色については，土色帖による定義があり，赤色は，色相が5YR（Y：yellow, R：red）または，それより色相が赤く，明度が3より大きく，彩度が3以上である（明度/彩度4/3，4/4を除く）．黄色は，5YRよりも色相が黄色く，明度が3以上で彩度が6以上である（明度/彩度3/6，4/6を除く）．有機物含有量が増大すると土色が暗くなるので，明度/彩度が低くなる．その場合，土色が黄褐色となる場合や有機態炭素含有率が2％以上になる場合がある．そのいずれかの場合，赤黄色土大群には分類されない．

　この赤黄色土大群の分布面積割合が高い地域は，近畿（24.8％），中国四国

(24.1％)，九州沖縄（18.6％），東海（12.2％）である．西南日本に分布範囲が広いが，弥生時代に人口増加が認められた地域や低地水田土の分布の広い地域と合致する点が興味深く，台地上の不良土壌として赤黄色土大群が広く分布するような「近畿，中国四国，九州沖縄，東海」では，低地に堆積した完新世の堆積物を活用した水田の選択により，古い時代から現代まで長い間水田耕作が実践されていたものと推定される．同じ赤黄色土大群の中の土壌でもより安定した地形面（台地）において長い年月（少なくとも数千年）をかけて風化作用や土壌生成作用を受け，粘土集積層が認められた粘土集積質赤黄色土は，山地や丘陵地で安定な風化作用や土壌生成作用を受けることが困難な風化変質赤黄色土と区別するには，粘土当たりのCECの値が有効であることが新たに示された．その粘土集積質赤黄色土の中には，表層に漂白層を持つものが沖縄県で認められ，フェイチシャ（口絵8）と呼ばれている．

⑤**未熟土大群（岩や堆積物などがそのまま残る土壌，口絵9）**…土壌断面内で，「層位の発達が認められない」か，あるいは，「層位の発達が非常に弱い」土壌である．この土壌の特徴は，表層における腐植の蓄積や土壌構造の発達が認められたとしても，風化変質層や粘土集積層の発達が認められない場合，未熟土大群に分類するというものである．その断面写真を口絵9に示した．1つは，花コウ岩の禿斜地に植林をしたのち，10数年経過した土壌の断面写真（口絵9右）である．つまり，土壌構造の形成に必要な土壌生成作用が不十分であると判断し，未熟土と考える．

⑥**ポドゾル（灰色の溶脱層と赤黒色の集積層を持つ土壌，口絵10）**…漂白層/腐植または鉄集積層の層序を持つ土壌である．自然状態では，漂白層の上に粗腐植層が存在しているのが一般的である（小原ら，2011）．寒冷な森林に多く，北海道，東北，中部地方の山地に主として分布するが，一部は海岸砂丘地にも発達している．近畿，中国四国，九州沖縄にはほとんど分布しない．この土壌生成メカニズムは，「表層の有機酸によって直下の鉄やアルミニウムが溶かされ下層の集積層に移動している（小原ら，2015）．」と説明されているが，このメカニズムでは腐植の集積層を欠いているポドゾル（口絵10右）の説明が困難であった．寒冷で湿潤な気候条件に置かれる日本の山地におけるポドゾル化のメカニズムは，次の3つのステージからなる．ステージ1：弱ポドゾル化に伴い表層より

流下した Al および水溶性有機物の集積，ステージ 2：酸負荷増大に伴う Al ポリマーの単量化，ステージ 3：表土の非晶質 Al の枯渇と表土層の緻密化に起因する Fe の還元溶脱．この 3 ステージを設定して，口絵 10 右のようなポドゾルの断面形態の生成過程が説明された．表層の土壌 pH が 4 以下まで低下する場合があり，表層は強酸性である．

　⑦**有機質土大群（有機物が分解されず堆積した土壌，口絵 11）**…湿性の植物遺体が，過湿のため分解を免れ厚く堆積した土壌である．主として沖積地や海岸砂丘の後背湿地，谷地，高山などの湿地に分布する．口絵 11 はマングローブ林の下に発達する有機質土である．この土壌の定義は，「土壌の深さ 50 cm 以内に「泥炭物質」が厚さ 25 cm 以上の存在する」である．「泥炭物質」の定義は，「有機態炭素含有率が 12％以上で，かつ「黒ボク特徴」を示さない」．北海道や東北に比較的多く分布することが表 9-7 よりわかる．土壌生成因子から見れば，寒冷で蒸発散量の少ない地域で分布が多くなると考えられる．有機質土の断面写真を口絵 11 に示す．左の断面は土壌の深い層位まである程度分解した有機物が続くが，右の断面は土壌の表層に未分解の有機物が集積している様子が観察される．

　⑧**停滞水成土大群（山地，台地の水はけの悪い場所に多く見られる土壌，口絵 12）**…年間を通じてあるいは年間のある期間，停滞水または地下水による影響を受け，断面内に湿性の影響を示す層を持つ台地，丘陵地，山地の土壌．排水不良な斜面下部や微凹地，また，台地および丘陵地などの棚田地帯に分布する．定義は，「断面内に「グライ特徴」，「表面水湿性特徴」，「地下水湿性特徴」を持つ」である．完新世の堆積物からなる低地土とは区別される点に注意が必要である．北陸（3.0％），北海道（1.9％），東海（1.4％）に分布が認められるが，東北，関東東山，近畿，中国四国，九州沖縄にはその分布が限定的である（表 9-7）．北陸で多くなる理由は，火山噴出物の影響が限定的であり，冬季の降水量が多く，蒸発散量を大きく上回るために，雪解け時期に土壌断面内に過湿条件が生じるという土壌生成作用が要因の 1 つであると考えられ，グライ低地土の分布が北陸で最も分布面積割合が大きい実態と軌を一にしている．

　⑨**暗赤色土大群（丘陵地に分布する下層が暗い赤色の土壌，口絵 13）**…この土壌は，暗赤色の土色を持つ「風化変質層」か「粘土集積層」か，石灰質堆積物からなり「風化変質層」か「粘土集積層」を持ち，塩基飽和度が 50％以上を示

す．暗赤色とは，色相 5 YR またはそれより赤く，明度が 3 以下かつ彩度が 3 以上 6 以下および明度/彩度 4/3，4/4．また，「石灰質堆積物」とは，炭酸カルシウム換算で 40%以上の炭酸塩を含む未固結堆積物を指している．表 9-5 より，近畿，中国四国，九州沖縄においてその分布面積割合が高い．地方別の地質のデータ（表 9-4）を基に考えると，これらの地域では，変成岩類や塩基性岩類の分布面積割合が高い．地質学的にプレートが沈み込む際に，堆積岩は高温および高圧にさらされるので，変成作用を受け変成岩となる．塩基性岩類もこの変成岩とともに見られることが多い．このため，暗赤色土の分布は，塩基性岩類や変成岩の分布域と重なるものと考えられる．ただし，熱水変成を受けて生成する火山性暗赤色土の分布については，第四紀火山岩の分布域において熱水変成を受けた変成岩を母材として暗赤色土が生成する可能性がある．母材が塩基性の岩石から生成した土壌は，土壌 pH が高くなりやすいが，日本の気候条件下で表土が酸性化した暗赤色土も知られている．

⑩ **造成土大群**（**客土などで人工的に造成された土壌，口絵 14**）…人の影響を強く受けて，自然には見られない状態になった土壌．埋立て，また大規模な客土，造成に伴うその場所では自然に起こりえない盛土などのため，普通に見られる自然状態の土壌と著しく異なる断面形態を持つようになった土壌．この土壌の定義は，「「人工物質」による埋立て，また大規模な客土，造成に伴う「異質土壌物質」の盛土などのため，自然状態の土壌と著しく異なる断面形態を持つに至った土壌」である．「人工物質」は人間が作った物質で，一般廃棄物，工業活動に由来する鉱山廃棄物，産業廃棄物などを指している．

2．世界の土壌

前節「日本の土壌」で述べられたように，土壌は主に 5 つの土壌生成因子（気候，植生（生物），母材，地形，時間）によって規定されている．そのことは，5 つの因子が異なればそれぞれ異なる土壌が成立すること，すなわち世界の土壌が多様であることを意味している．これは，近代土壌学の父と称されるロシアのドクチャエフ（Dokuchaev）が現在のウクライナからロシアに当たる地方で多点数のチェルノゼムを観察することで見出したものであった．

世界の土壌は，地球スケールで見ればある緯度範囲で区分された東西に広がるエリアごとに分布しており，世界の土壌図は地球を横縞の図柄で塗り分けたように見える（口絵15）．これは，土壌の分布が寒帯から熱帯までほぼ緯度に沿った分布を示す気候帯（およびそれを反映した自然植生・生態系）と対応していると見なすことができる（例えばケッペンによる世界の気候区分図を参照のこと）．そのため，巨視的に見れば土壌生成因子において気候が重要であることが理解でき，このように気候帯に対応する分布を示す土壌を成帯性土壌と呼ぶ．一方で，より詳細に土壌の分布を調べてみると，気候帯とは対応しない，つまり成帯性を示さない土壌も多く存在することがわかる．これらは，土壌の発達が不十分で母材や地形（地下水）の影響の多く残る成帯内性土壌と，絶え間ない侵食，堆積作用などにより発達の弱い非成帯性土壌とに区別されるが，気候以外の因子が強く影響して生成した土壌であると考えられる．したがって，世界の土壌の分布は，さまざまな土壌が混在する，きわめて複雑な様相を示している（口絵15）．

　このように多様な世界の土壌を理解して分類命名するために，われわれは世界で幅広く使われている2つの分類体系を持っている．1つはアメリカ合衆国農務省が提案している土壌タクソノミー（Soil Taxonomy：1975年初版，1999年第2版）であり，もう1つは国連食糧農業機関（FAO）や国際土壌科学連合

表9-6　土壌タクソノミーによる各土壌目の分布割合，肥沃度および主な土地利用

土壌目	分布割合（%）*	肥沃度	主な土地利用
アルフィソル（Alfisols）	9.6	高	作物，森林，放牧地
アンディソル（Andisols）	0.7	中～高	ツンドラ，森林，作物
アリディソル（Aridisols）	12.7	低～中	放牧地，作物
エンティソル（Entisols）	16.3	低～中	放牧地，森林，作物，湿地
ジェリソル（Gelisols）	8.6	中	ツンドラ，沼沢地
ヒストソル（Histosols）	1.2	中～高	湿地，作物
インセプティソル（Inceptisols）	9.9	低～高	森林，放牧地，作物
モリソル（Mollisols）	6.9	高	作物，放牧地，湿地
オキシソル（Oxisols）	7.6	低	森林，作物
スポドソル（Spodosols）	2.6	低	森林，作物
アルティソル（Ultisols）	8.5	低～中	森林，作物
バーティソル（Vertisols）	2.4	高	作物，放牧地，湿地
流砂あるいは岩地	13.0		

* 地球上の氷で覆われていない陸地面積 1.30×10^8 km^2 に対する割合．（Brady, N. C. and Weil, R. R., 2008を参考に作成）．

(IUSS) が提案している世界土壌資源照合基準（World Reference Bases for Soil Resources：略称 WRB，1998 年初版，2014 年第 3 版）である．ここで，土壌タクソノミーは，従来の土壌生成という「概念」ではなく，データに基づく識別基準を新たに設定するとともにキーアウト方式により必ず唯一の分類名を与えることができる分類の体系を提唱したものであり，20 世紀後半における土壌学に大きな進歩をもたらしたといえよう．そこで本節では，世界の土壌を紹介するに当たり，土壌タクソノミーに基づいて，その 12 のカテゴリー（土壌目）をその

表 9-7　土壌タクソノミーと世界土壌資源照合基準（WRB）との対比

土壌タクソノミー（2014）土壌目	世界土壌資源照合基準（2014）土壌群
アルフィソル（Alfisols）	レティソル，ルビソル，リキシソル（プラノソル，ソロネッツ，デュリソル，カルシソル，ニティソル）
アンディソル（Andisols）	アンドソル
アリディソル（Aridisols）	ソロンチャック，ジプシソル（ソロネッツ，デュリソル，カルシソル）
エンティソル（Entisols）	レプトソル，フルビソル，アレノソル，レゴソル（グライソル）
ジェリソル（Gelisols）	クリオソル
ヒストソル（Histosols）	ヒストソル
インセプティソル（Inceptisols）	アンブリソル，カンビソル（グライソル）
モリソル（Mollisols）	チェルノゼム，カスタノゼム，ファエオゼム（プラノソル，ソロネッツ）
オキシソル（Oxisols）	プリンソル，フェラルソル
スポドソル（Spodosols）	ポドソル
アルティソル（Ultisols）	アリソル，アクリソル（プラノソル，ニティソル）
バーティソル（Vertisols）	バーティソル

かっこ内の照合土壌群は複数の土壌目に対比されるものを示す．

　土壌タクソノミーの特徴としては，①分類対象の持つ最も重要な性質の間の関連性に基づく知識の整理を目指す自然分類であること（実用的な利用を直接的な目的とする実用分類ではない），②分類の基準には土壌そのものの特性を用いること，③分類のもととなる土壌特性を特徴土層，識別特徴として定量的に定義し，それらの出現の有無と組合せを基準として土壌を分類すること，④一定の順序に配列した基準を用いて土壌を分類（キーアウト）すること（すべての土壌は必ず 1 つの名前に決まる），⑤目，亜目，大群，亜群，ファミリー，統の 6 カテゴリーの多階層システムに基づき全く新しい土壌名を与えること（例えば，わが国の水田で一般的に見られる土壌は大群のカテゴリーで Fluvaquent と分類されることが多いが，これは沖積由来の Fluv：大群，湿性な aqu：亜目，エンティソルの ent：目を結合して名づけられている），などがあげられる．

分布と生成的特徴に従って8つのグループに分けて概説することとする．表 9-6 には各土壌目の分布割合と主な特徴を示す．また，表 9-7 には土壌タクソノミーの土壌目と世界土壌資源照合基準の照合土壌群との対応関係を示す．

はじめに，成帯性を示す7つの土壌目を紹介する．

1）極地ツンドラ生態系の土壌

ジェリソル（Gelisols）．gelid：寒冷（ギリシャ語），口絵 16 ①

表層 1 m 以内に永久凍土が出てくる土壌．シベリア，カナダ北部など主に寒帯に分布する（地球上の氷で覆われていない陸地面積の 8.6％を占める）．寒冷な気候下で生成するため，断面の発達はほとんどなく土壌水の下方浸透は制限されるが，水の凍結と融解の繰返しによる舌状貫入と呼ばれる土壌の物理的撹乱が多く認められる．植生としてはコケや地衣類あるいは季節的に草本が見られる（ツンドラ植生）．農業利用は困難で，カリブー，トナカイなどの生息地となっている．

2）湿潤温帯森林生態系の土壌

スポドソル（Spodosols）．spodos：木灰（ギリシャ語），口絵 16 ②

林床に蓄積した堆積粗腐植物質が分解する際に生じる，あるいはそこに存在する微生物が生産する有機酸により表層土壌の鉄およびアルミニウム酸化物が溶解し，有機金属複合体として次表層に移動および集積した，針葉樹林（タイガ）下の土壌．主に北欧から北米東部の湿潤冷温帯（亜寒帯）に分布し，高山地帯のハイマツ林下や熱帯雨林下などにも一部分布する（同 2.6％を占める）．多くは砂質な母材上に生成し，上部の白い漂白層とその下の暗赤褐色の集積層（spodic 層）という明瞭な層位を持つ．肥沃度や保水性が低く酸性であることが多いため作物栽培には大量の肥料や石灰が必要になるなど，農耕上の問題は多いが，森林の他，放牧地，草地，畑地としても利用されている．

アルフィソル（Alfisols）．alfi：アルミニウム（Al）や鉄（Fe）を含むの意味，口絵 16 ③

粘土の下層部への移動による粘土集積層（argillic 層）が発達し，比較的高い塩基飽和度を持つ，落葉樹林下の土壌．湿潤温帯から熱帯のさまざまな気候条件の森林下に生成し，北アメリカのコーンベルト東部やコムギ地帯東部，地中海沿岸，ユーラシア北部（ヨーロッパ中央部），オーストラリア沿岸部やアフリカ大

陸，インド亜大陸などに分布する（同 9.6％）．比較的養分に富み，肥沃度が高く，土性も好適なため，多くの作物や広葉樹の生産に有用である．

3）亜湿潤から半乾燥草原生態系の土壌

モリソル（Mollisols）．mollis：柔い（ラテン語），口絵 16 ④

草本の張り巡らされた根に由来する有機物に富む表層（mollic 表層）を持ち，黒色でカルシウムなどの塩基類に富む，草原下の土壌．南北アメリカ，ヨーロッパ，アジアにおいて，亜湿潤から半乾燥の中緯度地帯に広く分布する（同 6.9％）．その中で最も湿潤な地域では腐植に富む表層は厚さ 1 m にも達し，表層は団粒構造を，B 層は角塊状構造を有する．また，亜湿潤帯のものは粘土集積層を持ち，半乾燥帯のものは石灰（炭酸カルシウムを含む）集積層を持つなど変異が大きい．世界で最も肥沃な土壌と考えられており，特にコムギの生産に広く利用され，世界の「パンかご」として重要な位置を占めている．しかし，ときおり発生する干ばつが生産性を制限するとともに風食の危険性も増大させている．

4）砂漠から半砂漠生態系の土壌

アリディソル（Aridisols）．aridus：乾燥（ラテン語），口絵 16 ⑤

植物生育に必要な水分を確保できない砂漠地域の土壌．南北アメリカ，アフリカ，ユーラシア中緯度地帯に広く分布する（同 12.7％）．貧弱な植生を反映し有機物が少なく淡色の表層を持つ．年間の降水量がきわめて少ないため，土壌断面の下層には炭酸カルシウムや石膏などの集積層が形成されたり，凹地では土壌表層に多量の塩類が集積したりすることが多い．水分不足や異常に高い塩類含量，固結層の存在による有効土層の薄さなどのため，天水のみでは農業利用は粗放な放牧程度である．一方，水源があればしばしば灌漑農業が展開されるが，灌漑法を誤ると逆に土壌の塩類化やアルカリ化が促進され土地が不毛化する例が多く見られるため，注意深い管理が必要である．

5）湿潤熱帯森林生態系の土壌

アルティソル（Ultisols）．ultimus：究極の（ラテン語），口絵 16 ⑥

粘土集積層を持ち，酸性で塩基飽和度の低い，熱帯・亜熱帯から暖温帯の森林

やサバンナ植生下の土壌．熱帯アジア，南アメリカやアフリカのオキシソル周辺部，北アメリカ南東部などに広く分布する（同8.5%）．粘土鉱物はカオリナイト，ギブサイトなどが主体であり，鉄酸化物の集積のため，通常黄色や赤色を呈する．激しい風化で養分は溶脱しているが，十分な水分と長い生育期間を有する地域に分布することが多いため，肥料や石灰を添加すると，アルフィソルやモリソルに匹敵する生産性の高い土壌となりうる．

オキシソル（Oxisols）．oxide：酸化物（フランス語），口絵16⑦

　極度に風化を受けた，カオリナイトを主とする活性の低い粘土鉱物組成を持つ，湿潤熱帯雨林下の土壌．比較的古い大陸である南アメリカやアフリカの安定な地形面に広く分布する（同7.6%）．脱塩基，脱ケイ酸，遊離鉄やギブサイトの濃縮などの風化過程を経ており，交換容量が低く易風化鉱物量の少ない層（oxic層）あるいは鉄に富み有機物に乏しい粘土や石英などの混合物であるプリンサイトを持つことが特徴であるが，層位分化ははっきりしない．風化抵抗性の最も高い鉱物である鉄やアルミニウムの酸化物，カオリナイト，石英などが残留濃縮されており，鉄酸化物の一種であるヘマタイトに起因する深い赤色を呈する．土壌は養分に乏しいので，自然生態系内の養分は植生と落葉落枝層の間で急速に循環し，土壌はこれにほとんど関与していない．開墾されると，有機物が急速に分解され養分が放出されるため，初期の生産性は高いが，その後土壌の養分レベルは急激に低下する．そのため，焼畑や粗放な放牧が営まれているが，サトウキビ，バナナ，パイナップル，コーヒーなどのプランテーションにも利用されている．プリンサイトによる根の伸長阻害のため，作物栽培が制限されることも多い．

　続いて，成帯性を必ずしも示さない5つの土壌目を以下に紹介する．

6）湿地環境の土壌

ヒストソル（Histosols）．histos：組織（ギリシャ語），口絵16⑧

　有機土壌物質（一般に有機炭素含量が20%以上）を主要構成物とする泥炭土壌．カナダ，北欧，西シベリアなどの温帯以北に主に草本起源の泥炭土壌として，熱帯アジアや南米アマゾンの沿岸地帯に主に木本起源の泥炭土壌としてそれぞれ分布する（同1.2%）．そのほとんどが，1年のうちの大部分の期間が水で飽和される環境下で生成する．保水能力が高いが，さまざまな養分が不足しがちで，仮比

重がきわめて低い．うまく管理すれば生産性の高い農地となるが，通気性の確保のためには，ある程度排水が必要である．しかし，排水により多くの動植物の生息地である湿地が失われ，また有機物の急速な分解が生じて地盤が沈下する．したがって，農地や林地として持続的に利用するには，排水を最小限にとどめることが肝要である．さらに，有機物を最も多量に含む土壌であるため，開発の進行に伴う多量の温室効果ガスの発生が懸念されている．

7）母材の影響を強く反映した土壌

バーティソル（Vertisols）．verto：転換，反転（ラテン語），口絵 16 ⑨

　膨潤性粘土鉱物に富んだ，したがって乾燥と湿潤の期間に激しい収縮と膨潤が見られる粘土質の土壌．石灰質堆積岩，玄武岩，塩基性火山灰，これらの沖積性堆積物など，カルシウム，マグネシウムに富む母材上に発達し，反応は中性からアルカリ性を示すことが多い．インド，エチオピア，スーダン，東オーストラリアなど，乾季と雨季の交替する（すなわち乾燥と湿潤を繰返す）熱帯，温帯の低地に典型的に分布する（同 2.4％）．乾季には亀裂に表層物質が落ち込みくさび状の充填物を形成するが，雨季には主要粘土鉱物であるモンモリロナイトが膨張して亀裂を塞ぐ．内部の充填物も膨張するため，強い圧力が生じ，光沢のあるすべり面（鏡肌，スリッケンサイド）が土壌構造面に発達する．このような表層土の反転作用のため，土壌断面には層位分化がほとんど見られず，また有機物含量が低いにもかかわらず暗色を呈することが多い．湿ると粘り気が強く，乾くとたいへん固くなるため，耕作の困難な場合が多く，農業工学的問題の原因ともなる．しかし，高い粘土含量のためとても肥沃であり，うまく利用すれば高い生産性が得られる．グルムゾル，レグール土，黒色綿花土，ギルガイ土壌などとも呼ばれる．

アンディソル（Andisols）．ando：暗土（日本語），口絵 16 ⑩

　非晶質・準晶質鉱物や有機・無機複合体に富む，火山性の母材に由来する土壌．多くは環太平洋造山帯に沿って，ロシア，日本，フィリピン，インドネシア，ニュージーランド，チリ，メキシコ，アメリカ西海岸やアラスカなどに分布する（同 0.7％）．火山周辺や火山灰が十分な厚さに集積した風下の地域などで見られる．一般に 1 万年程度しか土壌生成が進んでおらず，エンティソルよりは発達しているが，火山灰という母材特有の性質を失うには至っていない．有機物を大

量に蓄積し，養分の保持能力が高く，保水性および透水性も良好であるが，火山灰の風化によって生成した多量の活性アルミニウムによりリン酸を強く固定することが多いため，リン酸施肥が行われていない土壌ではリンの欠乏がよく認められる．また，台地や丘陵地などの平坦面に生成することが多いが，軽く膨軟であるため侵食されやすく，そのための対策が必要である．

8）発達未熟な土壌

インセプティソル（Inceptisols）．inceptum：始まり（ラテン語），口絵16⑪
　断面の初期発達だけが認められる土壌．構造や色の変化を伴うB層が存在するが，粘土の下方移動は見られない．断面発達がある程度認められる点で次項のエンティソルと区別される．世界中に広く分布し（同9.9％），乾燥地以外の多様な環境下であらゆる母材から生成するが，特にケイ岩，石英質砂岩などの非常に風化されにくい母岩や急峻な地形などの因子の強い影響下で生成しやすい．元来の肥沃度はさまざまであり，少ない養分（例えば，有機物が少ない，極端に砂質）や過酷な気候（例えば，寒冷や乾燥）に生産性を制限されていることも多い一方，とても肥沃なものも存在する．わが国で一般的に見られる長年の水稲耕作により生じた作土層と耕盤層を持つ人為の影響を強く受けた水田土壌もこの土壌に分類される．

エンティソル（Entisols）．ent：最近の（英語のrecentから），口絵16⑫
　断面の発達が弱い未熟な無機質土壌．土壌層位の分化があまり進んでいない土壌であるが，淡色の表層（ochric表層）などを持つ点で新鮮な土壌母材と区別される．未発達である理由は，土壌が若いか，時間以外の土壌生成因子（母材，気候，生物，地形）が断面を発達させないかである．世界中に広く分布し（同16.3％），沖積地や傾斜地など，土壌生成が進行するのに十分な時間が経っていない場所や，寒冷乾燥（砂漠）や過湿な場所でも見られ，その形態は非常に多様である．沖積地および海成堆積地に分布するものは，河川によって侵食および堆積した養分に富んだ表層からできている．そのため肥沃で農耕に適し，モンスーンアジアの水稲栽培を支えるなど，人類を長く支えてきた．しかし，浅い土層，排水不良，水不足などの何らかの制約により生産性が低いものも多い．

9）まとめ

　ここまで見てきたように，世界にはさまざまな土壌が存在する．注目したいのは，世界にあるさまざまな土壌の中でもともと肥沃度が高いのは，アルフィソル，モリソル，バーティソルとされ，これらを合わせても世界の氷に覆われていない陸地面積の約20％を占めるに過ぎないということである．われわれは，農業生産という面からは何らかの制約のある土壌を利用している場合が多いと考えられる．

　また，このような多様な土壌を適切に分類し命名することは，①世界全体の土壌の生成や存在様式について包括的に理解するとともに，②各国の土壌（例えば日本の土壌）を世界の土壌の中に位置づけることができ，さらに③農業生産や環境保全などの活動において，ある土壌で合理的（持続的）と判断された管理法が世界のどの土壌に適用可能であるかを判断すること，すなわち広く土壌に関わるさまざまな技術移転の妥当性を評価することにも役立てられる．したがって，世界の土壌を共通の分類体系で分類命名して個別の知見を同じ「土俵」に位置づけることはきわめて重要なことである．その意味で，世界の土壌の多様性について理解するとともにその分類体系について基本的知識を身につけることは，日本であれ海外であれ土壌に携わるすべての人々にとって，大切なステップであるといえよう．

コラム：世界の中で日本の土壌を位置づける

　表に，日本の土壌分類における大群名と世界の土壌分類の1つである土壌タクソノミーの目（最上位のカテゴリー）の対比を掲げた．日本と世界の土壌分類の詳細はそれぞれ本章1.と2.を参照してほしい．日本は，その広くが湿潤温帯に位置するので，2.の記述からすれば，スポドソルやアルフィソルあるいはアルティソルが広く分布することになるが，実際にはそうではない．1.の記述にあるように，褐色森林土（インセプティソル），黒ボク土（アンディソル），低地土（インセプティソルやエンティソル）で日本の国土面積の約75%を占める．それは，土壌生成因子として「気候」以外の因子が重要な役割を果たしているからである．九州，関東，東北，北海道に広く分布する黒ボク土では，火山灰という「母材」の影響が大きい．また，日本の水稲作を支える低地土も，河川の氾濫による堆積物やかつて海底や湖沼底であった時代の堆積物という「母材」と低地という「地形」の影響が色濃い．褐色森林土は，火山の影響が比較的少ない西日本の山地などに広く見られるが，「地形」が急峻で，時間をかけた土壌の発達を許さないために，インセプティソルという発達未熟な土壌と分類される．十分発達した土壌といえるのは，沖縄や本州の台地上に見られる粘土集積層を持つ赤黄色土（アルティソ

表　日本の土壌分類における大群名と土壌タクソノミー（2014）における目名の対比

日本の土壌分類 （小原　洋ら，2011）	土壌タクソノミー（2014）
造成土	エンティソル
有機質土	ヒストソル
ポドゾル	スポドソル
黒ボク土	アンディソル
暗赤色土	アルフィソル，インセプティソル
低地土	インセプティソル，エンティソル
赤黄色土	アルティソル，インセプティソル
停滞水成土	インセプティソル，アルティソル，エンティソル
褐色森林土	インセプティソル
未熟土	エンティソル

ル）ぐらいだろう．つまり，世界全体のレベルでは「気候」という土壌生成因子が重要であるが，日本の土壌分布を概観した際に重要となるのは，「母材」や「地形」ということになる．そのことが，日本と世界の土壌分類が1対1で対応しない主な要因ともなっている．

第10章

作物の生育と土壌管理

1. 耕耘と作物生育

1) 耕耘とは

　作物の播種や移植前に，土壌を撹乱あるいは反転して膨軟化させ，さらに細かく砕く作業を耕耘（tillage）という．普通畑における耕耘作業は，表土と下層土（subsoil）を反転させる耕起（plowing）と耕起した土壌を細かく砕く砕土の2行程からなる．耕起はプラウなどの作業機を用いて行われ，プラウ耕と呼ばれる．プラウ耕による耕起は土壌の通気性を向上させるなどの効果があるものの，牽引抵抗が大きいことや耕起後の凹凸の整地に手間がかかることなどから，作業能率の良いロータリにより耕起と砕土を1行程で行うのが一般的である．したがって，現在では，耕耘といえばロータリ耕を指すことが多い．

　耕耘の深さは耕深で示され，作物の種類や土壌の条件によって異なる．その場合，通常の耕深より深い20 cm以上の耕耘を深耕，5 cm程度の浅い耕耘を浅耕という．深耕ではプラウ耕や深耕ロータリによって耕起する．深耕は，①作物の根張りの拡大，②下層に存在する養分の上層への移行，③作土直下の耕盤破砕による通気・透水性改善などのねらいがある．水田（paddy field）においては，耕起後に湛水して砕土を行う．この湛水条件下での砕土作業を代かき（puddling）という．代かき後の土壌は，単粒化して泥状になるため，①移植精度の向上，②漏水防止，③除草効果などが期待される．しかし，代かきを過度に行うと土壌の団粒構造が破壊され，土壌の還元が急激に進行する．過度な還元条件下では，有機物が分解する際に生じた有機酸により水稲根の養分吸収能力が低下したり，地球温暖化に対する寄与割合の高いメタンガスの発生量が増加する．さらに，泥状

化した水田から流出する懸濁物質（suspended solid, SS）は，流域の水環境に負荷を与える．

2）耕耘の問題点と最少耕起

耕耘作業の効果として，①土壌を膨軟にし，保水力や通気性を高め，根が伸びやすくなる，②雑草や前作の残渣を土中に埋没させる，③肥料や土壌改良資材などを作土に均一に混和するなどがあげられる．

近年の大型トラクターによる耕耘作業は，作業能率を飛躍的に向上させた．しかし，一方では機械の踏圧による土壌構造の破壊や耕盤の形成，下層土の圧密など土壌物理性の悪化を引き起こしている．そのため，土壌の排水性が低下し，耕耘後に多量の降雨があると圃場が軟弱化し，作業の開始が遅れるなどの問題が生じている．

そこで，畑作では作土全体を耕耘せず，播種床のごく限られた部分のみを耕耘する部分耕や，ごく表層のみを耕耘する簡易耕，さらにディスクで形成した溝に播種，植え付けする不耕起（図10-1）など各種の最少耕起栽培が実践されている．

最少耕起は，これまで欧米を中心に実用化され，土壌の撹乱程度や作物残渣の残留程度によりいくつかの呼び方はあるが，総称してminimum tillageと呼ばれている．minimum tillageに共通する目的としては，①低コスト化および省力化，②水食や風食による表土の損失防止，③大型機械による踏圧の低減などがあげられ，普及面積が拡大している．

わが国の畑地における最少耕起のねらいとしては，①降雨の影響を受けず，適期に播種作業を行うこと，②二毛作地帯におけるムギ作後のダイズなど作期が重複する場合の作業競合を回避することなどがある．また，水田では，不耕起栽培や代かきを省略した無代かき栽培が実用化している．不耕起栽培や無代かき栽培では，①田植え前の落水による土壌流出の防止，②土壌の地耐力の維持，③転換畑へのスムーズな移行や排水性向上などの効果が実証されている

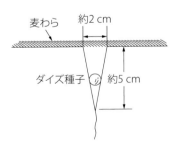

図10-1 V字型の播種溝への不耕起播種
（長野間宏，1991）

3）耕耘方式が土壌に及ぼす影響

（1）耕耘方法と土塊の分布

図10-2には，プラウ耕とロータリ耕による耕耘後の土塊分布を示した．プラウ耕により反転および深耕を行うと，次の砕土作業によっても下層までは十分に砕土されないので，ロータリ耕に比べ下層で大きな径の土塊割合が増加する．一方，ロータリ耕は土層全体を砕土することから，上層，下層の土塊径の分布はプラウに比べほぼ均一になる．

（2）最少耕起による土壌理化学性の変化

耕耘作業のうち，砕土を省略したり，あるいは耕起および砕土すべてを省略する最少耕起栽培では，慣行の耕耘法に比べ土壌に及ぼす影響が大きい．

a．土壌硬度と三相分布

不耕起の場合，慣行の耕起法に比べて土壌の緻密化が進行し，固相率，容積重，土壌硬度が増加する（図10-3）．しかし，不耕起栽培の継続による土壌硬度の顕著な増加は認められない．もともと地耐力が小さく，排水性が低い強グライ土水

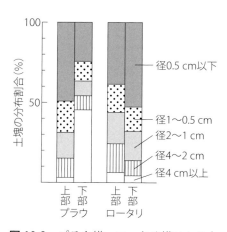

図10-2 プラウ耕，ロータリ耕による水田作土の土塊分布
上部：作土0〜10 cm，下部：作土10〜15 cm．（農事試，1971）

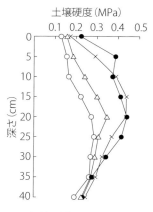

図10-3 水稲不耕起栽培の継続が土壌硬度に及ぼす影響
強グライ土，1994年10月28日．○：慣行区，△：1年不耕起区，×：2年連続不耕起区，●：6年連続不耕起区（金田吉弘ら，1997）．

田では，機械作業のために圃場の乾燥を進める必要があり，早期に落水する例が多かった．地耐力が増加した不耕起水田では，落水を遅らせることができ，登熟に有利な水管理が可能になる．

b．酸化還元電位の推移

図 10-4 に模式的に示すように，生育期間中の慣行代かき水田の土壌断面は，田面水と接している表土数〜20 mm は，赤褐色を呈する酸化層であり，その下から鋤床層までの間約 20 cm が青灰色をした還元層である．一方，不耕起水田では田面上の稲わらの分解により表層が還元層となり，その下の層は大部分が酸化的で一部還元的な部分が混在する．このように，不耕起水田と慣行水田とでは，

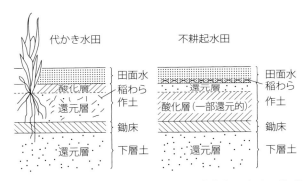

図 10-4 代かき水田と不耕起水田での湛水後の土壌の模式図

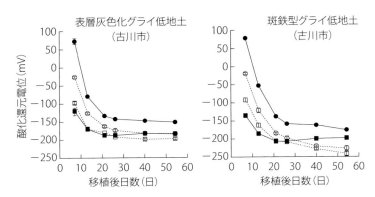

図 10-5 耕起および不耕起水田における酸化還元電位の推移
不耕起連続 5 年目（1998 年）．棒線は標準誤差（$n = 8$）を表す．—□—：耕起（1 cm），—○—：耕起（5 cm），—■—：不耕起（1 cm），—●—：不耕起（5 cm）．（花木真由美ら，2002）

稲わらの分布位置が異なるため，土壌還元（Eh）の進み方が著しく異なる．

花木ら（2002）は，不耕起水田では耕起・代かき水田に比べ，深さ1 cmではより還元的であるが，深さ5 cmではより酸化的に推移することを示した（図10-5）．以上のような酸化還元電位の特徴は，温室効果ガスであるメタンの発生にも影響する．すなわち，作土が相対的に酸化的でメタンの基質となる稲わらが鋤き込まれない不耕起水田のメタン発生量は，耕起・代かき水田よりも低下する．

c．土壌有機物と土壌窒素の動態

不耕起水田では，前作残渣などの有機物は作土に混和されずに表面に散布されたままであり，耕起水田に比べて窒素および炭素が表層に集積しやすい．さらに，撹乱のない不耕起土壌では，通常耕起土壌に比べ土壌窒素無機化量は少なく，土壌窒素の不足分を効率的な施肥法で補う栽培が重要になる．

4）耕耘方式が作物の生育に及ぼす影響

（1）水　　田

a．耕起深と水稲生育

作土全体を細かく砕土するロータリ耕は，湛水初期に土壌窒素が無機化しやすいのに対して，プラウ耕では後期に無機化が起こりやすい．そのため，プラウ耕の水田では，水稲は生育後半まで窒素栄養条件が良好になるが，初期の茎数が不足しやすいため施肥や栽植密度を考慮する．また，耕深の違いも水稲の生育に影響する．特に，大型機械の導入や基盤整備によって乾田化した圃場では，下層土の緻密化が進むと耕深が浅くなり根張りが制限されやすい．適正な耕深の確保は，根域の拡大や養分供給の面だけでなく，干ばつや落水時の水分供給のうえでも重要な意味を持つ．下層の緻密化を伴う近年の浅耕化の問題点を以下に示す．

①下層が緻密化した浅耕圃場では作土が狭くなり，作土中の有機物，土壌改良資材，肥料の量が増すことから，有機物の分解生成物質を含め，各種成分の濃度やバランスが変化し，水稲の生育が不安定になる．

②浅耕圃場では，水稲根域が狭くなり養水分の吸収が抑制される．特に，高温年では養水分供給が不安定となり，収量や品質に影響を及ぼす．

b．気象変動と耕耘方式

近年，夏期に異常高温が多く発生するなど気象変動が大きくなっている．気象

変動に強い水稲に対しては，根圏環境の役割が大きく，耕深や耕起方法が大きく影響する．高温下での水稲根活性は，常温に比べて低下しやすいことから，水稲根活性が生育後半まで高く持続できるように，酸素が多く存在する根圏環境が望まれる．酸素は，根の呼吸作用に不可欠であり，茎葉を通じて空中から供給される．しかし，それだけでは不十分であり，土壌中に存在する酸素が重要になる．水稲根が深く伸張し，その活性を高く保つことができる酸素が多い土壌環境を作る方策の1つに耕起方法の改善がある．

山口ら（2006）によれば，乾田タイプの水田において深さ15 cmの耕起により10 cm以下の下層根重の割合が高まり，収量が増加するとともに乳白米などの発生が軽減し，完全米率が向上する．このように乾田タイプでは，比較的酸素が供給されやすいことから根域確保を優先する必要があり，作土深15 cmを目標とした耕起が必要になる．

一方，粘土が多い水田は透水性が低く，酸素の供給が少ないことから，過剰な

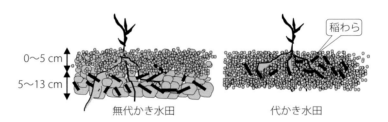

図10-6 プラウ耕後砕土無代かき水田とロータリ耕後代かき水田の土壌イメージ

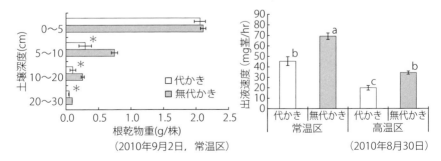

図10-7 無代かきおよび代かき水田における水稲根分布と根活性
（金田吉弘ら，2012）

代かきによる土壌還元の進行を避けることが重要である．例えば，粘土が多い土壌において，作土 15 cm を水田プラウで反転し，作土の上層 5 cm のみを砕土したあとに代かきをせずに移植する無代かき水田と慣行の耕起，代かきを行った代かき水田で登熟期に高温処理区を設け水稲の生育を比較してみた．図 10-6 のように無代かき水田は作土下部に大きな土塊が存在し，深さ 5 cm 程度の上部だけが細かに砕土されている．一方，代かき水田は代かきにより作土全体が泥状である．無代かき水田の土壌酸化還元電位は，代かき水田に比べて酸化的に推移する．

また，無代かき水田における根の分布を見ると代かき水田に比べて下層まで多く分布し，水稲根活性も高かった（図 10-7）．さらに，高温区における無代かき水田の葉温は代かき水田に比べて低下した．高温条件下における乳白米の発生率は，無代かき水田が代かき水田に比べて低かった．このことは，水稲根活性が高く維持されている水田では，高温下でも品質低下が軽減されることを示している．

以上のように，土壌タイプや気象条件に対応しながら耕起深度や耕起・代かき方法を工夫することによって，水稲根活性を高く維持できる土壌環境を作ることは可能である．したがって，その地域における土壌およびその他の条件を十分に理解しながら耕耘方法を選択することが水稲の安定生育にとって重要となる．

（2）畑　　　地

水田と同様，畑地においても作物の種類，土壌条件に合わせて適正な耕深を確保する．深耕の効果は，次のようにまとめられる．

①地力が低い土壌では，深耕により養分の吸収域が増すことから作物の収量は向上しやすい．特に，多肥に適応する作物，品種において効果が現れやすい．

②普通作物では，冬作物で増収例が多い．夏作物では深耕により乾燥ぎみとなり初期生育などに影響するため，ときには減収する．

③野菜作での深耕は，土壌が膨軟になることから根菜類などで根の伸長に有利となり，気相の増加で通気性も増して効果が高い．しかし，茎葉が過繁茂になると十分な収量が得られないことがある．

④深耕により，やせた下層土が作土に混入した場合，土壌改良を積極的に実施しない場合には十分な収量が得られない．特に，黒ボク土の深耕ではリン酸増施を中心とする改良対策が必要である．

このように，深耕の効果は主に土壌の肥沃度によって異なるため，土壌診断などの活用によって，適正な耕深を決定する．

(3) 最少耕起における作物の生育
a．水　　田
水稲の不耕起栽培では，深さ3cm程度までは還元状態であるが，それ以下の層では，酸化的な状態を保つ．また，代かきを省略した無代かき水田においても，作土は酸化的になりやすい．不耕起や無代かき水田では，慣行の代かき水田に比べて，還元化による土壌窒素の発現量が劣るため，慣行水稲に比べて初期生育は抑制されやすい．しかし，生育後半の生育量が多くなるとともに，出穂期以降の下葉の枯れ上がりが少ない．また，収穫期までカリ，ケイ酸の含有率が高い．不耕起や無代かき水田の水稲生育には，水稲根の分布と活力が大きく影響している．例えば，不耕起水田では，水稲根は作土表層5cm程度で多くなるとともに，10cm以下の下層でも慣行水田より多く分布する．さらに，不耕起水田では，根圏環境が良好なため根腐れの発生が見られず，慣行水田に比べて下層でも根の活力が高まる（口絵17）．以上のことは，土壌窒素の発現が初期に多く，生育が過繁茂になりやすい暖地の水稲においては，むしろ好ましい結果をもたらす．

また，田畑輪換により土壌窒素の無機化が促進されやすい輪換初年目水田で過剰生育を防ぐために，不耕起栽培や無代かき栽培を導入した例もある．しかし，一般的に東北地方などの寒冷地では，目標の籾数を得るためには，適正な初期生育を確保することが施肥のポイントになる．最近では，シグモイド型の肥効調節型肥料のうち，従来に比べて抑制期間後の溶出が早いタイプを接触施肥する方法が導入されている．不耕起栽培や無代かき栽培に適した土壌の判定要因としては，湛水後の漏水性，作土の肥沃性，有効根域などがあり，それらを踏まえて適土壌を判定する．また，不耕起栽培については，圃場の均平や土壌養分の分布を考慮して，4～5年の継続後に1～2年耕起栽培したのち，再び導入するのがよい．

b．畑　　地
不耕起畑の作土は耕起圃場に比べ，土壌硬度が増加する．しかし通常，下層土への根張りに影響が及ぼすほど緻密化は進行しない．また，細粒強グライ土では，耕起作業による土壌の練返しや構造の破壊，圧密が生じないことから不耕起ダイ

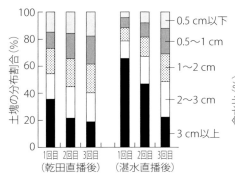

図 10-8 栽培前歴と耕耘回数が土塊分布に及ぼす影響

6月2日に開始．1回目はロータリ，2～3回目はドライブハローによる．耕耘前の土壌含水比は乾田直播後が47%，湛水直播後が63%．乾田直播は無代かき，湛水直播は代かき．（金田吉弘ら，2000）

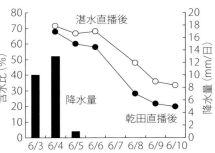

図 10-9 栽培前歴が降雨後の土壌水分の推移に及ぼす影響

深さ0～5cm．（金田吉弘ら，2000）

ズの根張りは耕起区よりも下層に拡大する．

これまで，水田転換畑でのダイズ栽培では，周辺明渠や弾丸暗渠などにより排水性を向上させてきた．しかし，転換初年目畑では従来の排水対策のみでは限界があり，前作の水田において代かきを省略する最少耕起を導入することにより排水性がより向上する．例えば，細粒グライ土水田において，代かきを省略した無代かき水田（乾田直播）の後地では，代かきを行った水田（湛水直播）に比べて土壌の砕土性が高まる（図 10-8）．さらに，図 10-9 に見られるように降雨後の土壌の乾燥も早い．その結果，栽培したダイズの生育や窒素吸収量が向上し増収する．このように，わが国における最少耕起栽培は，排水性が低い湿田や重粘土で土壌物理性の改善に効果が高く，スムーズな畑転換を可能にする．

2．作物の養水分要求量と土壌

1）作物の養水分要求量と土壌の役割

(1) 作物の種類と生育

作物の一生は，発芽から始まり葉や茎の増加，花芽の分化が続いたあと，出穂，

開花を経て結実で終わる．この生育過程は，茎葉などの栄養器官が成長する栄養成長期と，花芽が分化して結実するまでの生殖成長期に分けられる．田中（1982）は，栄養成長と生殖成長の関係から作物を3つのグループに分けた．第1グループは，栄養成長と生殖成長が分離し，収穫部位の成長期間が短い作物で，イネ科の穀類の多くが入る．第2グループは，栄養成長と生殖成長が長期にわたり平行して進行し，マメ類や果菜類（トマト，キュウリなど）が属する．第3グループは，栄養成長と収穫部位の成長がほぼ全生育期間にわたり平行して進行し，イモ類や根菜類がこのグループに入る．このように，発芽から結実に至るまでの生育相の違いにより，養分要求量や養分吸収パターンは作物ごとに異なった特徴を示す．

（2）作物の養分吸収パターン

作物生育に対する適正供給量が限定され，施肥を考えるうえで最も重要な養分は窒素である．窒素は，土壌からの供給量が少ないと作物は葉身の窒素栄養を良好に維持することが困難になり，光合成能力が低下して生育が抑制される．一方，供給量が多すぎると過剰生育となり，作物体が軟弱になったり病気にかかりやすくなったりする．例えば，水稲では倒伏やイモチ病（rice blast）の発生などにより減収したり品質の低下を招く．このように，土壌や肥料から供給される窒素は，作物の生育や収量および品質に大きな影響を与える．そこで，主な作物の窒素吸収経過を見てみよう．

図10-10には，イネ科の水稲とマメ科のダイズの窒素吸収経過を示した．水稲は，移植から幼穂形成期までを栄養成長期，幼穂形成期から出穂期までを生殖成長期，出穂期以降を登熟期と呼ぶ3つの生育相に分けることができる．窒素吸収は，生育初期は緩やかで，幼穂形成期から出穂期にかけて増加し，その後成熟期まで再び弱まるといった，いわゆるS字型の吸収パターンを描く．

ダイズも同様にS字型の吸収パターンをとるが，水稲の出穂期に当たる開花期以降の傾きは水稲に比べて著しく大きい．これは，水稲は出穂期までに茎や葉の成長が終了し，子実は窒素をそれほど必要としないのに対して，ダイズは栄養成長と生殖成長が並行して進行するため，開花期以降に葉や茎が急激に生育し始め，多量の窒素を吸収しながら子実を肥大化させるためである．

野菜は，葉菜，果菜など種類が多く，収穫器官の違いによって栄養生理特性が

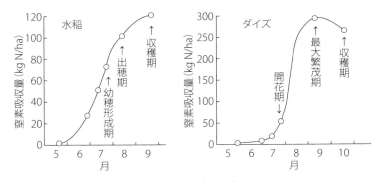

図10-10 水稲とダイズの窒素吸収パターン
左：'あきたこまち'（6.0 t/ha），右：'リュウホウ'（3.8 t/ha）．（金田吉弘・井上一博，2001）

異なるため，養分吸収はいくつかのパターンに分けられる．相馬（1988）は，野菜をⅠ～Ⅲの生育型とA～C型の養分吸収パターンに分類している（表10-1）．Ⅰ型の栄養成長型野菜とⅡ型の栄養成長・生殖成長同時進行型野菜は，生育の最盛期に収穫されて植物としての一生を完結せず，収穫終了時においても作物としての活性を保持する必要がある．また，Ⅲ型の転換型野菜は栄養成長から生殖成

表10-1　生育相の変化から見た野菜のタイプ

タイプ	Ⅰ 栄養成長型	Ⅱ 栄養成長・生殖成長同時進行型	Ⅲ 栄養成長・生殖成長転換型			
			不完全転換			完全転換
			間接的結球	直接的結球	根肥大	
野菜の種類	（葉菜）ホウレンソウ，シュンギク，コマツナ，タイサイ	（果菜）トマト，キュウリ，ナス，ピーマン	（結球葉茎菜）ハクサイ，レタス，キャベツ	（結球葉茎菜）タマネギ，ニンニク	（根菜，イモ類）ダイコン，ニンジン，カブ，サツマイモ，ジャガイモ	（果菜）スイートコーン，ハナヤサイ
養分吸収のパターン（主に窒素）	（A型）連続吸収	（A型）連続吸収	（C型）連続吸収に近い山型吸収	（B型）山型吸収	（B型）山型吸収	（B型）山型吸収

（相馬　暁，1988）

長に転換して一生を完結する．養分吸収パターンについても，A 型は生育初期から収穫期もしくは収穫終了時まで養分吸収が継続するタイプ，B 型は養分吸収量が生育ステージの進展とともに増加するが，ピークに達したのち，吸収速度が減少するタイプ，C 型は B 型に近いが養分吸収のピークが 2 つになるタイプである．

(3) 作物に必要な養分量

一般に，作物が吸収する養分量は，収量の向上に伴って増加する．作物別に収穫物 100 kg を生産するのに必要な各養分量を示した（表 10-2）．例えば，窒素については，水稲やコムギに比べて野菜で少ない傾向にある．また，マメ科のダイズは，同じ量の収穫物を得るために水稲の約 3 倍の窒素が必要となる．ダイズの生育に必要な窒素には，肥料や土壌の他，根粒菌の窒素固定により大気中から体内に取り込まれる窒素も含まれる．作物の目標収量を確保するために必要な量以上に，肥料や有機物から養分が供給された場合，吸収しきれなかった養分は，土壌中に過剰に蓄積することに注意する．さらに，一般的には同じ作物であっても，施肥量が増加すれば収穫物を生産する効率は低下する．したがって，目標の収量に対して最も生産効率が高まる範囲で施肥量を決定する必要がある．

表 10-2 収穫物 100kg を生産するのに必要な養分量（kg）の目安

	窒素（N）	リン（P_2O_2）	カリウム（K_2O）
水　稲	2.0	0.9	1.9
コムギ	3.0	1.2	2.4
ダイズ	6.9	1.4	1.8
カンショ	0.3	0.1	0.6
バレイショ	0.3	0.2	0.4
チ　ャ	1.3	0.2	0.6
キュウリ	0.3	0.1	0.4
トマト	0.3	0.1	0.5
ナ　ス	0.4	0.1	0.7
夏キャベツ	0.5	0.2	0.7
ハクサイ	0.4	0.1	0.5
ホウレンソウ	0.5	0.2	0.4
ネ　ギ	0.2	0.1	0.3
タマネギ	0.1	0.1	0.2
ダイコン	0.2	0.1	0.2
ニンジン	0.8	0.4	1.7

（JA 全農：施肥診断技術者ハンドブック，2007 から抜粋）

(4) 土壌の養分保持能力

土壌中の養分は，土壌鉱物や腐植の構成成分，難溶性沈殿，土壌コロイド表面に吸着された交換態，土壌溶液中に溶解したイオンなどの形態で存在する．作物は根を通じて土壌溶液中にイオンで存在する養分を吸収する．第3章で述べたように，土壌養分は，拡散（diffusion）とマスフロー（mass flow）によって移動する．土壌の養分保持能力は土壌コロイドの荷電特性に基づく陽イオン交換容量（CEC）などで決まる．土壌のCECは腐植含量や粘土が多い土壌で大きな値を示す．これに対して，砂質土など粒子が粗い土壌では，値が小さく養分の保持能力は小さい．このように，土壌の特性により養分保持能力が異なるため，作物の要求養分を人為的に補給する役割を持つ施肥が重要となる．

2）施　肥　法

(1) 施肥量の決定

作物は施用した肥料や有機物由来養分のすべてを利用できるわけではない．それは，施用した養分の一部が，溶脱や脱窒，揮散などにより土壌から損失したり，土壌中にあっても作物に吸収されにくい形態に変化するためである．施肥量は，作物の養分要求量から，土壌や灌漑水由来の天然養分供給量を差し引いた不足分を肥料成分の利用率で除して求める．肥料成分の利用率は，気象条件，土壌条件，施肥位置や肥料形態によって大きく異なる．このうち，施肥位置，肥料形態が作物の窒素利用率に及ぼす影響について，水稲の基肥における例を図10-11に示す．

速効性の硫安を基肥に表面施肥した場合の利用率はわずか9％であるのに対し，苗の3cm側に4cmの深さで条施する側条施肥では33％と向上する．また，肥効調節型肥料の被覆尿素では表面施用で61％，側条施肥で78％と著しく高まる．さらに，苗と直接接触する接触施肥では，速効性の硫安では濃度障害が発生し苗が枯死するのに対して，被覆尿素では健全に生育し利用率は83％にまで向上する．

一方，畑作物の場合は，水稲に比べて気象条件による影響が大きく，特に追肥窒素は，多雨年は少雨年より，梅雨のある本州では梅雨のない北海道より利用率は低い．これは，下方への水移動が少ない水田に比べて，畑地では肥料窒素が溶けた土壌水が降雨により下方へ移動しやすいためである．

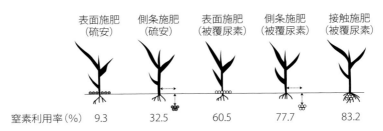

図 10-11 基肥窒素の形態と施肥位置が水稲の窒素利用率に及ぼす影響
'あきたこまち',1990～1991年.

　また,施肥量を決める場合には利用率に加えて,前作の残存養分を評価することも重要である.水稲では収穫作業に自脱型コンバインを使用することが多く,稲わらは細断されて圃場に散布され,そのまま土壌に鋤き込まれる場合が多い.そのため,稲わらに含まれるリンとカリは全量土壌に還元されることになる.小野(1999)は,水田からの持出しが籾だけによることから,全国的にリンとカリは水稲栽培による収奪量を超える施肥量が長年施用され続けており,リンとカリの施肥量を減じても収支バランスは十分であるとしている.野菜などの施肥量の多い作物では,跡地土壌に多量の養分が残っていることが多い.この場合には,土壌診断によって残存養分量を求め,その値を考慮して施肥量を決める.

　次に,堆肥由来窒素について見ると,寒冷地水田の水稲に対する完熟牛ふん堆肥由来窒素の肥効は,残効期間を含めた3年間は,ほぼ安定して継続する.また,堆肥由来窒素の利用率は肥料に比べて著しく低く,栽培期間に利用されない窒素が土壌に蓄積する.図10-12に示すように,完熟牛ふん堆肥由来窒素は,残効1年目は約75%,残効2年目にも70%近くが土壌に残存する.

　そこで,有機物を連用する場合には,その施用量や連用年数に応じて化学肥料を減ずる必要がある.また,最大収量を目的とした要求養分の適正領域は,収穫物の品質や環境への負荷の観点からは必ずしも最適の領域とは限

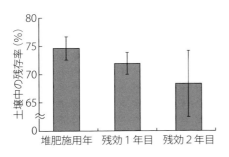

図 10-12 牛ふん堆肥由来窒素の土壌への残存
'あきたこまち',無底枠,堆肥2 t/10 a.(西田瑞彦,2010)

らない．特に，速効性肥料を用いた多くの野菜・畑作物栽培では，施肥量が増加するに伴い，作物による利用率が低下し環境への負荷が増加する．そのため，品質や環境負荷を考えて施肥位置を工夫したり，肥効調節型肥料を利用する．

3）灌　　漑

（1）作物による水の吸収利用特性

作物を構成する葉，茎，根などの組織の水分含有率はおよそ 80 〜 90％に及ぶことから，生育量を維持して目標収量を得るためには，水分の供給は欠かせない．作物による水の利用特性を示す指標に要水量がある．要水量とは，作物の全蒸散量を全乾物重で除した値，すなわち，乾物 1 g を生産するのに必要とする水の量をいう．例えば，ダイズではトウモロコシの約 6 倍，水稲の約 2 倍の水が必要となる．また，トウモロコシのような C_4 作物は C_3 作物に比べて要水量は小さいことが多く，野菜類は水稲や畑作物に比べて大きい値を示す．

（2）作物の水分ストレス

土壌の乾燥が進むと，作物はそれに対応するように自ら蒸散を抑制し，水の消費を調節する．しかし，土壌水分がある量以下になると蒸散量が吸水量を上回り，作物体自身の水分が失われて葉がしおれ始める．作物が水分欠乏の状態になることを水分ストレスという．水分ストレスを起こす要因には，蒸散，土壌水分に加えて，土壌中における根圏への水の移動速度がある（☞ 8-3）．土壌水分が多いときには，吸収されて不足した根圏の水は直ちに根から離れた非根圏土壌から移動する水分で補われる．一方，土壌水分が極端に減少すると根の吸水速度に比べて土壌中の水移動速度が小さくなるため，作物は体内の水分を正常に維持することが困難になる．水分ストレスにより作物が受ける障害は作物の生育段階によって異なるが，一般的には，子実を生産する生殖成長期が最も敏感な時期であり，この時期の干ばつを避けることが安定生産につながる．

（3）灌漑の効果

水田における灌漑は，水稲への水分供給の他，リンなどの養分の有効化，湛水に伴い発生する硫化水素や各種有機酸の除去，湛水深を深くすることによる無効

表 10-3 各種作物の灌水開始点

作物名	灌水開始点（pF）
レタス，セルリー，サトイモ	2.0〜2.7
露地野菜の果菜類	2.6〜2.7
露地野菜の根菜類	3.0〜3.3
ミカン，カキ	2.5〜3.4
飼料作物	2.7〜3.5
ハウス内作物	1.3〜2.3

（鴨田福也，1982）

分げつの抑制などの生育調整機能を持つ．畑地における灌漑は作物に必要な水分補給の他，養分供給，凍霜害防止，耐病性や品質の向上などの効果がある．畑作物の成長に必要な有効水分量は，土壌や作物の種類によって異なるため，作物が正常に生育し，安定した収量と品質が期待できる最少土壌水分が重要となる．これまでに明らかにされた各種作物の灌水開始時の土壌水分は表 10-3 のようである．また，灌水量は，根の伸張域を考慮して決めるのが合理的である．

3．作土と下層土の役割

1）作物の根域と養水分吸収

作物の根が自由に伸張して養水分を吸収できる土層を有効土層という．有効土層の厚さは，土壌の物理的および化学的要因で制限されやすい．物理的制限要因には，機械の踏圧で形成された緻密な耕盤，砂礫層，岩盤，地下水面などがある．また，化学的要因には強酸性や強還元状態のグライ層などがある．

有効土層は，作物を栽培するために必要な耕耘や施肥，灌水などを行う作土と，その下に位置する下層土に分けられる．深さ 20 cm 前後の作土と下層土の境には，耕耘作業を行う機械の踏圧により生じる鋤床と呼ばれる緻密層が存在する．

作物は生育に伴い下層土に根を伸張させる．畑作物根の最高到達深度は約 200 cm，水稲根の最高到達深度は約 60 cm とされている．下層土は作土に比べ腐植や有機物が少なく，養分も乏しい．しかし，根圏域は作土に比べ下層土で明らかに広いことから，作物の養水分吸収に対する下層土の役割は大きい．

2）畑作における下層土の役割

(1) 酸性下層土の影響

梅雨期に連続的な降雨に見舞われやすいわが国では，降雨が少ない乾燥地域に

表 10-4　下層土酸性の異なる土壌におけるオオムギの生育と窒素吸収

下層土	子実収量 (g/m²)	窒素吸収量 (g/m²)				施肥窒素利用率(%)		根長* (cm)
		全吸収量	基肥由来	追肥由来	土壌由来	基肥	追肥	
川渡	397	6.39	0.65	3.02	2.72	6.5	75.4	16
蔵王	694	11.93	4.82	3.25	3.86	48.2	81.3	>55
下層土吸収窒素量(%)		5.54 (46.4)	4.17 (86.5)	0.23 (7.1)	1.14 (29.5)			

根長は1979年11月に測定.　　　　　　　　　　　　　　（三枝正彦，1983）

比べ，作土中の肥料養分は下層土に移動しやすい．特に，作物の生育にとって最も重要な窒素は酸化状態で速やかに硝酸態に変化するが，土壌の陰イオン交換容量が小さいため，降雨時には土壌水とともに容易に下層土に移行する．そのため，下層土は作土から移動した窒素を保持する場として重要な役割を果たす（図3-5）．しかし，下層土への根の伸張が阻害されると，養水分の吸収域は作土のみに限られる．そのため下層土に移動した分は吸収されず，生育や養分吸収量に大きな影響を及ぼす．畑作物根の伸張を阻害する要因には，①下層土の強酸性，②排水不良による還元的なグライ層の存在などがあげられる．

　三枝（1983）によれば，非アロフェン質黒ボク土で下層土が強酸性の川渡土壌では，耐酸性が弱いオオムギの根は，酸性矯正した作土内には伸張するものの未矯正の下層土へは伸張しない．一方，アロフェン質で弱酸性の蔵王土壌でのオオムギ根は下層土深くまで伸張する．表10-4には，川渡土壌と蔵王土壌におけるオオムギの窒素吸収量と子実重を示した．川渡土壌での全窒素吸収量は，蔵王土壌の54%に留まり，子実重は43%減収した．川渡土壌において窒素吸収量が少ないのは，基肥由来窒素の吸収量が減少した影響が大きい．これは，川渡土壌ではオオムギの根はほとんど下層土に伸張しないため，蔵王土壌に比べて下層土からの吸収窒素が著しく減少したためである．蔵王土壌の窒素吸収増加量を下層土からの吸収とすると全窒素吸収の約50%，基肥窒素の約90%は下層土から吸収されたことになる．このように，根が下層土へ伸張しにくく，下層土からの養分吸収量が少なくなると，結果的に地力低下と同様な現象となって減収となる．

(2) 還元的下層土の影響

　畑作物が吸収する水分の大部分は下層土からの吸収である．そのため，下層土

への根の伸張や土壌の物理性は，作物への水分供給に対して大きな影響を及ぼす．例えば，強粘質の重粘土畑では，排水不良による還元的なグライ層が根の伸張を阻害する．特に，水田から畑に転換した初作では，乾燥が進まず，浅い位置にグライ層が出現するため，下層土への根張りは極端に少ない．また，砕土率が向上せず作土の土塊は大きなままで毛管孔隙が破壊される．そのため，作土が乾燥しても下層土からの水分の毛管上昇が少なく，作物は水分ストレスを受けやすい．

(3) 下層土の改良対策

非アロフェン質黒ボク土では下層土が強酸性のため，作物の根張りが著しく制限される．酸性障害の主な原因は，土壌の交換性アルミニウムである．従来，酸性土壌の改良には炭カルなどが用いられてきたが，これらの資材は溶解度が低く下層土への移動が緩やかで，その改良効果は施用した層に限られる．

図10-13は，腐植の少ない淡色黒ボク土でリン酸石こうを作土に施用したときのオオムギ根の伸張を示している．

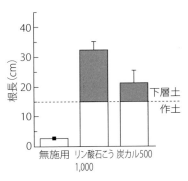

図 10-13 リン酸石こうの作土施用による下層土の酸性改良効果（オオムギ根の伸張）
(Saigusa, M. et al., 1995)

リン酸石こうは溶解度が中庸であるため速やかに下層土に移動し，酸性障害の主原因である交換性アルミニウムを減少させ，オオムギ根は下層土深くまで伸長する．また，強粘質の重粘土のような場合には，構造を破壊しない不耕起栽培などの導入により下層土への根の伸張が促進される．

3）水稲における下層土の役割

水田の作土は，湛水期間中は還元的で施肥窒素はアンモニウム態で存在し，畑地と異なり下層土に移動する窒素分は少ない．しかし，適度の減水深（20～30 mm/日）を持つ水田の水稲は，浸透水により溶脱した養分とともに下層土で無機化した窒素も吸収するため，水田においても下層土は養分吸収の場として重要である．

(1) 下層土からの窒素吸収量

関矢ら（1978）は，作土直下に濾布を敷き，下層土への水稲根の伸長を妨げたときの窒素吸収量と，濾布を敷かない対照区との差を下層土からの窒素吸収量として測定した．その結果，各土壌ともほぼ全窒素吸収量のうち，約30％は下層土から供給された窒素であった．このように，畑作物に比べ根圏域の狭い水稲においても，養分吸収に果たす下層土の役割は大きい．また，下層土への根域の拡大は養分供給だけでなく，干ばつや落水時の水分供給のうえでも重要な意味を持つ．特に近年，収穫機械の導入のため落水が早まる傾向にあり，高温年では外観品質の低下を招きやすい．したがって，今後，気象変動下でも安定した品質と収量を確保するためには，下層土からの水分供給を重視する必要がある．

(2) 輪換水田の下層土からの窒素吸収量

畑作後の輪換水田は連作水田に比べて土壌は酸化的で，根の活性は高く維持される．この場合の根域は，畑期間の深耕により耕盤を破壊した場合や，根の伸長を阻害するグライ層の畑期間における低下により拡大する．

輪換水田と連作水田の根域の違いは，水稲の窒素吸収に大きく影響する．この影響について八郎潟干拓地の例をあげる（図10-14）．

3年間ダイズを栽培したあとの輪換初年目の水稲窒素吸収量は，連作水田に比

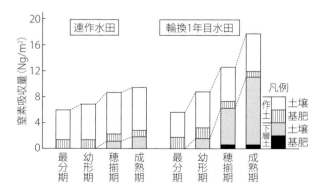

図10-14 作土および下層土からの由来別窒素吸収量の推移
（金田吉弘ら，1989）

較してきわめて大きい．この原因は，下層土からの吸収量の差であり，根が下層土に伸長し始める生育中期から現われる．このような根域の変化による窒素吸収量の変化は，重粘土地帯で強制排水をして畑転換を行ったあとの輪換水田で起きやすい．輪換水田では，下層土からの窒素吸収を考慮した減肥が求められる．

(3) 大区画水田における下層土の評価

今日，日本各地で大区画水田整備が実施されている．1 ha 規模の大区画水田では，農作業の効率性が増すことから，労働時間低減などの効果が期待されている．しかし，非表土扱い工法による大区画整備水田では，圃場の均平化作業に伴い来歴や地力窒素の異なる複数の旧圃場が1枚の大区画水田となるため，そのあとの水稲栽培では地力窒素ムラによる生育や品質の不均一化などが問題になる．そこで，地力窒素ムラの影響を解消するため，圃場内の地力マップを活用した局所施肥管理が有効になる．鳥山ら(2001)は，根域土壌(0～24 cm)の地力窒素量と水稲生育との相関を検討した．その結果，幼穂形成期の草丈は作土よりも下層土の地力窒素との相関が高く，成熟期の稈長，窒素吸収量，精玄米重，m^2当たり籾数，千粒重についても作土よりも下層土との相関が高かった(表10-5)．

これらのことから，収量や品質への影響が大きい生育後半および収穫期の窒素吸収量には，下層土の地力窒素供給量の違いが強く反映し，大区画水田の局所施肥管理のために作成される地力窒素マップには下層土の地力窒素情報を含める必要がある．

表 10-5　1 ha 水田における地力窒素と水稲生育との単相関

土壌層位	幼穂形成期 草丈	成熟期 稈長	N吸収量	精玄米重	m^2籾数	登熟歩合	千粒重
作 土 (0～12 cm)	0.07	−0.15	0.01	−0.17	−0.02	−0.17	−0.47**
下層土 (12～18 cm)	0.41**	0.62**	0.54**	0.56**	0.52**	0.16	0.47**
根域土壌 (0～24 cm)	0.32**	0.29*	0.36**	0.23	0.32**	−0.03	−0.05

注1) グリッドの大きさは 8 m×10 m で，計算に用いたグリッドは基肥施肥量の等しい 70 か所(1999年)．地力窒素値として，湿潤土30℃・10週湛水培養におけるアンモニウム態窒素生成量を使用．
注2) 作土および根域土壌の地力窒素値は，6 cm ごとの層位別に培養して得た値を加算して求めた．
注3) ** は 1%水準で有意，* は 5%水準で有意．　　　　　　　　　　　(鳥山和伸, 2001)

コラム：地力の意義

　ある圃場の収量が他の圃場よりも高い場合に，あの圃場は「地力」が高いなどと表現することがある．では，具体的に地力とは土壌のどのような性質を意味するのだろうか．わが国の地力増進法では，第2条2項において，地力とは「土壌の性質に由来する農地の生産力」と定義されており，土壌の化学性の面からいえば，地力とは土壌の養分供給能力として理解されている．肥培管理において，地力に関する代表的な用語として「地力窒素」がある．地力窒素とは栽培期間中に土壌中の易分解性有機物が無機化されることにより土壌から放出される窒素であり，作物に吸収されうる土壌由来の窒素を意味する．水稲栽培ではこの地力窒素が，イネに吸収される窒素の60～70％を占めると考えられており，地力窒素量を高めるような肥培管理が重要となる．そのためには堆肥などの有機物の適切な施用が必要であり，多くの都道府県の水田への堆肥施用量の指針では，1～1.5 t/10 a とされている．しかし，近年，農家の高齢化による労力不足，低水準の米価と堆肥施用コスト，堆肥確保の困難などの理由から堆肥の施用量は著しく減少し，平均施用量は 0.1 t/10 a 以下にまで落ち込み（図），地力の低下が懸念されている．ただし，水田の場合，1年の大半が湛水または湿潤状態であるため，土壌有機物の消耗は畑に比べれば比較的小さく，地力の低下が顕在化しにくい面がある．一方で，減反政策や米の生産調整などにより，夏期に水稲栽培と畑作を定期的に繰り返す田畑輪換栽培が増加し，わが国の多くの水田が畑地としての履歴を持つに至っている．この田畑輪換栽培における畑作の主要作物はダイズであるが，近年その収量の低下が大きな問題となっている．特に，転換後の年数の経過とともに収量が低下していくことが指摘されており，その大きな要因は畑地化によって土壌有機物が消耗されることによる地力の低下に由来すると考えられている．ダイズはマメ科作物であり，根粒菌が窒素固定を行うため，窒素をそれほど必要としないと思われるかもしれないが，実際にはダイズは畑作物の中で最も窒素を吸収する作物の1つであり，これを根粒による窒素固定だけで賄うことは難しい．ダイズの収量の高い事例ほど地力窒素に依存する割合が高く，ダイズが

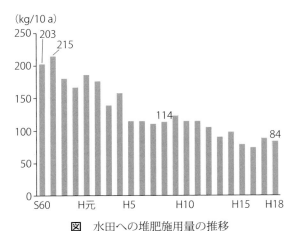

図　水田への堆肥施用量の推移
（稲作における施肥の現状と課題，平成 21 年 4 月農林水産省．http://www.maff.go.jp/j/seisan/kankyo/nenyu_koutou/n_kento/pdf/2siryo1.pdf）

土壌有機物の消耗を促進することも報告されている．そのため，現在ではダイズは地力消耗型の作物と認識され，ダイズ栽培においては地力を維持するためにも有機物施用の重要性が増している．農業の基盤技術が整備された現代においてもなお地力の維持および向上は重要な課題なのである．

第3部　土壌に対する社会的関心の高まり

今日土壌は，さまざまな視点および関心から社会の注目を浴びている．地球環境問題をはじめとする土壌汚染問題・原発事故処理は，地球を支える土壌の機能を再認識させ，環境保全に配慮した廃棄物の利活用や耕地管理の重要性を認識させた．土壌はまた，生物資源の宝庫で，地球の歴史を読み解くことを可能とする．「土」はわれわれの文化および風習とも深く関わり社会の土への愛着も強いが，若い世代の土離れも現実で，土壌教育の重要性が指摘される．

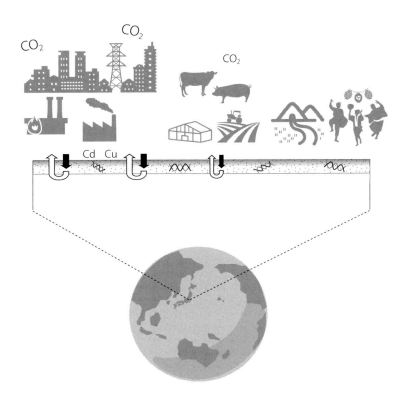

第11章

地球を支える土壌の機能

1. 土壌の機能不全と地球環境問題

　砂漠化，塩類化，熱帯雨林の消失，水質汚濁，オゾン層破壊，さらには地球温暖化などのいわゆる地球環境問題に対し，土壌は深い関わりを持っている．同時に，土壌が持つ重要な機能の1つである一次生産性（植物生育）が低下する土壌劣化や，土壌自体が地球規模で失われる土壌の喪失が世界中で起きている．その中身は土壌侵食と土壌崩壊に大別される（図11-1）．土壌侵食には，砂漠化や森林伐採によって物理的に土壌粒子の集合体（団粒）が形成されにくい状況になり，土壌粒子が風に飛ばされてしまう風食作用や水に流される水食作用がある．いずれも，土壌粒子が別の場所に移動流出するものの，移動先では土壌材料として新たな生成過程に関与する．一方，土壌崩壊は，乾燥化や過剰な施肥による土壌の塩類化，酸性雨による土壌の酸性化によって，土壌が化学的に変質して不毛な土壌に変化する，すなわち，健全な土壌が崩壊する土地劣化である．これらに加えて，地球温暖化による温度環境の変化は，有機物の生分解促進や植生後退を通じて土壌有機物の喪失を招く．以上のような土壌の喪失の過程は

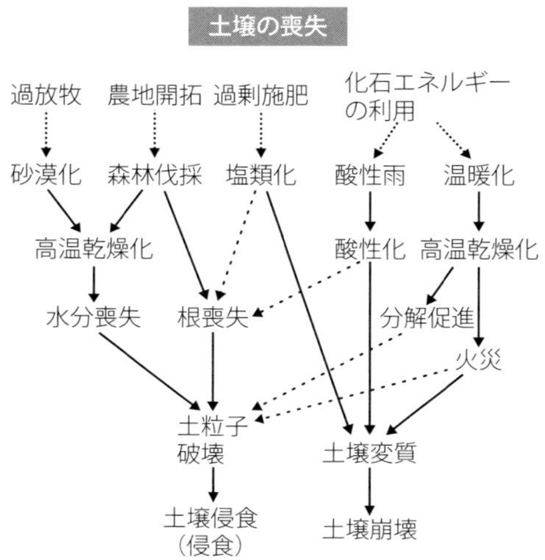

図11-1 土壌の喪失につながる土地利用および環境変動

図11-1に示したように単純には説明できないが，土壌生成と一次生産の間に正のフィードバックが成立する生態系と土壌資源を喪失しつつあることは，食糧生産において土壌に依存している人類にとってはもちろん，生物全般を養う地球にとって大問題である．土壌喪失はそこから生み出される生産性を失うため，その生産性に依拠する生態系そのものの喪失にもつながる．

2．土壌の複合的機能

　土壌の機能といえば，緑の地球を象徴する植物の生育を支える機能，養分保持・供給の機能を真っ先に思い浮かべるであろう．また，土壌がなければ地球表面は枯葉を主体とした生物遺体が堆積する，すなわち，有機物の分解機能を思い出す人も多いだろう．あるいは，しばしば森林と混同されるが，土壌は水を蓄える機能を持つので，これが水資源の涵養という機能を果たしているということを知る人も多い．これらの代表的な機能に加え，水質浄化機能や微生物の生育環境保全機能，物質循環を担う機能や近年では地球温暖化や気候変動との関わりから炭素の貯留機能まで，多種多様な機能が唱えられている．しかしながら，あまりにも多くの機能を持ち，それらの機能が互いに独立ではなく協奏的に発現するという複雑さが，重要な機能を認識しながらも，理解するのは茫洋として複雑すぎて難しいという印象だけを与えて，土に対する持続的な関心が払われないという結果を招いているようである．しかし，土壌は，それが成立するための原材料である岩石（一次鉱物）や動植物遺体（新鮮有機物）に加え，土壌生成過程で形成される粘土などの二次鉱物や腐植物質，形成された土壌に存在する植物根や土壌生物の集合体である．1つ1つの構成成分は，各章で詳しく述べられたようにそれぞれの成分に固有のいくつかの基本的機能を有している．それらが土壌という集合体の中で組み合わさって，それぞれの構成成分だけでは見られなかった新たな機能を獲得し，複合的機能を発揮するわけであるから複雑であることは否めない．似たような例としては，森林を思い浮かべるとわかりやすい．森林を構成する木や草，動物などはそれぞれが固有の働きを持つが，森林という集合体が発揮する機能はそうした基本機能の上に別途存在するものがある．つまり，森林や土壌とは個々の要素が有機的に組み合わされたまとまりを持った体系であるといえ，シ

ステムと呼ぶにふさわしい．まさに地球自体が同様のシステムとしての機能を有しており，Lovelock, J. がこれをガイア仮説として提唱しており，環境学や生態学におけるその概念の重要性と類似することをここで指摘しておく．

3．環境圏としての土壌圏

　実際，このような多面的な機能を有する土壌システムは土壌という環境だけで形成および発現されるものではなく，土壌を取り囲む環境に相当する大気圏，水圏，岩石圏と生物圏との連関の中で成立する（図 11-2）．土壌を取り囲む各環境圏の組合せは地球上ではさまざまであり，その多種多様な組合せが異なる土壌の生成を促し，その生態系に応じた機能が付与され，かつ発現される．ここでは，一般論として各環境圏を概観し，土壌圏との関係を確認しておきたい．そして，地球上の生態系との関わりの中で発現される土壌の機能について説明する．

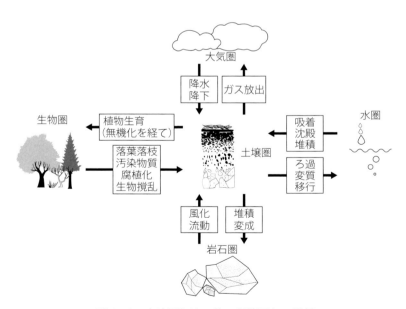

図 11-2　土壌圏とその他の環境圏との関係

1）大気圏と土壌圏

　土壌には固相，液相，気相の三相があり，液相と気相の空間（孔隙）が大気圏と通じる経路に相当する．固相と液相で生じた生物化学的反応過程を経た気体成分が大気に放出される．温室効果ガスである二酸化炭素，メタン，亜酸化窒素の発生はこの過程に相当する．土壌の温度，pH，酸化還元電位，有機物含量などの微生物活動に関与する物理的・化学的要因がガス発生の制御因子となり，環境によって大きく変動する．土壌有機物の分解機能に関わる過程である．

　逆に大気から土壌への関与としては大気降下物の供給があり，降下地点の土壌が有する環境はそれらを母材として土壌化する機能を有する．火山放出物や風成塵の土壌化過程がそれに相当する．降水を主体とした水との接触と長期間に及ぶ大気中での暴露による風化過程を必要とするものの，土壌環境は安定して土壌生成を促す反応場を提供している．また，大気降下物に含まれる有害な重金属や発がん性物質を一時的に土壌に吸着保持し，別の環境圏への移動を防止することも土壌が有する機能として数えられる．しかしながら，汚染を長期化する場合もあり，汚染物質動態の把握が必要とされる．多量の降水を一時的に有効水として貯留する能力は，一次生産を支える重要な機能である．また，森林における水資源涵養能も土壌の水分保持機能であり，多量の降水による洪水の防止にも役立っている．近年頻発する世界各地の都市洪水は集水域の土壌の構造物による被覆が原因である．

2）水圏と土壌圏

　河川や沿海部は土壌との関わりが深い水域である．土地利用の変化は土壌を介して集水域に現れる．日本では 1970 年代に近海で赤潮が頻発しており，これは農耕地土壌における窒素とリンの吸収除去処理能力を超える化学肥料の施用があったためである．背景には食料の増産と農地の集約的利用があげられる．作物の吸収以外に土壌内では窒素の無機化，リンの二次鉱物への吸着，土壌微生物によるリンおよび窒素の利用を経て，作物に吸収されなかった成分の土壌圏外流出を抑制している．現在，過剰施肥は発展途上国でも広く行われており，保持・吸収機能が低い土壌では水圏の汚染を招きやすい．この他，土壌は有機・無機汚染

物質に対しても吸着媒として機能し，他の環境圏への移動を防止している．これらの土壌における元素や汚染物質の吸着・吸収保持機能は土壌のコロイド成分が担っており，粘土含量とその組成，有機物含量とその質など，気候や植生環境の違いを反映した土壌構成成分の特性に依存している．

　水圏から土壌圏へ沖積作用によって母材が供給される．沖積平野の豊饒な生産地は沖積作用の賜物である．使い古されたいい回しだが，「エジプトはナイルの賜物」とは水圏から土壌圏へのベクトルをいい表している．

　乾燥地における地下水の毛管上昇が土壌表層に塩類集積を生じて生産性を損なう場合がある．蒸発散量が降水量を上回る乾燥地帯での塩類化の端緒は，農業生産における土地への一時的な灌水である．乾燥地でなくとも施設栽培で塩類集積が発生する場合がある．土壌の細孔隙中では，水は表面張力により重力に逆らって止まったり，上方移動したりすることが可能である．この細孔隙が水をとどめる機能は植物への有効水保持に対して正の効果として働くのに対し，毛管上昇による塩類集積を生じる機能は負の効果に相当する．

3）生物圏と土壌圏

　生物圏における生育基盤であり，かつ食糧生産の基盤となる植物生育，すなわち一次生産に対する土壌の関わりは正の機能としてよく知られている．植物体への養水分の保持・供給機能は土壌の構成成分，粒径組成と土壌構造に依存する．また，植物体の物理的な支持機能は根の伸長を促す適度な土壌の硬さによって発揮される．土壌の物理的・化学的・鉱物学的特性は環境によって異なり，植生分布と一次生産性に深く関与している．それは，自然植生による一次生産の分布に偏りがあることで確認できる（口絵19）．一方，土壌特性における生産機能の不足を補う土壌と水の管理は農業として一次生産を向上させているものの両者の生産適地は必ずしも一致しない（図11-3）．自然植生による一次生産は，降水量が蒸発散量を上回る気候条件と土壌の水分保持機能に強く支配されるのに対して，農業としての一次生産は灌漑などで水を制御しさえすれば土壌の養分保持・供給機能に依存するからであり，土壌の分布と一次生産の関係をよく表している．

　自然植生による一次生産はそれに依存する草食生物（草食動物，昆虫）さらに肉食生物（肉食動物，鳥類）のバイオマスを制御しており，生態系ピラミッドの

図 11-3 世界の穀物生産分布
（Ramankutty, N. et al., 2008）

基礎として位置づけられる．ここで，土壌と植生は生態系における環境容量を規定する主要因である．一方，農業生産に関与する耕作適地は地球上の陸域面積の10％程度で，かつ偏った分布をしているにもかかわらず，その限られた地域で陸域全体に広がる70億人を超える人類を支えている．ここでは生態系のピラミッドは成立せず，耕地土壌が持つ最大限の環境容量が人類という生態系ピラミッドから外れた生物相を支えているといえる．

「土壌が生きている」といわれるのは，土壌に無数の微生物が存在するためであり，土壌が微生物に対して養分供給だけでなくガスや水を交換できる空間を提供する機能を有していることを意味する．大気圏との関係でも触れたが，大気へのガスの放出は微生物の分解者としての働きによるところが大きく，土壌に供給された生物圏からの枯死体である有機物が無機化される重要な過程に含まれる．無機化過程は植物を主体とした生物が保持していた養分を再び土壌に戻して，生物圏での再利用を可能にする．二酸化炭素の放出も植物の光合成を考慮すると広い意味での再利用といえる．すなわち，微生物の無機化過程は，生態系における順調な物質循環を可能にしており，生態系における分子，元素レベルでの動的な平衡状態の維持に不可欠である．生態系ピラミッドから外れた現代人が作り出す有機物残渣（食物，農作物残渣や難分解性のプラスチックを含む）は微生物の無機化容量を超えている，または無機化機能では担えないために大量に蓄積し続けている．

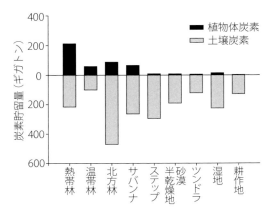

図 11-4 地球上の生態系における炭素貯留量
（IPCC，2001 のデータを参考に作図）

　この他，微生物は必須の生元素である窒素やイオウの循環にも関与することは第 7 章 2.「土壌生物による有機物の分解と各種元素の循環」の通りであり，地球上での物質循環の要に位置づけられる．しかしながら，動植物枯死体の分解には節足動物や環形動物などの土壌動物の介在がなければ速やかには進行しない．また，これらの土壌動物は土壌の耕耘（生物擾乱）にも関与しており，ひいては土壌中での無機化を促進している．一次生産量が多い熱帯でこれらの土壌動物が多く，土壌への有機物の蓄積割合が小さいことがよくわかる（図 11-4）．一方，この図において，多くの生態系が土壌中に高い炭素蓄積量を有しており，土壌が地球規模でのカーボンシンクであることがよくわかる．この有機物は生物圏から供給された有機物の中で物理的な隔離や難分解性，そして低温や還元などの環境条件によって速やかな生分解過程に取り込まれなかった有機物であり，土壌腐植と呼ばれる有機物に相当する．第 6 章 3.「土壌の有機物」に紹介した土壌腐植（有機物）に関する機能，すなわち土壌粒子の接着機能，養水分保持機能，土壌反応としての緩衝能，生物相に対する養分保持・供給機能は，土壌環境の影響を受けて生成した土壌腐植の特性に応じて異なっている．その特性の把握と貯留量の増進は世界的に重要な課題である．

4）岩石圏と土壌圏

　土壌母材は岩石圏から供給されるものの，必ずしも固結岩石が土壌母材になるとは限らない．大気圏や水圏との関係において，火山放出物，風成塵や沖積堆積物の輸送について記述したが，これらも元来は岩石圏から供給された母岩や母材である．氷河後退に伴う堆積物の集積も輸送された材料が土壌母材となる．これらの粒径が小さな土壌母材の場合は，固結岩石から風化生成した母材に対して，土壌化が早いことは想像に難くない．土壌化は，単なる岩石母材の細粒化である物理的風化過程だけではなく，元素配列がかわり粘土鉱物が生成したり，金属水和酸化物が生成したりする化学的風化過程の双方を通じて進行する．これらの過程は岩石母材の物理的，化学的性質に依存するが，それらが置かれた地球上の温度，水分，酸・塩基反応，酸化還元反応などの環境条件によっても土壌生成速度は大きく影響を受ける．

　一方，風化や侵食を受けた土壌が再び移動，堆積し，圧力や熱の影響を受けながら岩石として形成されていく．この岩石が再び隆起して大気と接することによって土壌生成の母材となり得る．岩石圏と土壌圏で成立する物質循環は他の環境圏と比べるとかなり長い時間スケールを要することがわかる．堆積岩が地質年代（$10^{6\sim 8}$年）の時間スケールであるのに対して土壌の年代が10^4年以下である場合が多いことを考慮すると，土壌圏は岩石圏の一時的な形態という見方もできるかもしれない．地球上でも地域によって，循環過程と要する時間は異なっており，土壌の分布に影響を与えている．

5）現代人と土壌圏

　図11-2に示されてはいないが，人間は土壌圏と直接・間接的に関わりを持っている．土壌の生産性機能の利用は，人間の土壌圏への直接的なアプローチであり，近代以降の機械文明の導入によって負の影響を及ぼしてきている．主たる影響として，耕起による表層撹乱に続く風食や水食が引き起こす土壌の喪失や化学肥料施肥による塩類障害や元素循環の撹乱である．土地劣化（土壌劣化）は環境変動との関わりも指摘されるが，農業活動の影響は絶大である．特に，耕作頻度の増加，深耕，過放牧などは代表的な農業活動における土地劣化の原因である．

一方，生産とは関わりがない土地利用においても，人間は都市化や資源開発に伴って土壌の掘削，移動，圧縮などを大規模に行ってきた．道路や建物などの建設で利用される土壌は人間の文明を支えることには大いに役立っているが，地球を支えているとはいい難く，資源開発は重金属汚染も伴う．また，大量の有機物残渣（人工合成有機物も含む）を土壌に埋設処理する埋立てや大規模な海上埋立地を出現させたのも現代人である．そこでは撹乱されながらも新しい土地や土壌が形成されており，その土壌の生成および学術的位置づけが今後必要とされる．一方，土壌を被覆する面積は世界的に年々増加しており，そこでは土壌の構造物を支持する機能は期待されるが，他の環境圏から隔離されることによる生物生産の機能喪失は顧みられない．当然，土壌中での反応は大きく低下することとなり，土壌圏は隣接する環境圏から隔絶される．歴史的に都市は元来肥沃な沖積地で成立し，かつ地表を被覆しながら拡大していることを考慮すると，土壌の生産性機能は文明の発達とともに減衰しているといえる．

4．生態系と土壌圏

　土壌圏は周囲の環境圏との連関の中で成立するシステムである（図11-2）．したがって，土壌を取り囲む環境は，それぞれの地理的条件を反映した特有の土壌システムを成立させる．地球全体を俯瞰したときに，生態系が緯度に応じて，ツンドラ，タイガ，冷帯林，温帯林，ステップ，熱帯雨林へと変化するのに応じて，土壌も還元条件下の泥炭土やグライ土から，酸性が強い鉱質土壌のポドゾル，褐色森林土，有機物を多く含む栗色土や黒色土，そして酸性で粘土が多いながらも肥沃度が低い赤黄色土のように高緯度から低緯度に向けて分布する．このような緯度に応じて分布する土壌を成帯性土壌（☞1）と呼び，特に気候との関係において理解しやすい．

　高緯度域では，太陽エネルギーの供給が乏しく，植物の一次生産が低いながらも，低温または過湿ゆえに有機物の蓄積が顕著な土壌（泥炭土やグライ土）が分布しており，地球上では炭素貯留の役割を担っている．過湿条件の成立は永久凍土の分布と関わりが深い．また，そこでは低温ゆえに鉱物の風化速度が低く，有機物の酸化分解速度も低いために可給態養分の供給・保持機能，すなわち一次生

産機能は低い．この過酷な条件に適応した生物（植物）のみが優占種として生態系を支配する．北方で生産量が低く，貧相な生物相は過酷な環境条件が生み出した土壌の上でこそ成立しており，きわめて脆弱な生態系である．

一方，低緯度域の熱帯雨林では，降水量が蒸発散量を上回っているため，浸透水を介した土壌の風化進行程度が高く，養分供給・保持機能が低い粘土鉱物含量と結晶化して不活性な酸化物含量が高い赤色土が分布している．また，一次生産が高いものの，土壌動物および微生物のバイオマスおよび分解活性が非常に高いため，一次生産された有機物を土壌にとどめない．したがって，熱帯雨林では低活性粘土と低有機物含量が土壌の緩衝能を失わせている．ここでの非常に高い生物生産量と生物多様性はきわめて速い物質循環の上に成立しており，その循環の途切れは脆弱な生態系を致命的に崩壊させることとなる．また，速い物質循環はその生態系の成立だけでなく，周囲の環境圏への物質循環にも関与しているため，そのシステムの崩壊は広く周囲の環境圏に伝搬することが予測される．

中緯度域の冷帯では降水量が少ないながらも低温ゆえの低い蒸発散量が土壌水を下方浸透させるために土性は粗粒でありながら，酸性化の進行が著しく，物質移動が激しい（ポドゾル）．酸性かつ貧栄養な生態系に適応できた生物種で構成されており，貧栄養な鉱質土壌では，分解の進行が乏しい有機質層が生態系の物質循環を補っている．北方の広大なタイガ林を成立させる土壌システムである．

一方，蒸発散量が降水量を上回る中緯度高圧帯の砂漠域やステップ域では木本植生は乏しく，草本植生が主体となる．土壌は風化の進行が乏しく，不可給態を含むものの潜在的養分供給ポテンシャルが高い．特に，ステップ域では養分保持・供給機能が高く，その機能は活性が高い2：1型粘土鉱物と黒色化した腐植物質が担っている．これらの栗色土や黒色土の分布域は古くから肥沃な作物生産地として利用されてきたが，農業の機械化以降の激しい侵食によってその機能は失われつつあり，世界の食糧生産はこの地域の今後の管理にかかっているといっても過言ではない．

このように土壌は生態系の1つの構成員というだけでなく，構成する環境圏のすべてと連関を維持しながら生物圏の生命活動を養う基盤としての役割を果たしている．そのため，土壌圏が有する環境容量を超える人工的・自然的変化は地域環境，ひいては地球環境にまで影響が及ぶ．

第12章

生物資源の宝庫（生物性の利用）

わずか1gの土壌に1万種類にも及ぶ微生物が数億から100億個ほど存在する．1ha中に生育する微生物の重さを概算すると数tとなり，わが国の人口密度（3.4人/ha，50kg/人）から求めたヒトの重さ0.2tをはるかに凌駕する．この莫大な数と量，しかも多様な土壌微生物の中には，人間にとって有用な機能を果たしているものが多数存在し，こうした機能は生態系サービスと呼ばれる．本章では，特に土壌微生物に関連する機能として，作物生産性の向上，環境浄化，有用物質生産，さらには生物機能の安定性に着目する．

1．作物生産性向上に貢献する土壌微生物

土壌微生物はさまざまなメカニズムを通して作物の成長を促進する．作物が吸収する養分は主に無機元素であるが，土壌微生物は土壌有機物の無機化を担い，それにより各種の養分を作物に供給する．また，作物成長を直接促進する物質を生産したり，作物の成長を阻害する病虫害を軽減することで作物成長を促進する．第7章に記載のマメ科根粒菌，菌根菌は植物に共生しその生育を助ける最も有名な土壌微生物群であるが，ここではその他の事例について紹介する．

1）有機物の無機化

作物にとって最も重要な養分は窒素であるが，土壌中の窒素の大半は作物が直接吸収できない有機態の形で存在する．有機態の窒素が微生物の働きを受けて無機化されると作物が利用できるようになる．サンプリングしてきた土壌を室内で培養すると，培養に伴い土壌中の無機態窒素量が徐々に増加する．1か月間に増えた無機態窒素量は可給態窒素（available nitrogen）と呼ばれ，土壌肥沃度の指標となる．窒素肥料を与えて栽培した作物でさえ，その作物が生育期間を通し

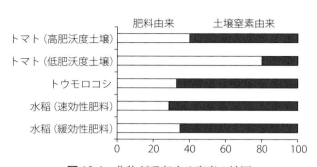

図 12-1　作物が吸収する窒素の給源
トマトは加藤俊博（2004），トウモロコシは Brady, N. C. & Weil, R. R.（2008），水稲は藤原俊六郎（1996）を参考に作図．

て吸収する窒素の 20 〜 70％が土壌にもともと存在する窒素に由来する（図 12-1）．肥料を全く与えない条件下でも生育する植物，例えば道ばたの雑草などを思い浮かべれば，土壌中の窒素が作物の吸収する主要な窒素源となっていることが想像できる．この土壌微生物による窒素の無機化速度は pH 中性付近，適度な水分で微生物の活性が高いほど，また，原生動物や線虫など細菌や糸状菌を捕食する土壌動物群が多いほど高くなる．

2）植物生育促進根圏微生物

植物の根の近傍（根圏，rhizosphere）は，根からの分泌物，根による養分吸収，呼吸などにより根から離れた部位とは異なる環境にある．植物の根は光合成産物の約 20％を根分泌物として放出しており，これが微生物の基質になる．そのため，根圏に生息する微生物（根圏微生物）の数は非根圏土壌と比べて多く，群集も異なる．細菌や糸状菌を餌とする原生動物や線虫も根圏土壌で多い．根の近傍の環境を根圏土壌，根の表面（根面），根の内部（根内）に三分することもあれば，根面や根内も含めて根圏と見なす場合もある．根圏微生物の中には根に定着し植物の生育を促進する微生物が存在する．これらは植物生育促進根圏細菌（plant growth promoting rhizobacteria, PGPR），植物生育促進根圏菌類（PGPF）と呼ばれる．PGPR では *Pseudomonas*，*Bacillus*，*Serratia*，PGPF では *Trichoderma*，*Phoma* や *Sterile* 菌（胞子を形成しない糸状菌）などさまざまな種類が知られ，これらを作物の種子や根あるいは土壌に接種して作物を栽培することで作物の生

育促進効果が得られている．生育促進のメカニズムとして，オーキシンなどの植物ホルモンの産生，病原菌などの有害微生物の抑制，病原菌に対する抵抗性を作物に誘導することなどが知られている．PGPR 研究は蛍光性 *Pseudomonas* を中心に発展してきたが，近年は製剤化や生菌の保存の点で有利な *Bacillus* 属に大きな関心が寄せられている．*Bacillus pumilus*，*B. subtilis*，*B. amyloliquefaciens*，*B. thuringiensis* などで作物の生育促進，病害抑制の成功事例が存在する．

3）エンドファイト

エンドファイトは植物体内で共生的に生息し，一生のすべてあるいはほとんどを植物体内で過ごす細菌や糸状菌の総称である．地下部に生息する根部エンドファイトで植物生育促進効果を有するものは PGPR や PGPF でもある．イネ，トウモロコシ，ソルガム，サトウキビなどの作物体内（茎や根の細胞間隙）から，*Herbaspirillum*，*Azoarcus*，*Gluconobacter* といった窒素固定能を有する細菌が多数分離されており，これらは窒素固定エンドファイトと呼ばれる．サトウキビでは植物体に含まれる窒素のうち 30％程度，サツマイモでは 30～60％程度が窒素固定エンドファイトによるという報告がある．*Bradyrhizobium* はマメ科作物に共生する根粒菌として有名であるが，イネ，サツマイモといった非マメ科作物にエンドファイトとして定着し収量増をもたらす例が知られている．

PGPR や PGPF と同様に，病原菌を直接抑制したり，植物の病害抵抗性を高めることで作物生育を促進するエンドファイトもいる．非病原性の *Rhizobium vitis* によるブドウの根頭がん腫病の防除，根部エンドファイト *Heteroconium* によるハクサイの複数の病害に対する抵抗性強化，*Azospirillum* によるイネいもち病菌や白葉枯病菌に対する抵抗性強化，など多くの成功事例が存在する．

4）群集機能

土壌微生物は環境による制御を受ける．低窒素条件でイネを栽培すると，イネの微生物群集が変化し，窒素など各種の養分獲得に有利になるように働くことが知られている．異なる施肥窒素量の下でイネを栽培すると，非根圏土壌やイネ地上部の細菌群集は施肥窒素の影響をそれほど受けないのに比べ，根の微生物群集は施肥した窒素量に大きく影響を受け，β-プロテオバクテリアの *Burkholderia*， α-プロテオバクテリアの *Bradyrhizobium* といった特定の細菌集団が低窒素条件下で増えた．前者は窒素固定能，オーキシン生産能を有する *B. kururiensis*，後者も窒素固定能を有する菌株に近縁で，いずれの近縁菌株もイネの窒素固定エンドファイトとして知られている．また，窒素固定能を有するメタン酸化菌 *Methylosinus* も低窒素条件で増えた．機能性遺伝子に注目すると，窒素代謝など，養分獲得に関連するさまざまな遺伝子群も低窒素条件下でより活発になるよう（表12-1），イネがより効率的な養分獲得のため根圏微生物を制御しているように見える．

発病抑止土壌（suppressive soil）とは，土壌伝染性病原菌（soil borne plant pathogens）が生息している条件下で感受性の作物を栽培しても作物の病気が軽微なタイプの土壌のことである．土壌を殺菌すると抑止性がなくなることが大半で，その場合，発病抑止メカニズムには土壌生物が関与する．抑止土壌から分離された蛍光性 *Pseudomonas* や非病原性 *Fusarium* を助長土壌（conducive soil）に接種すると抑止性がもたらされることから，これらの特異微生物が抑止性に関与すると考えられてきたが，その他の微生物群集の詳細はわかっていなかった．細菌，アーキア群集の網羅的解析に次世代シークエンサーが活用され，その成果が2011年『Science』誌に掲載された．病原菌 *Rhizoctonia solani* によるテンサイ苗立枯病の抑止土壌では，土壌を50℃で処理すると抑止性が低下し，80℃処理では消失したことから，抑止性には微生物が関与する．これらの土壌で栽培し

表12-1 無窒素（LN），慣行施肥（SN）条件下で栽培されたイネの根の細菌群集に見られた機能性遺伝子発現量の比

カテゴリー	機能	LN/SN
窒素固定	ニトロゲナーゼ	1.5
メタンサイクル	メタンモノオキシゲナーゼ	4.1**
植物ホルモン	ACCデアミナーゼ	4.7*
窒素代謝	ウレアーゼ	3.3*
	尿素トランスポーター	3.1***
	硝酸塩トランスポーター	3.4***
イオウ代謝	イオウ酸化	2.6**
鉄代謝	pyoverdin生合成	2.3***
芳香族化合物代謝	安息香酸	2.0**
	フェニルプロパノイド	2.9*

LN：P_2O_5，K_2O のみ 30 kg/ha．SN：N，P_2O_5，K_2O いずれも 30 kg/ha．
*，**，***：95％，99％，99.9％有意． (Ikeda, S. et al., 2014)

たテンサイの根圏微生物群集を，助長土壌のそれも含めて比較したところ，抑止性の高い土壌ほど *Pseudomonadaceae*，*Burkholderiaceae*，*Xanthomonadales* が増えていた．次いで，培養法により得られた各種分離菌株の *Rhizoctonia* に対する生育抑制効果を見たところ，抑止土壌からのみ高頻度で抗生物質生産能を有する複数タイプの *Pseudomonas* が見つかった．遺伝子破壊法を用いて作出したリポペプチド系の抗生物質生産能が欠損した変異株は野生株と同様に根には定着したが，発病抑制能がなかった．以上から，病原菌抑制能という特定機能を有する微生物群集の存在が発病抑止性を担っていることが明らかにされたが，なぜ抑止土壌にそういった特定の細菌群集が生育するようになるのかは，今後の大きな課題である．コムギ立枯病などで見られる病気の衰退現象（栽培当初は甚大な発病が見られるが，栽培を繰り返すにつれて発病が軽減される）では，病原菌密度の増加に伴い病原菌に対する特異的な拮抗菌が増えてくるが，発病抑止土壌ではもともと発病が見られないため，このメカニズムは考えにくい．

　ヒントになるのが微生物の基質となる有機物施用である．堆肥施用によって土壌の有する病害抑制能が増強したという事例が数多く存在する．堆肥を入れれば必ず病害抑制能が高まるわけではないが，本節で紹介した養分供給能は確実に高

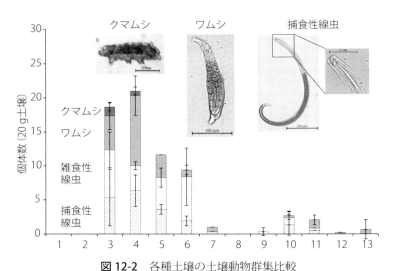

図 12-2　各種土壌の土壌動物群集比較
1〜13：土壌採取地点番号．3，4 の土壌ではネコブセンチュウ害が最も少なく，5，6 の土壌も少ない．（Min, Y. Y. et al., 2013 を参考に作図，写真提供：兒山裕貴氏）

まる．土壌の団粒化が促進されるなど物理性の改善効果も期待できる．多様な食物連鎖が病虫害抑制につながる例も知られる．有機農業では天敵生物の多様性が高く，その結果害虫発生が少なくなりジャガイモの収量も増加した例が 2010 年に『Nature』誌に発表された．わが国のとある有機圃場では植物寄生性線虫による害が全く見られなかったため，そのメカニズムを調査したところ，クマムシ，ワムシ，捕食性線虫といった高次の土壌動物群が多く（図 12-2），これらによる捕食が線虫害の少ない原因として示唆された．多様な土壌動物群を維持するためには餌となる有機物が必須のため，この点でも有機物施用の重要性がわかる．

2．環境浄化に貢献する土壌微生物

1）難分解性化合物を分解する微生物

　土壌や水系には，人間やその他の生物に対して有害な影響を及ぼす人工有機化合物が投入されることがあり，PCB（ポリ塩化ビフェニル），有機リン，チウラム，シマジン，チオベンカルブ，揮発性有機化合物（VOCs）が土壌汚染対策法で対象物質として指定されている（図 12-3）．環境基準超過事例は重金属で多く，次いで VOCs であるが（図 12-4），これら以外にも石油，ダイオキシン類などが難分解性として知られている．

　PCB は塩素の数と結合位置によって多くの類似体が存在する．電気絶縁体，熱伝導体，潤滑油，溶剤として幅広く使われてきたが，現在は製造も使用も中止され，PCB 廃棄物は 2019〜2027 年までに適切に処理することが義務づけられている．PCB の好気的分解菌として *Pseudomonas*，*Alacligenes*，*Rhodccoccus* などが分離されているが，好気的分解では塩素数の多い PCB は分解できないため，PCB 廃棄物の処理法としては化学薬剤を用いた脱塩素化分解や水熱分解，あるいは塩素の多い PCB にまず紫外線を照射してある程度塩素を除去し，その後，微生物分解する方法などが開発されている．

　環境基準超過事例の多いトリクロロエチレン（TCE）やテトラクロロエチレン（PCE）は半導体や金属，繊維の洗浄剤として大量に使われているが，発がん性が指摘されており，これらの物質による地下水汚染が問題となっている．TCE や

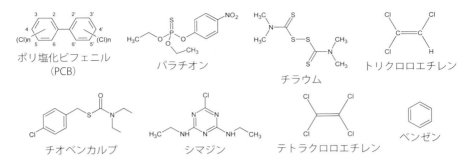

図 12-3　土壌汚染対策法の対象物質の例

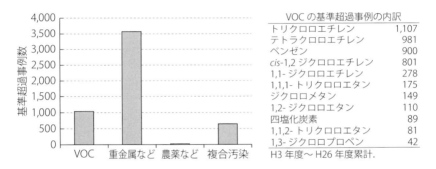

図 12-4　汚染物質の分類ごとの超過事例数
（環境省 H21 年度の報告より，吉川美穂氏作図）

　PCE はさまざまな微生物により嫌気的分解で除去されるが，塩素化エチレン類を嫌気条件下，単独で無害なエチレンにまで分解できるのは *Dehalococcides* のみである．塩素化エチレン類は好気的にも分解が進むが，その場合は共代謝となりメタン，トルエン，フェノールなどを添加しなければならないため，TCE や PCE の浄化には通常嫌気分解が用いられる．ベンゼンの分解は好気条件下で速やかに起こり，*Pseudomonas*，*Burkholderia* などさまざまな分解菌が知られている．

　石油分解菌も多数見つかっており，細菌では *Pseudomonas*，*Acinetobacter*，*Rhodococcus*，*Alcanivorax*，糸状菌では *Candida*，*Rhodotorula* などが知られているが，クウェートの油汚染砂漠土壌から分離された石油分解菌の大半が窒素固定能を有していたことは興味深い．

　ダイオキシン類は塩素系農薬の製造やゴミ焼却場での燃焼過程で生成する不純

物で，強い発がん性，催奇性を示す．その好気分解菌として *Pseudomonas*, *Rhodococcus*, *Sphingomonas*，嫌気分解菌として *Dehalococcoides* が知られている．

2）農薬分解菌

γ-HCH（ガンマ-ヘキサクロロシクロヘキサン），ディルドリン，DDT（ジクロロジフェニルトリクロロエタン）といった環境中で長期にわたって残留する農薬はわが国をはじめ世界の多くの国で現在使用されていない．農薬取締法は土壌中での半減期が1年以内のものの登録を許可するが，数日〜数十日と比較的短い半減期の農薬が大多数であり，現在使われる農薬には長期にわたる残留の懸念はないといってよい．むしろ，施用された農薬が短期間で分解されてしまい，本来の効果が発揮できなくなる例が知られる．殺虫剤フェニトロチオンは農耕地や街路樹のアブラムシ，アオムシ，ガの駆除のために世界中で広く使われる．殺虫剤では，単一の薬剤を連続使用すると抵抗性の害虫が出現するようになることが古くから知られている．通常，害虫そのものが薬剤に対して抵抗性を有するようになるが，サトウキビ畑の害虫ホソヘリカメムシでは，土壌中にもともと生育していたフェニトロチオン分解能を有する *Burkholderia* の密度が農薬添加に伴い高まり，その結果その細菌が害虫に共生し抵抗性を付与する，と証明された．

植物寄生性線虫の防除のために使われる殺線虫剤では，繰返し使用に伴い殺虫効果が消失するという現象（不効化，enhanced degradation）が知られている．線虫そのものが薬剤に対して抵抗性を有するよう変化するのではなく，線虫に薬剤分解菌が共生するのでもなく，薬剤がその分解菌により土壌中で速やかに分解され効果を発揮できなくなる．オキサミル分解菌として *Aminobacter*, *Mesorhizobium*, カズサホス分解菌として *Flavobacterium*, *Sphingomonas* が分離されている．

3）バイオレメディエーション

微生物や植物の機能を利用して汚染環境を修復することをバイオレメディエーションと呼ぶ．石油，有機塩素系化合物，重金属などに汚染された土壌や地下水が主な浄化の対象である．土壌中の重金属の除去には主として植物が利用され，その場合はファイトレメディエーションと呼ばれる．微生物の利用方法はバイオスティミュレーションとバイオオーギュメンテーションの2つに分けられる．

前者は汚染場所に生息する土着微生物を，窒素やリンといった基質や酸素を供給するなどして，活性化して汚染物質の分解を行わせる方法で，汚染物質を分解する能力を持つ微生物が幅広く生息している場合に有効である．後者は土着微生物によって分解されにくい単一の物質による汚染の場合に用いられ，汚染物質を分解する微生物を汚染環境に添加して分解を行わせる方法である．この場合も添加する微生物を活性化するために，栄養源や酸素の供給が行われる．

3．有用物質を作る土壌微生物

1）抗生物質，医薬品

2015年ノーベル生理学・医学賞を受賞した大村智博士の最大の功績は，糸状性の土壌細菌（かつては放線菌 Actinomycetes と呼ばれ，現在は Actinobacteria に分類される）Streptomyces avermitilis が生産する物質アベルメクチンを発見，それを基に寄生虫感染症の治療法確立に貢献したことである．これを契機に土壌微生物に対する世間の関心が一気に高まったが，それ以外にも土壌微生物の生産する各種の化学物質がわれわれの生活に役立っている．Fleming は 1928 年，青カビ（Penicillium）の生えた周囲にはブドウ球菌が生えていなかった現象をきっかけに細菌を溶かす物質ペニシリンを発見した．Waksman は放線菌 Streptomyces griseus からアクチノマイシン，ストレプトマイシンを発見した．Waksman はこれら抗菌作用を有する物質を「抗生物質」と名づけ，「微生物が生産する化学物質で，他の微生物の生育または代謝を阻害する物質」と定義した．以降，各種の放線菌から数多くの抗生物質が分離されている．また，白癬菌によって生じる皮膚感染症（水虫）に効果の高いピロールニトリンは土壌細菌 Pseudomonas pyrrocinia から発見された．この抗生物質は 1982 年に『Science』誌に発表された発病抑止土壌に関する論文において，発病抑止メカニズムを担うキー物質の 1 つとして注目され，その後，医薬品として実用化された．

2）新規，未利用な土壌微生物資源を開拓するための新しい方策

土壌微生物の多くは，未だ培地上で培養できていない．このことが土壌微生物

は新規，未利用な微生物の宝庫といわれるゆえんであり，培養に向けてさまざまな工夫が行われてきている．最も一般的な方法は対象とする基質を用いた集積培養（enrichment culture）である．別のアプローチとして，VBNC（viable but non-culturable）状態にある細胞の蘇生を促す因子に関する研究がある．過酸化水素により VBNC 状態になった *Salmonella enterica* はピルビン酸や α-ケト酪酸の添加で分裂状態に戻ることが知られている．通常，培地作成には寒天を用いるが，かわりにゲランガムを用いることで培養に成功した例もある．リン酸塩と炭素・窒素源を含む寒天を別にオートクレーブし，放冷後両者を混合し固化させると，分離される微生物の種類が格段に増えることも知られるようになった．*Streptomyces avermitilis* の全ゲノム解析により，培養によって確認された化合物の数をはるかに超える二次代謝生合成遺伝子群があるとわかった．これは新たな二次代謝産物の存在を示唆し，実際，他の微生物と共培養することで新規抗生物質が見つかっている．培養不能あるいは困難な微生物の培養，あるいは新規有用物質の探索に多くの研究者が挑んでいる．

4．生物多様性，生物機能の安定性

生物多様性に関する人々の関心は高い．生産者や消費者，分解者の種の数を人工的に操作したミクロコズムを使った実験で，生物多様性が高い生態系は一次生産能が高いこと，さらには安定することが 1997 年『Nature』誌に発表された．多様性は保険仮説に基づき，撹乱を受けた生態系機能の安定性を高めると考えられる．土壌微生物はさまざまな機能を有するが，土壌微生物が生育する環境には乾燥湿潤，凍結融解，耕耘，農薬など多くの撹乱要因が影響する．持続的な作物生産の観点から，土壌の有する生物機能が安定して維持されることが望ましく，その点で多様性は重要である．生物機能の安定性は抵抗力（resistance）と回復力（resilience）から求められる．土壌構造が破壊されると安定性は低下する．孔隙内部に生育する細菌は土壌動物による捕食から逃れられるように，土壌構造が安定した生息場所を微生物に提供しているからである．土壌の性質としては有機物や粘土含量が高い土壌では回復力が高いとされる．有機物を連用することで撹乱に対する回復力が高まった例もある．

第13章

地球規模での土壌の変化

1．地球規模での土壌変化を引き起こす要因

　われわれ人類は，人口増加，経済成長，気候変動など，その歴史上でかつてないほどの大きな変化の時代を迎えている．これらの変化は，世界の土壌にも大きな変化をもたらす要因となっている．人口増加と経済成長は20世紀を通して飛躍的なものであり，これに付随して革命的ともいえる農業生産の変化が起こり，世界の食糧需給と食習慣は大きくかわった．経済成長は，やがては，資源消費や廃棄物発生の増加と無関係になり，人口増加も抑制されるかもしれない．しかし，少なくともこの先数十年の期間においては，これら2つは土壌変化の主な要因であり続けるであろう．

　1961年から2010年の50年間で，世界人口は125％増加したのに対し穀物生産は182％増加し，1人当たりの穀物生産は25％の増加を示した．穀物収量が2倍以上に増加した一方で，驚くべきことに耕地面積の増加は7％にとどまり，1人当たりの耕地面積は，0.42から0.20 haへと大きく減少した（図13-1，13-2）．すなわち，単位面積当たりの作物収量（単収）が飛躍的に増大し，爆発的ともいえる人口増加を可能にできたのである．それを可能としたのは農業技術の進展であり，とりわけ，農業投入資材の劇的な増加と作物育種の発展が大きく寄与した．上記の期間で，窒素およびリン肥料の使用量は，それぞれ7倍および3倍に増加し，灌漑水の使用量は2倍に増加した．

　世界人口は2013年に72億人を越え，2050年には96億人になると予測されている．この人口増加予測と，肉食の増加などの食習慣の変化を基に世界の食料需要を推定すると，2050年には2010年と比較して40〜70％の食料生産増加が必要であることがわかる．しかし，農業資材の投入量を増加させて食料生産

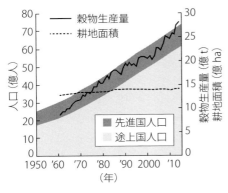
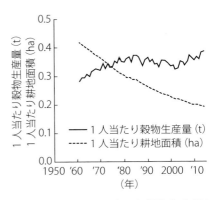

図 13-1 世界の人口，穀物生産量，耕地面積の変化

図 13-2 世界の1人当たり穀物生産量と耕地面積の変化

性を上げるという従来の戦略には問題がある．なぜなら，温室効果ガスの排出，資源の枯渇および安価な水資源の減少などが起こるからである．

また，世界人口に占める都市住民の割合が増加してきている（図 13-3）．その結果，拡大した都市域が良好な農地へ侵入し，土壌表面をアスファルトなどの透過性を持たない人工物で永久的に覆う土壌被覆が地球規模で深刻な問題となっている．国連によると，2014年における世界人口の54％が都市部に居住している．さらにこの傾向は続くと予想されており，2050年には世界人口の66％が都市住民になると推定されている．

気候変動は，現在および今後予想される土地利用の変化を介して，さらに大きな土壌変化の要因となる．気候変動が土壌機能に及ぼす影響は，土壌が関係する生態系サービスの将来予測をする上で最も大きな不確定要素であるが，土壌資源に対して大きな影響を与える可能性が高い．例えば，降水量や降水パターンの変化および蒸発を加速させる高温により水の利用可能性が変化すると，その影響によって実際の蒸発量，地下水に移行

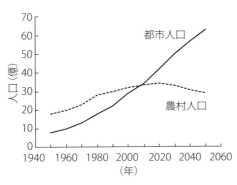

図 13-3 世界の都市人口と農村人口の推移

する水量および流去水の発生状況が地域の条件に応じて変化する．温暖化による土壌温度や水分状況の変化によって，土壌有機炭素の分解速度が増加するかもしれない．土壌侵食や砂漠化リスクの増加が気候変動を増幅するというフィードバックが起こる可能性もある．気候変動に伴う海水面の上昇は，土壌侵食を進め，海岸線を内陸へと移動させるだろう．沿岸地帯の低地で砂防対策が十分になされていない場所では，高潮により塩水が現在よりもさらに内陸部まで入り込む傾向があるため，永続的または季節的な塩類集積土壌の面積が広がるだろう．

2．地球規模での土壌の機能不全

第11章で述べられているように，土壌は，さまざまな地球環境問題に深い関わりを持つと同時に，土壌劣化や土壌喪失による土壌の機能不全が世界の多くの地域で認められている．その結果，食料安全保障や水，大気，生物多様性といったさまざまな生態系サービスを提供する機能の低下が顕在化している．

1）食料安全保障

われわれ人類に対する土壌の最も重要な機能は，いうまでもなく，現在72億を超える世界の人口を養うために食料生産の場を提供し，そこで育てられる作物に水と養分を供給することである．水産物や一部の作物を除いた，世界の食料の実に95％が土壌を基盤として生産されている．

土壌侵食は，豊かな機能を持つ肥沃な土壌そのものの喪失を引き起こす土壌の機能に対する最大の脅威である．土壌侵食には，降雨，融雪氷，流水など水の作用に起因して土壌が流亡する水食（図13-4 左）と，風の作用によって土壌が飛散する風食（図13-4 右）とがある．このうち，水食により失われる土壌は，全世界合計で1年当たり200〜300億tと見積もられている．この量は岩手県全県の表層1mの土壌の量に相当する．風食による土壌の損失量は水食による損失量の1/10程度であると考えられている．一般に，耕起を伴う農地としての土地利用は土壌侵食が生じやすく，特に，降雨量の多い地域や傾斜地はその脆弱性が高い．現在進行している土壌侵食は世界の食料生産の増加を毎年0.3％の割合で抑制していると推定されている．この状態が2050年まで継続すると，食料生

図 13-4　水食（左）と風食（右）
（写真提供：神山和則氏）

産の損失は約 10％に達すると見積もられている．

　土壌への有機物還元の乏しい農業生産体系や開発地への転用により，土壌の有機態炭素含量と生物多様性は減少する．このことは土壌の肥沃度低下をもたらすことから，世界の食料生産にとって重大な脅威となる．劣化土壌の肥沃度回復には土壌への有機物の投入が必須であるが，低い生産性と作物残渣および堆肥の他の用途との競合が有機物投入の障害となっている．

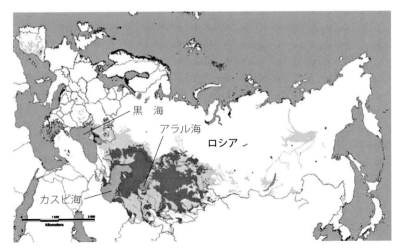

図 13-5　ユーラシア大陸北部における塩類集積土壌の分布
淡灰色：50％以下の面積で塩類集積，濃灰色：50％以上の面積で塩類集積．（FAO and ITPS, 2015 を改変）

土壌の化学性の変化により引き起こされる酸性化，塩類化，化学物質汚染は世界各地で広く見られ，いずれも，ある一定値を越えると作物生産に深刻な影響を与える脅威である．塩類集積の要因には自然要因と人為要因の両方があり，この問題のある土壌は世界の100か国以上に存在する．特に，乾燥地域での問題は深刻で，不適切な農地管理による塩類集積により放棄された農地が世界の各地に見られる．中央アジアでは，不適切な大規模灌漑農業による塩類集積土壌が広範囲に分布している（図13-5）．酸性化は，土壌中の塩基が降水により溶脱されるとともに，肥料や大気降下物からの酸性物質の負荷により引き起こされる．化学物質による汚染は，重金属，有機溶剤，農薬など多様であり，さまざまな原因により引き起こされる．農業生産においては，消費者の健康と安心な流通のため，カドミウムやヒ素などの重金属，過去に使用された農薬などによる残留性有機汚染物質（POPs）による汚染を低減することが喫緊の課題となっている．2011年の東京電力福島第一原子力発電所の事故による土壌の放射性物質汚染もこの問題の1つであるといえる．

2）水資源と水質

土壌は地球上の水の保全に対して重要な場を提供している．地表に降り注ぐ降雨の約60％は蒸発散により大気へ戻っていくが，残りの約40％は河川としてまたは土壌に浸透し，地下水として海洋に到達する．その間，土壌は巨大な水の貯蔵庫としての役割を果たし，河川への流出に対する干渉機能を発揮するとともに，生物の成育に不可欠な水を供給する．また，土壌を浸透する間に，多くの汚染物質は土壌の吸着・分解機能により除去され，良好な地下水の水質を保障する．

ずさんな土壌および土地管理が降雨－流出の関係性に及ぼす影響は広く知られており，ピーク流量を増加し洪水による被害を増大する要因となっている．さらに，都市化や開発に伴い土壌が建造物やアスファルト舗装などによりその表層が覆われる土壌被覆の問題も流出量を大きく増加させる．土壌被覆は実質的な土壌機能の喪失をもたらす脅威であるが，全世界では，毎年，ほぼ三重県の面積に相当する58,000 km^{2}の土壌が被覆されていると見積もられている．

地表から侵食されて表流水に達する土壌は，水質に対して大きな負の影響を与える．世界的に見ると，水による土壌侵食は農地から0.23〜0.42億tの窒素と

0.15～0.26億tのリンを持ち出していると推定される．これらのフラックスは，年間の世界全体の窒素施肥量の約1/4，リン施肥量については同程度である．それに加えて，土壌中での水の移動に伴う地下水への窒素やリンの溶脱は地下水の汚染を引き起こす．これらの問題は，特に，化学肥料や家畜ふん尿が多量投入されている先進国や新興国の農地で見られており，土壌養分不均衡の問題として土壌劣化の1つに取り上げられている．

3）大気の質と気候調節

　土壌の吸着・分解機能は大気中の汚染物質に作用し，生態系において，さまざまな大気微量物質が土壌により除去されている．この機能を利用して，自動車などから排出される窒素酸化物（NO_x）や浮遊粒子状物質を土壌により除去する技術が実用化されている．さらに，土壌は光合成によって固定された二酸化炭素（CO_2）を有機物として蓄積することにより，大気CO_2濃度の調節，すなわち，地球温暖化の緩和にも寄与している．これは，落葉や植物の枯死体などが土壌に還元され，その一部が安定な腐植として長期間土壌に蓄積されることによるものである．全世界の土壌表層1mに蓄積されている炭素量は約1兆4,000億tと推定されているが，これは全世界で放出される人間活動起源のCO_2の27年分に相当する．

　しかし，19世紀半ばからの人間活動の拡大は，森林伐採と農地の拡大に加え，都市化に伴う土壌被覆により土壌炭素を消耗し続けてきたと考えられ，その量は現在までに500～800億t炭素に上ると見積もられている．この量は世界の表層1mの土壌炭素量の4～5％であり，現在の化石燃料により排出されるCO_2の6～9年分の量に相当する．

　他の温室効果ガスであるメタン（CH_4）と一酸化二窒素（N_2O）について，土壌は大気への重要な排出源となっている．CH_4は湛水された土壌における微生物活動により生成されるが，全球での土壌からのCH_4排出量は年間1.45億tと推定されている．そのうち自然湿地から0.92億t，水田から0.53億tと見積もられているが，世界的な水稲耕作の拡大により，水田からのCH_4排出量は1961年から2010年の間に約40％増加した．N_2Oは土壌中での窒素循環に関わる微生物活動により生成されるが，農地土壌からのN_2O排出量は人為起源排出量の

80％以上を占めている．世界的な窒素肥料投入量の増加から，農地からの N_2O 排出量は大きく増加しているものと考えられている．

4）生物多様性

　土壌の生物多様性に果たす役割については，一般には十分に認識されていないかもしれない．しかし，手のひら1杯の土壌（10g）には，約100万種に及ぶ約100億個のバクテリア細胞が含まれている．土壌中に生息する動物種の数は約40万に上り，これらと菌類，植物を含めると，土壌中に生息する生物種の数は，地球全体の約25％に相当すると考えられる．そして，これらの土壌生物は，生態系の分解者として，炭素，窒素，リン，イオウといった主要元素の循環を司る重要な役割を果たしている．

　土壌の生物多様性は，土地利用や気候の変化，窒素の富化，土壌汚染，侵略的生物および土壌被覆などの多くの人間による撹乱に対し脆弱である．最新の分析により，土地利用の高密度化とそれに関連する土壌有機物の損失が土壌の生物多様性に対する最大の圧力に位置づけられることが明らかになっている．さらに，多くの研究により，自然の土地の農地への改変や農業集約化のために土壌の生物多様性が低下していることが報告されている．集約的な土地利用に対しては，ミミズ，ダニおよびトビムシのような大きな体を持つ土壌動物と土壌糸状菌が特に脆弱であることが示されている．土壌有機態炭素の損失を最小化し，その貯留量を増加させる土壌管理は，土壌の生物多様性に対しても有益な効果を持つ．

3．世界の土壌劣化の現状

　国連環境計画（UNEP）は，1990年代に，世界の土壌劣化の現状を取りまとめ，地域別の土壌劣化面積を推計するとともに，世界地図として公表した（図13-6）．この集計によると，世界の農地土壌面積の38％に深刻な劣化が認められ，特に中央アメリカ，アフリカ，南アメリカ地域の劣化が激しいことが報告されている．さらに，国連食糧農業機関（FAO）は，2011年に世界の土地の25％が「著しく劣化」しており，「劣化の程度が中程度」だったのは44％，「改善されている」土地は10％に過ぎなかったとする調査報告書を発表している．

図 13-6 世界の土壌劣化の分布
濃灰色で塗られた地域は「深刻な劣化が進行している土壌」,中程度の灰色は「劣化土壌」,
白は「安定（劣化なし）土壌」,淡灰色は「植生のない土壌（評価の対象外）」をそれぞ
れ表す.（UNEP）

　2015年は国連の定めた「国際土壌年」であり，世界各国で土壌の重要性をアピールするためのイベント開催や出版物の発行が行われた．その年の12月5日，すなわち「世界土壌デー」に，FAOと土壌に関する政府間技術パネル（ITPS）により刊行された「世界土壌資源報告書（Status of the World's Soil Resources Report）」は土壌に関わる問題を地球規模で包括的に評価した画期的な報告書である．本報告書では，土壌の機能と状況について地球規模および地域別に評価がなされ，現在の人間活動が地球規模での土壌の劣化を引き起こしていることが指摘されている．

　この中で，土壌機能を劣化させている主な問題として10の脅威（侵食，有機態炭素の損失，養分不均衡，塩類集積，被覆，生物多様性の低下，化学汚染物質，酸性化，圧密，湛水）が取り上げられている．そして，それぞれの脅威について世界の地域別にその問題の程度やトレンドが評価され，多くの地域で土壌資源の劣化が進んでいることが示されている（図13-7）．そのうえで，「土壌は地球上の生命にとってなくてはならないもの」であり，人類全体の協調による「持続可能な土壌管理」の行動がとられない限り，その状況は悪化することが予測されている．

地域	侵食	有機態炭素の損失	養分不均衡	塩類集積	被覆	生物多様性の低下	化学物質汚染	酸性化	圧密	湛水
①	悪い ↓ 悪化	悪い ↓ 悪化	悪い ↓ 悪化	普通 ↕ 悪化・改善	良い — 安定	普通 ↓ 悪化	良い ↓ 悪化	悪い ↓ 悪化	良い — 安定	良い — 安定
②	悪い ↓ 悪化	悪い ↕ 悪化・改善	悪い ↓ 悪化	悪い ↕ 悪化・改善	悪い ↓ 悪化	普通 ↕ 悪化・改善	悪い ↓ 悪化	悪い ↓ 悪化	悪い ↓ 悪化	普通 ↓ 悪化
③	普通 ↑ 改善	悪い ↕ 悪化・改善	悪い ↕ 悪化・改善	悪い ↓ 悪化	悪い ↓ 悪化	普通 ↓ 悪化	悪い ↑ 改善	普通 ↑ 改善	普通 ↕ 悪化・改善	普通 ↕ 悪化・改善
④	悪い ↓ 悪化	悪い ↓ 悪化	悪い ↓ 悪化	悪い ↓ 悪化	普通 ↕ 悪化・改善	普通 ↕ 悪化・改善	普通 ↕ 悪化・改善	普通 ↕ 悪化・改善	普通 ↓ 悪化	普通 — 安定
⑤	悪い ↓ 悪化	悪い ↓ 悪化	良い — 安定	悪い ↓ 悪化	普通 ↓ 悪化	悪い ↓ 悪化	悪い ↓ 悪化	良い — 安定	悪い ↓ 悪化	良い — 安定
⑥	普通 ↑ 改善	普通 ↑ 改善	悪い ↓ 悪化	普通 ↕ 悪化・改善	普通 ↓ 悪化	普通 ↕ 悪化・改善	良い ↑ 改善	良い ↑ 改善	普通 — 安定	良い — 安定
⑦	普通 ↑ 改善	悪い ↕ 悪化・改善	普通 ↓ 悪化	普通 — 安定	良い ↓ 悪化	良い ↕ 悪化・改善	良い ↑ 改善	悪い ↓ 悪化	普通 — 安定	良い — 安定

図 13-7 「世界土壌資源報告書」に示された土壌機能を劣化させている 10 の脅威の地域的現状とトレンド

地域は，①アフリカ（サブサハラ），②アジア，③ヨーロッパ，ユーラシア，④中央・南アメリカ，⑤中東・北アフリカ，⑥北アメリカ，⑦南西太平洋（オーストラリア，ニュージーランドなど）．各地域での各脅威に対する四角いセルの色分けと上段の表記は，現在の問題の程度を示す（悪い，普通，良い）．また，セル中の矢印などはトレンド（変化傾向）を示す（悪化している，悪化している場所と改善している場所の双方がある，安定している，改善している）．

4．適切な土壌管理に向けた国際的取組み

　世界各国において，直接の影響を受ける農民や専門家の間では前記のさまざまな土壌劣化の脅威が認識され，土壌保全の対策が進められている．1935 年にすでに土壌保全法を制定したアメリカのように，政府主導で土壌保全に取り組んできた国も多い．わが国においても，1950 年代から全国規模での農地土壌のモニタリング事業が実施されるなど，政府主導の取組みも行われている．しかし，土壌劣化の被害の深刻な開発途上国では，政府の財政難や貧困農家の多くが家族経

営であることから，継続的な土壌保全対策の実施が困難である．また，わが国を含めた多くの政府では，土壌に対する優先度の低下から，その保全対策に執行される予算は削減され続けている．

　これらの背景から，地球の土壌資源を保障するための新たな国際協力の枠組みである「地球土壌パートナーシップ（Global Soil Partnership, GSP）」が，FAOの主導により2011年9月に立ち上げられた．GSPの目的は，地球の限られた資源である土壌の健康的かつ生産的な維持管理を保障するために世界各国の関係者による国際協力の促進を図ることであり，土壌の持続的な管理の推進，そのための啓発活動，土壌研究とデータの共有化を記した活動計画が提示されている．また，2013年12月に行われた国連総会において採択された「世界土壌デー（12月5日）」と「国際土壌年（2015年）」は，GSPが国際社会に呼びかけてきたもので，その活動の最初の成果といえる．

　GSPでは，さらに，1981年にFAOが制定した「世界土壌憲章（World Soil Charter）」を改訂するとともに，「世界土壌資源報告書」で必要とされた土壌保全のための行動指針を示す「持続可能な土壌管理のための任意ガイドライン」を刊行した．これらの成果物では，「人間が土壌資源にかける圧力が限界に達しようとしている」こと，「注意深い土壌の管理が持続的な農業生産とさまざまな生態系サービスに必要不可欠」であることが明記されている．さらに，国連の2030アジェンダに盛り込まれた「持続可能な開発目標（SDGs）」にも取り上げられている，食料安全保障，貧困の撲滅，女性の社会的地位向上，気候変動への対応といった現在の地球社会が対応を迫られている多くの課題の解決に寄与することを認めている．そのために，個人，団体，研究者コミュニティ，および各国政府が取るべき行動の指針が示されている．

第 14 章

環境保全に配慮した耕地管理

1. 農業活動が環境に及ぼす影響

　世界の人口は70億人を越え，今世紀末には100億に達するのではないかと予想されている．しかし，地球上の農地に適した土地は限られており，これ以上大規模に農地を拡大していくことは難しい（☞ 9, 13）．したがって，世界的に見ると，増大する人口を支えていくためには，農地土壌の肥沃度を維持向上させ，現在の農地の食料生産性を高めていかなければならない．そして，農地は国土保全および周辺環境の保全にも重要な役割を有している．

　しかしながら，歴史を振り返ると不適切な耕地管理が土壌の劣化をもたらし，地域の環境を損なってきた例が少なくない．例えば，古代メソポタミア文明は半乾燥地帯における長年の耕作と上流の森林伐採によって農地へ塩類が集積し，食料生産力の低下が文明衰退の一因となった．土壌劣化による文明衰退は多くの事例が知られているが，これら歴史的な土壌劣化は数百年という長い期間にわたって徐々に進行したものである．しかし，産業革命以降の近代農業技術の発達は，農業生産力を飛躍的に上昇させたが，その一方で，次に述べるように環境への負の影響も加速度的に増大した．

　熱帯の森林を大規模に伐採し，広大な農地を造成し農作物栽培を進めたところ，もともと肥沃度の低い熱帯の土壌は，開墾後，数年で生産力が低下し，結果として農地が放棄され荒廃地と化した例，あるいは半乾燥地帯の牧草地において過剰の家畜（羊や牛など）を飼養したために牧草が失われ，表土も風による侵食などによって失われ砂漠化した例などが知られている．中央アジアのアラル海は農業活動が引き起こした20世紀最大の環境破壊ともいわれている．アラル海はかつて広大な湖であったが，1960年代から湖水を周辺農地へ大規模に灌漑水として

図 14-1 富栄養化した湖沼におけるアオコの発生
肥料成分の流入によって富栄養化した中国江蘇省・太湖. 2010 年撮影.

利用を進めたところ，急速に湖水が減少し，また周辺農地は塩類化し荒廃した．

　作物の生産性を高めるために多量の肥料が施用されると，余剰の肥料成分（窒素，リンなど）が地下水や河川などへ流出し，水圏の富栄養化を引き起こす（図 14-1）．また，農薬の使用によって，病害虫や雑草が抑制されるが，その一方で，益虫などの対象以外の生物が影響を受け，生物多様性の低下が起こっている．

　さらに，地球レベルでの環境問題として，地球温暖化の原因となる温室効果ガスが農地から排出されていることを忘れてはならない．地球全体で排出されている温室効果ガスの 10 数％が農業活動に由来している．

　このように，農業活動は環境に対して大きな影響を及ぼしており，持続的な食料生産の基盤となる環境への負の影響を最小限にとどめる農業システムが必要となる．東アジアや東南アジアでは，山間部において数千年にわたって稲作が持続的に行われている棚田が知られている．このような例では，伝統的な農法によって周辺環境の保全とともに灌漑水や有機物施用などによる土壌肥沃度の維持が行われている（☞ 4）．こうした持続的農法の知恵を活かし，生産性の高い持続的農業システムを構築することが重要である．

2．環境保全に必要な土壌管理

　農業活動が環境に及ぼす影響は，①地下水および河川などの水域，②大気など

表 14-1 農業活動が環境に及ぼす影響

主な農業活動	地下水，河川など水域	大気および地球環境	土壌肥沃度，周辺環境
施 肥	過剰な施肥による水質汚濁，富栄養化	窒素肥料に由来する温室効果ガス（亜酸化窒素）発生	化学肥料のみに依存した土壌劣化
病害虫防除，除草	農薬の水域への流出による汚染		周辺環境の生物多様性低下
灌 漑	水田代かき時の濁水による水質汚濁，富栄養化		
耕起などの圃場管理	表土流出に伴う水質汚濁，富栄養化	水田土壌からの温室効果ガス（メタン）発生 農業機械運転のための化石燃料消費によるCO_2排出	土壌侵食などによる表土流出 大型機械作業による土壌の圧密化
ハウス栽培		加温などのための化石燃料消費によるCO_2排出	過剰な施肥による塩類蓄積
家畜飼養	畜舎排水，家畜排泄物の不適切な処理による水質汚濁，富栄養化	悪　臭 反芻家畜の消化管からの温室効果ガス（メタン）発生	家畜ふん尿の過剰施用による養分アンバランス

地球環境，③農地土壌およびその周辺環境に対する影響，に大別することができる．わが国における農業事情に即して，主な農業活動が環境に及ぼす影響を整理した（表14-1）．これらの影響を最小限にとどめ，その一方で，持続的な作物生産の基盤となる農地土壌管理を進めていかなければならない．土壌管理の面からどのような対策が必要であるかを以下に述べる．

1）地下水および河川などの水域への影響

(1) 肥料成分の過剰

農作物の生育に必要な養分を肥料などで供給することが，生産を高めていくために必須である．農作物の必要量以上の栄養分を土壌へ投入すると，過剰な栄養分は農地土壌へ蓄積するか，系外へ流出あるいは揮散する．わが国では集約的な作物栽培を行ってきたために，海外の国々と比べても施肥量が多い．2005年の推計で，わが国の農地には1年当たり平均90 kg N/haの化学肥料と23 kg N/haの家畜ふん堆肥が施用され，70 kg N/haが収穫物として系外に持ち出されている．リンは100 kg P_2O_5/haの肥料，30 kg P_2O_5/haの家畜ふん堆肥が施用され，27 kg P_2O_5/haが収穫されている．施用される肥料中の窒素，リンの作物による利用効率（作物の養分吸収量/施肥量）は，作物の種類，土壌条件，作型などに

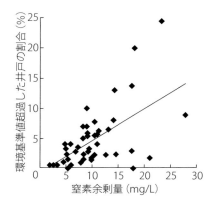

図 14-2 都道府県別の窒素余剰量と環境基準値（硝酸態窒素）を超過した井戸数割合の関係
窒素余剰量は面積当たりの余剰量を余剰降水量で除した値（Mishima, S. et al., 2009 より作図）

よって異なるが，主要作物で見ると窒素で 50～80％程度，リンでは 20％程度である．すなわち，わが国の 400 万 ha を超える農地から，毎年 44 kg N/ha と 103 kg P_2O_5/ha が環境中へ流出および揮散，あるいは土壌中に残留していることになる．

過剰な窒素成分は降雨によって地下へ浸透し，地下水，さらには河川や湖沼などの水圏へ流出する．全国の井戸水の水質調査によると，全国の数％の井戸で硝酸態窒素濃度が国の環境基準（10 ppmN）を超えており，その主な原因は野菜など農作物の栽培や畜産廃棄物によるものと考えられている（図 14-2）．

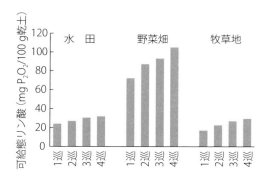

図 14-3 わが国の農地土壌（地目別）におけるリンの蓄積
調査年次：1 巡目（1979～83 年），2 巡目（84～88 年），3 巡目（89～93 年），4 巡目（94～97 年）．農林水産省の土壌環境基礎調査（定点調査）より．（小原　洋・中井　信，2004 より作成）

リンについては，わが国の主要な土壌の1つである黒ボク土はリン酸を吸着する力が強く，作物の良好な生育を確保するために，多量なリン酸施肥を行う必要があった．また，リン酸肥料は過剰に施用しても作物の生育に大きな影響を及ぼさないために，多めに施肥しがちである．土壌中でリンは容易に可溶化しないために，施用されたリン酸の多くは土壌粒子に吸着されたまま農地土壌に残留する．蓄積したリン酸の多くは土壌粒子と強く結合して不可給化しているとはいえ，農林水産省の調査によると，日本の農地土壌の多くにおいて可給態リン酸がすでに十分量あるいは過剰に蓄積していることが示されている（図14-3）．

（2）肥料成分の利用効率向上と流出防止

肥料に含まれる栄養塩類（特に窒素，リン）の環境中への流出を防止するために最も重要な対策は，施肥成分の利用効率を高めることである．これは過剰な肥料成分による環境汚染を防止するだけでなく，肥料原料となる資源の節減，肥料コストの削減のためにも有効である．

肥料の利用効率を高めるためには，①肥効調節型肥料（controlled release fertilizer），②局所施肥などの技術が有効である．肥効調節型肥料は合成樹脂で被覆した粒状肥料であり，被覆資材によって肥料成分の溶出速度が制御されている（図14-4）．作物の生育と養分吸収に合わせて肥料成分が溶出されることにより利用効率を高めることができる．また，局所施肥は，作物の根が伸長する部分に局所的に施肥をして効率を高める技術である．これらを組み合わせ，水稲に対して育苗時に生育に必要な全量の肥料を肥効調節型肥料で施用する技術も開発されている（図14-5）．

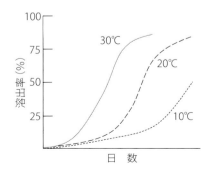

図14-4 肥効調節型肥料の温度別溶出率（模式図）
作物の生育が盛んになる高温でより溶出が進む．

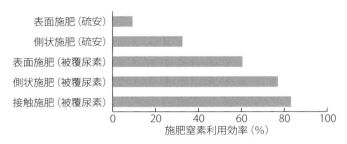

図14-5 肥効調節型肥料（被覆尿素）と局所施肥（側状施肥，接触施肥）が水稲の肥料窒素利用効率に及ぼす影響
表面施肥：水田表層に施用．側状施肥：田植え時に苗の側状に施用．接触施肥：苗箱全量施用．（金田吉弘ら，1994より作成）

農地土壌の養分の状態を把握するために，土壌診断（soil testing）が有効である．土壌診断は，土壌の理化学性を分析し肥料成分の過少や土壌酸性の矯正などを診断するもので，診断結果に基づき施肥量を調節することによって過剰な肥料施用を防止できる．

一例として，岐阜県各務原市のニンジン産地の実例を紹介する．この地域では長年のニンジン多肥栽培によって地下水の硝酸性窒素濃度が環境基準の数倍に達していた．そこで，窒素肥料を肥効調節型に変更し，土壌診断に基づき窒素肥料の施用量を半分程度に減じた．この対策によって，従来と同じ収穫量を得る一方で，地下水の硝酸性窒素濃度を大幅に低下させることができた．

（3）濁り水による土壌粒子の流出

水田では，田植え前に湛水した土壌を細かく砕き土壌表面を平らにする作業（代かき）を行うが，その後に落水すると，土壌粒子の懸濁した濁り水が河川などに排水されることがある．あるいは野菜畑の表土が大雨などで侵食され，土砂が水系へ流れ込むことがある．このような場合，土壌粒子に吸着したリンは土壌粒子とともに河川などの水系へ流出し，川底などに沈降し，そこで土壌粒子からリンが溶出し，富栄養化などの水質汚染の原因になる．

水田の代かき時の濁り水防止のためには，少ない水で代かきを行う「浅水代かき」や田植え前の落水時の排水速度を減らすことなどが，濁水を減らすのに効果的である．畑土壌からの土壌流出の防止については，3)「農地土壌の役割と周辺

環境への影響」で述べる．

2）大気および地球環境への影響

(1) アンモニア揮散

アンモニアを含む肥料やアンモニアを高濃度に含む未熟の家畜ふん堆肥などを土壌表面に施用した場合，その一部はアンモニアガスとなって揮散する．揮散したアンモニアは大気中を運ばれて他の地域に負荷されることにより，酸性雨や水圏の富栄養化などの環境汚染の原因になる．アンモニア揮散（ammonia volatilization）を防止するためには，水田の田面水への直接施肥を避け，未熟な家畜ふん堆肥は散布後，速やかに土壌中へ鋤き込むことが有効である．

(2) 温室効果ガス

農地土壌から排出される温室効果ガス（greenhouse gas）としてメタン（methane, CH_4）と亜酸化窒素（nitrous oxide, N_2O）がある．CO_2 の温室効果に比べ，メタンは1分子当たりで CO_2 の20倍，亜酸化窒素は300倍の温室効果がある．そのため，これらのガスの排出を低減するための土壌管理技術が求められている．

a．水田土壌からのメタン排出低減

水田は湛水によって土壌が嫌気的な環境に置かれるため有機物分解の最終産物としてメタンが生成し，大気中へ放出される．水田からのメタン放出を低減するためには，夏期の中干し期間を延長することによって，土壌に酸化的条件をもたらすこと，また，有機物分解の基となる稲わらを施用しないこと，あるいはわらを施用する場合には秋に鋤き込んで微生物分解を進めることなどが有効である．

b．亜酸化窒素の排出低減

亜酸化窒素は，土壌微生物によってアンモニアが硝酸へ酸化される過程，あるいは，硝酸が窒素ガスへ還元される過程で発生する．この発生を低減するためには，土壌中において無機態窒素が微生物による変換を受ける前に，速やかに作物に吸収されるようにする施肥管理法が有効である．窒素肥料の過剰な施用を避けること，硝酸化成抑制剤を含んだ窒素肥料の使用が有効である．

c．土壌炭素の蓄積

土壌中の有機態炭素の多くは腐植のように難分解性の有機物であり，土壌中に

長期間残留する．したがって，土壌中の有機炭素は地球上の炭素のシンク（貯蔵プール）として重要である．堆肥などの有機物を農地土壌へ施用することは，難分解性の土壌腐植を増加させることになり，温室効果ガス CO_2 の土壌への貯蔵の促進と見なすこともできる．カバークロップ（cover crop）は，主作物の休閑期や栽培時の畦間，休耕地などに栽培され，農地土壌を被覆する．カバークロップを農地土壌へ鋤き込むことによって土壌への有機物の給源となることから，土壌炭素の蓄積に有効である．

3）農地土壌の役割と周辺環境への影響

農地は，持続的な農作物生産の場を提供する役割だけでなく，周辺環境の保全にも大きな影響がある．例えば，水田は大量の水を田面水として保持することによる洪水防止機能や多種多様な水生生物の生息の場となるなどの多面的な機能を有している．したがって，不適切な土壌管理によって農地の役割が失われることは農地としてのみならず周辺環境へも大きな影響を及ぼす．

(1) 土壌侵食の防止

アメリカやブラジルなどの大規模畑作地帯では，風食や水食による土壌侵食が深刻な地帯がある．土壌侵食によって肥沃な表層土壌が失われると農地として利用することが困難になる．また，侵食によって移動する土砂によって周辺環境の劣化が生じることもある．

土壌侵食を防止するために，不耕起栽培（non-tillage cultivation）が広く導入されている．耕起は作物根の伸長を促し，除草効果のために一般的に重要な農作業であるが，一方で，耕起後，作物が繁茂するまでの間，土壌表面が露出し土壌侵食のリスクが高い．不耕起栽培は耕起せずに作物残渣で土壌表面を被覆して栽培を行う．これらによって土壌侵食のリスクを大幅に減らすことができる．カバークロップも土壌侵食の防止に有効であるとともに，土壌への有機物の供給の効果が高い．

また，圃場外縁へのグリーンベルトの設置，河川や湖沼の岸辺に牧草などを生やした緩衝帯や河畔林（riparian forest）の設置なども土壌侵食防止に有効であり，さらに土壌粒子などの水系への移動を抑制することで，水系への窒素やリンの流

出を低減する効果もある．

（2）土壌を巡る物質循環を活かした土壌管理

　農林水産省では，「環境保全型農業」を，「農業の持つ物質循環機能を生かし生産性と調和し，堆肥などの有機物施用による土づくりを通じて化学肥料や農薬に由来する環境負荷を軽減する農法」と位置づけている．土壌を巡る水，炭素，窒素などの物質とエネルギーの循環は，土壌に本来内在している機能であるが，農業活動はそれらの機能に依存するとともに，それらを積極的に活用している．この物質循環機能を増強し，持続的な作物生産につなげていくためには，堆肥などの有機物施用による土づくりが欠かせない．

　畜産から排出される家畜ふんや家庭や工場などから排出される食品残渣などが地域のリサイクルシステムの中で堆肥化され農地へ還元されることは，地域としての環境負荷の軽減と農地土壌の生産性向上につながる（☞ 15）．

（3）有　機　農　業

　「有機農業」とは，化学肥料および化学合成農薬を使用せず，遺伝子組換え作物を利用しない農法である．農業生産に由来する環境へのさまざまな負荷を低減した農法と考えられており，地域の生物多様性の保全に大きな効果があり，その生産物に対する消費者からの需要も高い．しかし，わが国における有機農業の実施比率は海外よりもかなり低く，ドイツ，フランスでは農地面積比率で数％を超えているが，わが国では 0.5％以下である．

第15章

バイオマス資源の肥料化とその課題

1. バイオマス資源とその発生量

2014年度におけるわが国の総物資投入量15.7億tに対して，その約36％に相当する5.6億tの物資が廃棄物として排出され，そのほぼ半量の2.5億tを生物系廃棄物が占めている．これらは，かつて有機性廃棄物あるいは生物系廃棄物と呼ばれ，厄介者扱いされてきたが，現在ではバイオマス資源と呼ばれ，再生利用すべき資源と位置づけられている．

バイオマスとは，生物資源（bio）の量（mass）を表す概念と定義され，エネルギーやさまざまな用途の物質に再生が可能な，生物系有機物資源をバイオマス資源という．ただし，化石資源である石油や石炭は該当しない．

このバイオマス資源は，廃棄物系と未利用系，それに資源作物に分類される．

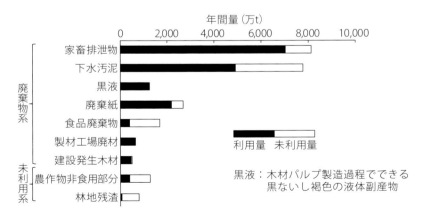

図15-1 バイオマス資源の年間発生量と再生利用量
（2016年農林水産省の資料より作成）

廃棄物系バイオマス資源が従来の有機性廃棄物，未利用系バイオマス資源には農作物の非食用部分や林地残渣などが該当する．資源作物とは，エネルギー源や製品材料とすることを主目的に栽培される植物で，トウモロコシやナタネなどの農作物や樹木などである．

廃棄物系と未利用系バイオマス資源の種類，発生量，再生利用率を図15-1に示す．

2．堆肥と肥料の違い

1年間に発生するバイオマス資源中には窒素132万t，リン酸65万t，カリ85万tの肥料成分が含まれていて，国内で利用される化学肥料中の成分量（窒素40万t，リン酸40万t，カリ30万t）を大きく上回っている．そのため，バイオマス資源は堆肥や肥料原料として有効活用することが望まれている．

堆肥とは本来，稲わら，麦わら，野草などを野外で堆積し，微生物の作用で発酵させた資材である．降雨により水溶性養分は流出するので，堆肥の肥料補給効果は乏しく，主に有機物補給による土壌物理性改善効果や水稲へのケイ酸補給効果を目的として農用地に施用されていたが，堆肥施用だけでは養分供給量が不足するので堆肥と肥料との併用が行われてきた．しかしその後，水田ではコンバインの導入や農家の省力化のため，自家製堆肥づくりが減少し，堆肥といえば家畜ふん堆肥が主流を占めるようになった．1999年には，「家畜排せつ物の管理の適正化及び利用の促進に関する法律」の制定により，一定規模以上の畜産農家ではコンクリート基盤と屋根のある堆肥舎での堆肥製造が義務づけられるようになった．その目的は，野積み堆肥から雨水により地下水に流出する硝酸イオン量を抑制するためであった．そのような経緯で堆肥の養分含有量が増加したが，農家には「堆肥は土壌改良資材（土づくり資材）で肥料ではない」との意識が強く，家畜ふん堆肥を施用してさらに肥料を施してしまうことが多い．そのため，特に施肥量が多い園芸土壌では，堆肥由来の養分により可給態リン酸や交換性カリの過剰蓄積が生じている．

一方，肥料とは肥料取締法で「土壌に化学的変化をもたらすために，土地に施されるものと，植物に栄養をあたえるために，土壌または植物にほどこされるも

の」と定義されている．また，堆肥は肥料取締法で特殊肥料に分類される．すなわち，法律的には堆肥は肥料の1つに属するが，農業生産現場では肥料と見なされないことが多い．現在一般に流通している堆肥には，家畜ふん堆肥の他に樹皮を原料にしたバーク堆肥，おがくず堆肥，もみ殻堆肥，生ごみ堆肥，下水汚泥堆肥などがある．家畜ふん堆肥や下水汚泥堆肥は肥料的効果が大きいのに対して，バーク堆肥やおがくず堆肥，もみ殻堆肥などは木質堆肥とも呼ばれ，土壌の膨軟化など物理的効果が主流で，それぞれの堆肥に応じた使い分けが必要である．

3．バイオマス資源の肥料化

1）家畜排泄物（家畜ふん尿）の肥料化

わが国で発生する家畜排泄物量は年間約7,941万t（2016年畜産統計などの推定値）に達し，牛ふんが57％と最も多く，次いで豚ぷん27％，鶏ふん16％となっている．それらの内，90％近くが資源化されていて，そのほとんどが堆肥化である．

家畜ふん堆肥はかつて堆きゅう肥と呼ばれ，厩舎の敷料を野外に堆積して作っていたため肥料成分量に乏しく，主に土づくり資材としての土壌物理性改良資材として利用されていた．その名残として，つい最近まで各都道府県の作物ごとの施肥基準には，基肥に上乗せとして堆肥の施用量が設けられていた．しかし，最近では前述のように堆肥の製造方法がかわり，堆肥中の肥料成分を考慮した施肥基準への見直しが進められている．図15-2に1960年代の堆きゅう肥と最近の家畜ふん堆肥などに含まれる肥料成分量を，各堆肥1tを農地に施用した際の投入成分量として示す．最近の家畜ふん堆肥に含まれる肥料成分量が，かつての堆きゅう肥や非畜ふん系堆肥と比べていかに多いかが理解できる．また，家畜ふん堆肥間でも畜種により肥料成分量が大きく異なることがわかる．特に，豚ぷん堆肥と鶏ふん堆肥中には多量のリン酸が含まれている．なお，特殊肥料として市販されている家畜ふん堆肥には，肥料取締法に基づく三要素含有量が表示されている．家畜ふん堆肥を施用する際にはそれらの含有量と肥効率を考慮して施肥設計を立てる．堆肥の肥効率とは，化学肥料の成分肥効率を100％とした場合の堆

肥に含まれる肥料成分の肥効率である．家畜ふん堆肥中のリン酸とカリの肥効率は80～90%と化学肥料にほぼ匹敵する肥効を有するが，窒素については畜種や熟度により肥効率が著しく異なる．特に，木質系水分調節材が混和されていない鶏ふん堆肥（発酵鶏ふん）では，図15-3のように熟度による土壌施用後の窒素無機化が著しく異なり，発酵させていない乾燥鶏ふんでは化学肥料に近い無機化を示すが，熟度が進むほど窒素がアンモニアガスとして揮散するため無機化量

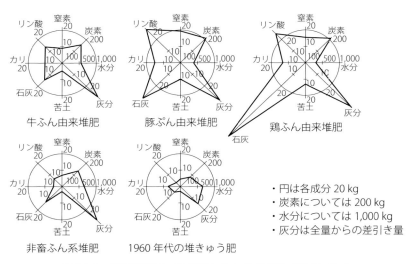

図 15-2　各種堆肥1tを施用したときの投入成分量（kg）
（小川吉雄，2003）

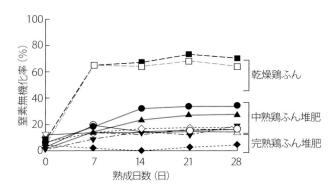

図 15-3　熟度が異なる鶏ふん堆肥の窒素無機化率

が減り，極端な完熟鶏ふん堆肥では，土壌施用後に窒素の有機化を起こすこともある．そのような窒素肥効率の低い完熟堆肥ほど悪臭がなく，水分も少ない良質堆肥として耕種農家に好んで利用される．また，土壌施用後の作物生育にも悪影響が出にくいので，施用量が多くなる傾向が強い．その結果，家畜ふん由来のリン酸とカリの蓄積が多くの園芸土壌で生じている．また，長期間連用を続けると地力窒素の蓄積をももたらし，施設土壌での塩類濃度の上昇などにも影響する．

　家畜ふん堆肥では飼料中に添加された亜鉛や銅の影響によりそれらが堆肥中に濃縮されることがあるため，豚ぷん堆肥では銅 300 mg/kg，亜鉛 900 mg/kg，鶏ふん堆肥では亜鉛 900 mg/kg 以上を含有する場合には表示が義務づけられている．家畜ふん堆肥中の三要素肥料成分を考慮した適正施用であれば，それらの蓄積を懸念する必要はなく，むしろ微量要素補給と見なせばよい．

2) 下水汚泥の肥料化

　下水汚泥は家畜排泄物に次いで多いバイオマス資源で，その主体は下水処理場に流入したヒトのし尿などの有機物を活性汚泥法で分解させた際に発生する菌体からなる．その菌体を濃縮および脱水した資材が下水汚泥で，これまで農業界や緑化業界では主に下水汚泥堆肥（汚泥肥料）として農業利用されてきたが，それらは下水汚泥発生量の 10% 程度に過ぎない．

　下水汚泥堆肥には 4% 前後の窒素が含まれ，炭素率も 10 以下であることが多いので，窒素肥料としては有効利用できる．また，同程度のリン酸も含まれるが，汚泥処理工程でアルミニウムや鉄などを含む凝集剤が添加されているため，下水汚泥堆肥中では植物に利用されにくいアルミニウム型あるいは鉄型として存在しているリン酸が多い．下水汚泥中のカリはほとんどがカリウムイオンとして溶出しているので，堆肥中のカリ含有量は 0.5% 程度以下に過ぎない．

　下水汚泥堆肥を農業利用するうえで最も大きな課題が，カドミウム，ヒ素，水銀などの有害成分の含有である．肥料取締法では，含有を許される有害成分の含有量が定められていて，ヒ素 0.005%，カドミウム 0.0005%，水銀 0.0002% などとなっている．これらの基準を超過しない下水汚泥堆肥は全く問題なく農用地で利用できるが，肥料としてではなく土壌改良資材的な多量施用を繰り返すと，有害成分の蓄積につながるので注意する必要がある．

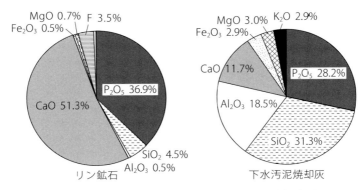

図 15-4 リン鉱石と下水汚泥焼却灰の成分分析事例

　現在，全国で発生する下水汚泥の約70％は下水処理場内の焼却炉で焼かれ，有機物を含まない下水汚泥焼却灰となっている．この下水汚泥焼却灰中には図15-4のように，リン鉱石に匹敵する30％前後のリン酸が含まれているが，現状ではその多くがリン酸の混入を嫌うセメント原料として使われている．下水汚泥焼却灰中には下水に流れ込む土砂由来のケイ酸とアルミナが多く，カルシウムはリン鉱石より少ない．また，リン鉱石中のリン酸は主にカルシウムと結合したカルシウムアパタイトとして存在しているのに対して，焼却灰ではリン酸アルミニウムを形成している．いずれもそのままではリン酸肥料として効きにくい形態となっているので，化学的処理により下水からリン酸を回収する多くの技術が開発され，すでに一部では実用化が進められている．主な技術について概要を紹介する．

(1) リン酸カルシウム

　下水汚泥焼却灰を4％程度の水酸化ナトリウム溶液で処理して，焼却灰からリン酸をリン酸イオンとして抽出する．そこに消石灰を添加し，リン酸をリン酸カルシウムとして析出させ分離する（図15-5）．肥料取締法では，副産リン酸肥料と登録されている．本法の課題は製造過程でリン酸カルシウムの生産量以上に処理残渣が発生することである．その中には15％程度のリン酸の他にカルシウムや下水焼却灰中のケイ酸など肥料として有効な成分が含まれる．この技術は，灰アルカリ抽出法と呼ばれ，現在岐阜市と鳥取市において実用化されている．

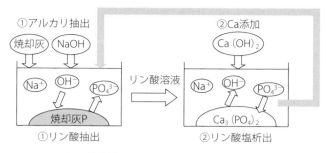

図 15-5 灰アルカリ抽出法による下水汚泥焼却灰からのリン酸分離処理工程
（日本ガイシ株式会社，2007 の資料を参考に作図）

(2) 熔成汚泥灰複合肥料

下水汚泥焼却灰にアルカリ分（CaO と MgO）を加えて，電気抵抗式溶融炉内において 1,400℃で還元熔融し水砕処理した非晶質資材で，形状および性質ともに熔成リン肥に類似する．リン酸の他に 1～2％のカリを含有するため，新規に熔成汚泥灰複合肥料という肥料公定規格が設けられた．保証成分はク溶性リン酸 12％以上とク溶性カリ 1％以上である．下水汚泥焼却灰中のすべての成分を資源化できる技術であるが，プラント設置とランニングコストがかさむため 2017 年 8 月現在で実用化には至っていない．

(3) リン酸マグネシウムアンモニウム（MAP）

下水処理場で汚泥を脱水する際に分離液や消化液などに含まれるリン酸イオンを共存するアンモニウムイオンとともにリン酸マグネシウムアンモニウム（MAP）として沈殿分離して得られるリン酸資材である．島根県で実用化されている処理プラントでは，二重円筒中で排水をゆっくり循環させながら，そこに塩化マグネシウムを添加すると粒状の MAP が生成する．排水の循環速度をかえることにより生成する結晶の粒度を調整することができる．海浜に隣接する下水処理場であれば，マグネシウムイオン源として海水を使うことも可能で処理費の経費削減に役立つ．MAP にはリン酸の他に窒素とマグネシウムが含まれるため，肥料取締法では化成肥料に指定されている．

3）食品循環資源（生ごみ）の肥料化

　食品循環資源とは，食品の製造加工業から発生する動植物性残渣，流通段階で売れ残り廃棄される賞味期限切れの食品，外食産業や家庭から出る調理くず，食べ残しなどで，その発生量は年間約1,700万tに及ぶ．2000年には，食品循環資源の発生抑制と資源としての有効利用を目的に，「食品循環資源の再生利用等の促進に関する法律（食品リサイクル法）」が制定され，飼料化や肥料化などへの再生利用が促進されるようになった．ただし，その対象は食品製造業，食品卸売・小売業，外食産業から発生する産業廃棄物および事業系一般廃棄物に分類される食品循環資源で，家庭から出る調理くずや食べ残しなどの生ごみ（家庭系一般廃棄物）は含まれていない．

　2014年度の食品廃棄物等多量発生事業者による食品循環資源の再生利用等実施率は，食品産業全体で91％に達した．その内訳は，飼料化が78％を占め，続いて肥料化が16％であった．飼料化した食品循環資源は，家畜排泄物として排出されるので，それらを肥料化すればまさにバイオマス資源の循環となる．そのような観点から，飼料化としての再生利用率が高まることは望ましいが，肥料化も有効な再生利用技術である．ただし，現状においては肥料化のほとんどが堆肥化で，バークや木質チップ，おがくず，もみ殻などを水分調節材として混合することが多い．大量の水分を含む生ごみを堆肥化する場合には，水分調節が最も重要であるが，前記のような水分調節材を添加すると，その種類と添加量の違いにより生産される堆肥の品質が著しく変化する．例えば，木材チップを添加した堆

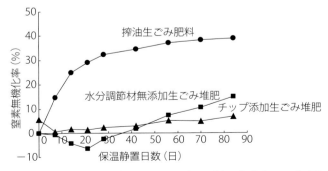

図 15-6　製法の異なる生ごみ堆肥・生ごみ肥料の土壌中での窒素無機化

肥では図 15-6 の事例のように土壌施用後 3 か月後でも窒素はほとんど無機化しない．そこで，堆肥化初期だけに水分調節材を添加して堆肥を作り，それを水分調節材として使う，いわゆる戻し堆肥化法により堆肥化すると品質の安定した生ごみ 100％の堆肥を作ることができる．このような堆肥では，土壌施用後 1 か月ほどは窒素の有機化が起こるが，その後緩効的に無機化する（図 15-6）．

なお，生ごみを堆肥化する過程でタンパク質が分解して窒素がアンモニアガスとして揮散するので，人口密集地域での堆肥化には防臭対策が不可欠で，プラント建設とその維持に多額の経費を必要とする．また，堆肥化では完熟化するほど窒素が揮散してしまい，肥料としての価値が低下する．そこで，堆肥化によらないで火力乾燥と搾油により肥料化する方法が開発されている．生ごみを 80℃ 程度で乾燥すると油分を 20％ 程度含む乾燥物となる．それを搾油機にかけ搾油して油分 10％ 程度にしたのちペレットに成型する．このような生ごみ肥料は土壌施用直後から有機化することなく緩効的に無機化する（図 15-6）．堆肥化では，微生物の発酵熱で水分を減らし，生ごみ中の炭素を二酸化炭素として揮散することにより炭素率を下げるのに対して，乾燥・搾油法は搾油により生ごみ中の油分を減らして，炭素率を下げる方法である．生ごみをわずか数時間で肥料化できるが，乾燥のための熱エネルギーを必要とすることが欠点といえる．ただし，ごみ焼却工場などで発生する余熱を利用すれば，都会でも容易に生ごみを肥料化できる．

家庭から出る可燃物の約 40％ が生ごみであることから，全国各地で家庭から出る生ごみをリサイクルする市民活動が活発に行われている．それらの中で全国的な広まりを見せている方法がダンボールコンポストである．ピートモスや燻炭などを混合した基材をダンボールに入れて，その中に生ごみを投入して混和し，数か月かけて堆肥を製造する．それをガーデニングや地域の農家と連携し，肥料として活用する．

また，家庭からの生ごみ減量対策として，家庭用生ごみ乾燥機が普及している．その乾燥物に水を加えて堆肥化する人も多いが，生ごみ乾燥物は堆肥化しなくてもそのまま肥料として利用できる．

4）その他のバイオマス資源の肥料化

地球温暖化対策のための脱化石資源化の一環や間伐材の有効利用として木質

チップを燃料として用いる木質バイオマス発電の実用化が進んでいる．また，火力発電所では石炭の代替資源として東南アジアから輸入したヤシ殻を燃料としている．これらの木質バイオマス資源を燃やした灰は草木灰（特殊肥料）として利用できる．主成分は炭酸カリウム・カルシウム・マグネシウムなどである．

なお，建築廃材などが燃料に混入していると，防蟻剤に由来する銅，クロム，ヒ素を多量に含む燃焼灰となる．また，福島第一原子力発電所の事故に伴う影響で放射性セシウムを含む木質バイオマスについても，燃焼灰中に濃縮されるので，農業利用はできない．原料の由来が明確でない場合には，利用前に分析を行い，安全性を確認する必要がある．

4．バイオマス資源を原料とする新規肥料

家畜排泄物のように肥料の三要素を多く含むバイオマス資源を原料とする堆肥は，完熟堆肥ほど窒素の肥効率が低下し，逆にリン酸とカリは濃縮される．そこで，それらの堆肥に尿素や硫安，あるいは窒素を多く含むナタネ油かすのような肥料を添加混合すれば，バイオマス資源を活用した肥料となるが，堆肥のような特殊肥料に普通肥料を添加混合することは肥料取締法で認められていなかった．しかし，2012年の法改正により「混合堆肥複合肥料」と「混合動物排せつ物複合肥料」という公定規格が新設された．

混合堆肥複合肥料とは，家畜排泄物あるいは生ごみを主原料とする堆肥に普通肥料を混合して，造粒・成型後加熱乾燥した複合肥料，混合動物排せつ物複合肥料とは，加熱乾燥した牛ふんあるいは豚ぷん堆肥に普通肥料を混合して，造粒・成型した複合肥料である．

このような新規肥料はバイオマス資源に含まれる肥料成分の有効利用とこれまで家畜排泄物の大きな課題であった発生源の偏在化対策としても有望である．ただし，複合肥料化により三要素をほぼ同量含む肥料が普及すると，現状以上に土壌養分の過剰やアンバランス化を招くことも懸念される．バイオマス資源に含まれる肥料成分を有効に利用するには，土壌診断分析に基づいた施肥管理をさらに徹底することが重要である．

第16章

土壌汚染

　土壌は人間を取り巻く環境構成要素の重要な因子の1つであり，生態系の要となっているばかりでなく，われわれの一生を支え，健康な生活の基盤をなしている．土壌質（soil quality）[注]（環境情報科学センター，1978）の低下は，環境全体の低下を決定づけ，われわれの健康に直接影響する．重金属類，有機塩素系殺虫剤，有機塩素化合物類，放射性物質類による汚染や土壌養分の過剰および不足，土壌中に存在する病原生物の増加も土壌質の低下と見ることができる．土壌に含まれている有害物質の大部分は，食べ物を通してわれわれに日々摂取されることになるが，乳幼児などには，有害物質を含む土壌粒子を粉じんとして，あるいは指に付着した有害物質を含む土壌をおしゃぶりすることも有害物質を摂取する経路となる．したがって，われわれは土壌質を維持，向上させるために，有害物質によって汚染しないような不断の努力が必要であり，ひとたび有害物質によって汚染された場合には，有害物質を取り除かなければならない．土壌は多くの物質を強く吸着し，保持する能力が高い．有害物質によって土壌が汚染された場合には，容易に取り除くことができない．有害物質を取り除くには，高度な知識と技術が必要であり，経費も時間もかかる．土壌を汚染させないことが最も重要である．本章では，重金属類，有機塩素系殺虫剤，有機塩素化合物類による土壌汚染と修復について記述する．

1．重金属類による土壌汚染とその修復

1）重金属類による土壌汚染

　重金属による土壌汚染は，多くの国々において深刻な健康被害をもたらした．

注）土壌が本来保有している土壌固体，土壌水，土壌空気などの質的側面をいう．

第 16 章　土壌汚染

　急速な経済発展は，有害物質に対する管理および規制が，有害物質の環境への放出に十分配慮がなされない状況を生み出した．発展途上国ばかりでなく，先進国においても長年にわたる土壌への有害物質の投棄が，土壌の持っている機能を破壊し，土壌機能の復元をたいへん困難にさせている．

　わが国は，重金属類による深刻な土壌汚染の歴史を有する．太古から鉱山開発が積極的に行われ，人力での採鉱がなされてきた．江戸時代には幕府直轄で，さらに明治以降は多くの新しい鉱山，鉱脈が発見および開発され，機械化とともに増産が進められた．1967 年に「公害対策基本法」を成立させたが，この法律には土壌汚染が含まれていなかった（表 16-1）．そこで，1970 年 12 月に「農用地の土壌の汚染防止等に関する法律」を成立させ，汚染の対象を農用地に限定し，カドミウム（Cd）およびその化合物，銅（Cu）およびその化合物，ヒ素（As）およびその化合物を特定有害物質として規制した．その基準値は，カドミウムでは，玄米中に 1 mg/kg，銅では，土壌中に 125 mg/kg（0.1 mol/L 塩酸溶液抽出），ヒ素では 15 mg/kg（1 mol/L 塩酸溶液抽出）であったが，カドミウムについては，2010 年 6 月に「農用地の土壌の汚染防止等に関する法律施行令の一部を改正する政令」を閣議決定し，米（玄米および精米）中に 0.4 mg/kg とした．

　3 種類の特定有害物質によって汚染された地域は全国に及び，その面積は 2014 年度 3 月末現在，6,460 ha（対策地域指定面積），カドミウム基準値以上

表 16-1　わが国における土壌汚染に関連する事項

年	事項
1897	足尾銅山に政府が初の鉱毒予防工事命令
1967	公害対策基本法
1968	厚生省がイタイイタイ病をカドミウムによる公害病と認定
1970	公害対策基本法の一部を改正し，農用地の土壌の汚染防止等に関する法律，渡良瀬川流域でカドミウム米検出
1973	岩戸川流域の土呂久を汚染地域指定
1984	農用地における土壌中の重金属等の蓄積防止に係わる管理基準について
1986	市街地土壌汚染に係る暫定対策指針
1991	土壌の汚染に係る環境基準について
1993	環境基本法
1999	ダイオキシン類対策特別措置法
2001	残留性有機汚染物質に関するストックホルム条約（POPs 条約）
2002	土壌汚染対策法
2013	放射性物質汚染対処特措法

第 16 章　土壌汚染　　*281*

図 16-1　わが国における土壌汚染指定地域
（環境省，2014）

検出等地域は 7,050 ha で，全体の 90％を超えている（複合汚染地域が存在し，対策地域指定面積の合計と特定有害物質別指定面積の合計とは一致しない）（図 16-1）．

1991 年に環境庁は「土壌の汚染に係る環境基準について」を告示（環境庁告示第 46 号）した．環境基準の基本的な考え方は，ヒトの健康の保護と生活環境の保全との 2 つの観点を包含したものとして設定されている．すべての土壌を

表 16-2 土壌汚染対策法に基づく特定有害物質の指定基準値一覧

分類	No	特定有害物質の種類	指定基準		地下水基準 (mg/L)
			土壌溶出量基準 (mg/L)	土壌含有量基準 (mg/kg)	
第一種特定有害物質 (VOC)	1	四塩化炭素	0.002 以下	—	0.002 以下
	2	1,2-ジクロロエタン	0.004 以下	—	0.004 以下
	3	1,1-ジクロロエチレン	0.02 以下	—	0.02 以下
	4	シス-1,2-ジクロロエチレン	0.04 以下	—	0.04 以下
	5	1,3-ジクロロプロペン	0.002 以下	—	0.002 以下
	6	ジクロロメタン	0.02 以下	—	0.02 以下
	7	テトラクロロエチレン	0.01 以下	—	0.01 以下
	8	1,1,1-トリクロロエタン	1 以下	—	1 以下
	9	1,1,2-トリクロロエタン	0.006 以下	—	0.006 以下
	10	トリクロロエチレン	0.03 以下	—	0.03 以下
	11	ベンゼン	0.01 以下	—	0.01 以下
第二種特定有害物質 (重金属等)	1	カドミウム及びその化合物	0.01 以下	150 以下	0.01 以下
	2	六価クロム化合物	0.05 以下	250 以下	0.05 以下
	3	シアン化合物	検出されないこと	50 以下 遊離シアンとして	検出されないこと
	4	水銀及びその化合物	0.0005 以下 アルキル水銀が検出されないこと	15 以下	0.0005 以下 アルキル水銀が検出されないこと
	5	セレン及びその化合物	0.01 以下	150 以下	0.01 以下
	6	鉛及びその化合物	0.01 以下	150 以下	0.01 以下
	7	砒素及びその化合物	0.01 以下	150 以下	0.01 以下
	8	ふっ素及びその化合物	0.8 以下	4,000 以下	0.8 以下
	9	ほう素及びその化合物	1 以下	4,000 以下	1 以下
第三種特定有害物質 (農薬等)	1	シマジン	0.003 以下	—	0.003 以下
	2	チオベンカルブ	0.02 以下	—	0.02 以下
	3	チウラム	0.006 以下	—	0.006 以下
	4	ポリ塩化ビフェニル	検出されないこと	—	検出されないこと
	5	有機りん化合物	検出されないこと	—	検出されないこと

(環境省, 2015)

対象として，カドミウム，全シアン，有機リン，鉛，六価クロム，ヒ素，総水銀，アルキル水銀，PCB，銅の 10 有害物質の環境基準を定めた．その後，7 回の改正を行い，ジクロロメタン，四塩化炭素，1,2-ジクロロエタン，1,1-ジクロロエチレン，シス-1,2-ジクロロエチレン，1,1,1-トリクロロエタン，1,1,2-トリクロロエタン，トリクロロエチレン，テトラクロロエチレン，1,3-ジクロロプロペン，チウラム，シマジン，チオベンカルブ，ベンゼン，セレン，ふっ素，ほう素を加えた．銅を除く項目は，検液として塩酸を加えて pH を 5.8 〜 6.3 とした純水を作製し，これに溶解および溶出した量を基準値とした．銅については，「農用地の土壌の汚染防止等に関する法律」による基準値である土壌 1 kg 中に 125 mg（0.1 mol/L 塩酸抽出）とした．

1993 年 11 月に環境基本法が成立し，国の環境に対する基本姿勢が示された．環境基本法成立の 9 年後の 2002 年に土壌汚染対策法が成立し，土壌汚染の特定有害物質の基準値，汚染土壌に対する修復のための具体的な数値が法律で定められた．この法律によって，特定有害物質に対する地下水含有量基準値，溶出量基準値，土壌含有量基準値が決められた（表 16-2）．特定有害物質による汚染に対して修復を必要とする地区件数（累計，複数回答あり）は VOC による汚染が 814 件，重金属等による汚染が 2,953 件，農薬等による汚染が 41 件（環境省，2013）である．具体的な汚染除去の方法としては，原位置封じ込め，遮水工封じ込め，原位置不溶化，不溶化埋め戻し，遮断工封じ込め，土壌入替え，盛土，舗装などがある．

(1) カドミウム

カドミウムが動物にとって必須元素であるかどうかは確定していない．一方，ヒトがカドミウムを継続的に摂取すると重大な腎臓障害およびイタイイタイ病を発症させる．わが国のカドミウム汚染地が 6,500 ha を超え，カドミウムが人体に及ぼす強い作用が明らかになり，公害健康被害補償法に基づく被認定者は 5 人（総認定者は 200 人）である（環境省，2016）．一方，植物の生育に対してカドミウムは必須元素であるとはされていない．水稲に対する重金属イオンの毒性は，$Cu > Ni > Co > Hg > Cd > Zn > Mn$ である（茅野・北岸，1966；Chino，1981）．

土壌中に存在するカドミウムを植物が根から吸収するには，土壌からカドミウムが土壌溶液（土壌水）に溶解し，根の表面に移動しなければならない．移動するための力は，拡散とマスフローである．根の表面近くに達したカドミウムの一部はイオンとして，あるいは根から分泌されたムギネ酸類（イネ科植物）と複合体を形成して，根の膜タンパク質であるトランスポーター（Ishimaru et al., 2012）を通じて根の内部に取り込まれると見られている（☞ 3-2）．

　カドミウムによって汚染された水田土壌において，水稲は根からカドミウムを水とともに吸収する．水稲の光合成に必要な水は，吸収されたカドミウムの一部を導管を通して葉に輸送することになる．このときには，水稲には外見上の違いは見られない．水稲の穂が形成される時期（出穂期）になると，カドミウムは葉から篩管を通って籾および玄米に急速に移行し，蓄積する．出穂期に根から吸収されたカドミウムは，導管から節を介して篩管に乗り換えて直接玄米に蓄積するために，玄米中のカドミウム含有量は急激に高くなる（Yoneyama et al., 2010）．したがって，農林水産省は，出穂前後の 3 週間を湛水状態で維持し，水田土壌を酸化させずカドミウムを硫化物として存在させ，カドミウムを溶解させない栽培方法を指示している．農用地の土壌の汚染防止等に関する法律では，カドミウムの基準値は，土壌ではなく，米（精米および玄米）中に 0.4 mg/kg としている．この法律が土壌ではなく，米中のカドミウム含有量 0.4 mg/kg を基準値としている理由は，われわれが口にするものは土壌でなく米であること，土壌中のカドミウム含有量が高くても，必ずしも米中のカドミウム含有量は高くはならないこと，土壌の管理によって米中のカドミウム含有量が異なることなどによる．

　カドミウムを特異的に吸収する超集積植物（hyper-accumulator）と呼ばれている *Thlapsi caerulescenes* は，土壌溶液中のカドミウムイオンを吸収し，葉肉細胞中にカドミウムの 70%を保有する．この細胞のプロトプラスト中にカドミウムの 90%が存在し，その 90%を液胞中に隔離している（Ma et al., 2004）．液胞中のカドミウムはリンゴ酸と結合して Cd-malate 複合体を形成している．根の細胞の液胞に隔離できない植物は，カドミウムを地上部に輸送する．

　カドミウムイオンは土壌中の水分子を配位し，水和している．水和したカドミウムイオンは土壌の負の表面電荷に静電気的に引き付けられる．水和カドミウム

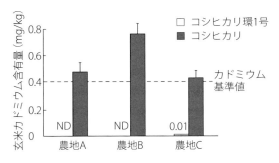

図 16-2 カドミウム吸収能の異なる水稲の玄米中のカドミウム含有量

土壌のカドミウム含有量（0.1 mol/L 塩酸抽出）．農地 A：1.35 mg/kg，農地 B：1.21 mg/kg，農地 C：0.35 mg/kg，ND：定量限界値（0.01 mg/kg 未満）．（石川 覚，2014）

イオンは，水和カルシウムイオンやマグネシウムイオンよりも強い力で引き付けられ，内圏錯体（inner sphere complex）を形成して，一般的なイオン交換反応では容易に交換されない．このようなイオンを引き付ける力は，イオンの大きさや加水分解しやすさによって決定される．カドミウムイオンを土壌に引き付ける力は，銅イオンよりも弱く，亜鉛イオンよりも強い．内圏錯体を形成するイオンには，重金属イオンやオキソ酸イオン（亜ヒ酸イオン，ヒ酸イオン，リン酸イオン，亜セレン酸イオン，セレン酸イオンなど）があげられる．カドミウムによってひとたび土壌が汚染されると除染が困難になるのは，カドミウムが土壌と結合して内圏錯体を形成するためである．一方，通常の水稲に比べてカドミウムを吸収しにくい水稲の作出が試みられ，カドミウム暴露のリスクを低減する方法が提示されつつある（図 16-2）．

（2）銅

銅は動物にとっても植物にとっても必須元素である．脊椎動物の血液中のヘモグロビン生成に微量の銅が必要で，成人の 1 日当たり必要量は 1～2.8 mg といわれている（環境庁，1973；木村・左右田，1987）が，摂取量としては 1.6～4.7 mg とされる．銅が不足すれば銅欠乏に，一方，銅が過剰に存在すれば過剰症を発症する．銅は植物に対して強い毒性を示すといわれているが，動物の場合においても毒性を発揮する．銅の急性中毒は，悪心，粘膜刺戟，嘔吐，下痢を伴う自己限定性胃腸炎などを発症する．より重度の中毒症の場合は，溶血性貧血，無尿をきたし，ついには死に至ることもある（Beers et al., 2006）．ヒトの場合，硫酸銅の急性中毒は，半数致死濃度 LD_{50} で 10～20 g/成人とされている．

銅によって汚染された土壌で生育した農作物の銅濃度は，高い場合でも 10 〜 20 mg/kg であり，摂取しても急性毒性を引き起こすことはないと見られている．水稲はよく銅を吸収するが，その多くは根にとどまる．銅を添加した土壌に生育させたオオムギおよび水稲への銅の吸収は，添加量とともに子実中の銅濃度が増加する．オオムギに 125 mg/kg の銅を添加すると子実中の銅濃度は 13.14 mg/kg で，これ以上に銅を添加するとオオムギは正常に生育しない．一方，水稲は，500 mg/kg の銅の添加によっても生育し，子実中の銅濃度は 29.18 mg/kg であった（環境庁，1973）．「農用地の土壌の汚染防止等に関する法律」における基準値である 125 mg/kg では，水稲の場合，10％程度の減収であるとされている．

(3) ヒ　素

室温付近の温度条件では，ヒ素の密度は，5.727 g/cm^3 で，半金属と呼ばれている．ヒ素は，動物にとっても，植物にとっても必須元素とは認められていない．

ヒ素は，硫ヒ鉄鉱をヒ鉱焼窯中で焙焼し，昇華した無水亜ヒ酸蒸気を窯の外室で冷却，凝縮して製造する．その毒性ゆえに，ヒ素はヒ酸鉛として殺鼠剤あるいは農薬として果樹園などに使用された．

ヒ素は，土壌中で無機態（亜ヒ酸 AsO_3^{3-}，ヒ酸 AsO_4^{3-}）および有機態（メチル化態，アルセノベタイン，アルセノ糖など）の形態で存在する（図 16-3）．無機態ヒ素は，亜ヒ酸イオン（AsO_3^{3-}）およびヒ酸イオン（AsO_4^{3-}）のようにオキソ酸を形成しており，陰イオンとして土壌中を行動する．亜ヒ酸イオンおよびヒ酸イオンは，土壌粒子と内圏錯体を形成するために，イオン交換反応によって容易には交換されない．したがって，除染するためには，土壌から特異的にヒ素化合物を吸収する能力を有するシダ類などを用いたファイトレメディエーションが検討されているが，実際には封じ込め法や掘削除去法が採用されている．

ヒ素の毒性は無機態と有機態では異なり，無機態ヒ素の方が有機態ヒ素よりも毒性が強い．無機態ヒ素では，亜ヒ酸の方がヒ酸よりも毒性が強い．

ヒ素による土壌汚染には，いくつかの原因が考えられている．①鉱山，工業活動による汚染，②ヒ素農薬残留あるいはヒ素を含む化学物質の埋設が要因となっていると推定される汚染，③地質（硫砒鉄鉱など）由来の汚染などである．鉱山，工業活動によるヒ素汚染には，青森県宿野部川地域，島根県笹ケ谷鉱山下地域，

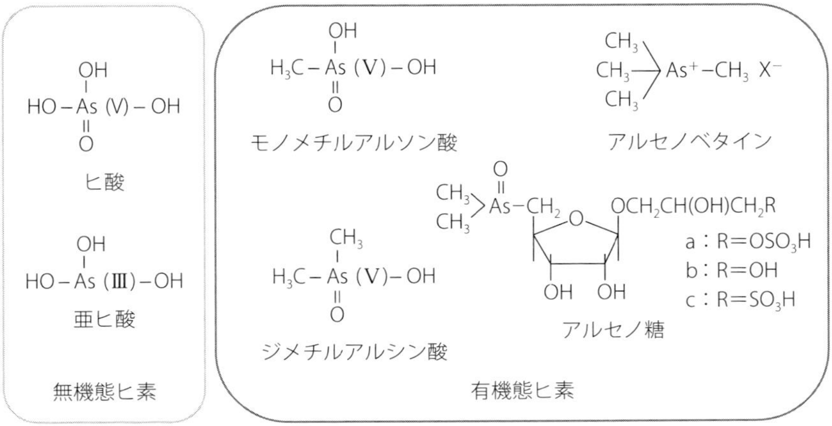

図 16-3 土壌および米中の主要ヒ素化合物

五十猛地域，左ケ山地域，山口県秋谷地域，宮崎県岩戸川流域土呂久があげられる．「笹ケ谷鉱山下流域」に 66.1 ha，宮城県西臼杵郡高千穂町の「岩戸川流域土呂久」に 13.5 ha が存在する．2016 年 3 月末における土呂久地域の認定者数は 58 人，総認定者数は 167 人であり，笹ケ谷地域の認定者数は 5 人，総認定者数は 21 人である（環境庁，2016）．

　動物，植物中にはヒ素が含まれている．特に，魚介類，海草類（ひじき）にヒ素が多く含まれる．食品中のヒ素含有量に関しては，農林水産省（2012）が，「有害化学物質含有実態調査の結果をデータ集（平成 15 ～ 22 年度）として鉛，総水銀，カドミウムとともに総ヒ素含有量を公表している．ヒトへの無機態ヒ素の暴露は肺がん発生率を 0.5％上昇させるとされ，1 日当たり体重 1 kg 当たり 0.3 μg（2.0 ～ 7.0 μg の範囲）を基準値としている（JECFA，2010）．

2）重金属類汚染土壌の修復

　これまで重金属類やヒ素によって汚染された土壌の修復には，もっぱら物理的処理法が採用されてきた．短時間で，確実に汚染土壌を原位置で修復するためには，作物根が達しない深さにまで客土し，汚染土壌をその場で埋設するか，汚染土壌を不溶化して固定する方法が実施された．有害汚染物質である重金属類やヒ素は，土壌と内圏錯体を形成し，容易に除染できないためである．最近では，質

のよい非汚染土壌を入手することが困難となり，客土を主体とする物理的処理法に限界が見えてきた．二次汚染を引き起こすことなく，汚染土壌を修復する方法が求められている．

化学的修復方法の1つとして，塩化鉄溶液によってカドミウム汚染土壌を洗浄する方法が提案（赤羽ら，2013）され，除染が試みられた．この方法は，地下の構造が明確となっている汚染地の一定の面積をフェンスで囲い込み，塩化鉄溶液が水平方向に流失しないように，塩化鉄溶液を確実に回収して，カドミウムを再利用するものである．

一方，生物を利用して汚染土壌の修復に寄与しようとする試みが，バイオレメディエーション（特に植物を利用したレメディエーションをファイトレメディエーションと呼ぶ）である．重金属類をはじめとして特定の有害物質を特異的に多量に集積する植物は，通常の非集積植物よりも100倍以上の蓄積能力を示す．非集積植物は重金属類を根に集積し，地上部へ移行させる量は多くはない．一方，超集積植物は重金属類を地上部にまで移行させるために地上部を刈り取れば，重金属類を回収することができる．これも超集積植物を重金属類汚染土壌の修復に利用できる利点であるが，超集積植物に集積させた重金属類の回収のための装置の性能がさらに向上したことにより，ファイトレメディエーションを近い将来に実用化できる目途が立ったといえよう．

2．有機塩素系殺虫剤による土壌汚染と修復

1）有機塩素系殺虫剤による土壌汚染

生物に対して強い影響を与える農薬の使用が，生態系に取り返しのつかないインパクトを与えることを警告したのは，Rachel Carsonであった．Carsonが『Silent Spring』（邦題『沈黙の春』）を1962年に発表してから50年以上が経過したが，この指摘は少しも色褪せていない．環境中に放出された有機合成農薬が安定であればあるほど，食物連鎖を通して，栄養段階の上位にある生物に濃縮されること（生物濃縮）については，よく知られることとなった．

わが国における農薬の累計件数は，23,713件であるが，このうち現在登録さ

表 16-3 農薬による土壌汚染

1947	DDT をアメリカより輸入
1948	農薬取締法施行
1949	BHC 製造開始
1950	有機水銀剤によるイネイモチ病防除開始
1954	パラチオン開発，登録
1954	アルドリン，ディルドリン，エンドリン開発
1957	PCP 開発，登録
1963	PCP 使用規制
1964	2,4,5-T 開発
1965	CNP 製造
1968	有機水銀剤使用禁止
1969	パラチオン使用禁止
1970	農薬取締法改正
1971	DDT，BHC 農薬登録失効
1972	農薬の毒性および残留性に関する登録上の取扱いについて パラチオン農薬登録失効
1973	有機水銀剤農薬登録失効
1975	アルドリン，ディルドリン，エンドリン，ヘプタクロル農薬登録
1984	農薬の毒性試験の適正実施に関する基準について
1990	ゴルフ場農薬による水質汚濁防止に係る暫定指導指針 ゴルフ場使用農薬に係る水道水の暫定水質目標
1999	ダイオキシン類対策特別措置法
2001	残留性有機汚染物質に関するストックホルム条約（POPs 条約）
2002	農薬取締法改正
2006	食品衛生法に基づく残留農薬のポジティブリスト制度

れている有効登録件数は，4,375 件（有効成分数は 570 種類）である．有効登録件数の約 25％が殺虫剤，約 12％が殺虫殺菌剤である．施用された有機塩素系殺虫剤は，土壌中で光化学的反応，化学的反応，微生物反応によって分解されるが，必ずしも完全に分解されない有機塩素系殺虫剤も存在する（Yoshida and Castro, 1970）．農薬取締法，食品衛生法，環境基準に基づいて定められた農薬に関する基準値に則して各種の制度が運用されている．土壌中における有機塩素系殺虫剤の光化学的反応による分解は，もっぱら土壌表面において進行するが，水に溶出した有機塩素系殺虫剤は，光化学的分解が促進される．有機塩素系殺虫剤の化学的分解は，主として加水分解と酸化分解とによるが，土壌中の粘土，有機物，鉄・アルミニウム水和酸化物，金属イオンなどの触媒によって促進される．有機塩素系殺虫剤の微生物分解は，土壌を殺菌すると分解が起こらなくなったり，遅延す

表 16-4 ドリン剤の性質

名称	ディルドリン	アルドリン	エンドリン
化学構造式	(構造式)	(構造式)	(構造式)
呼称	1,2,3,4,10,10-ヘキサクロロ-6,7-エポキシ-1,4,4a,5,6,7,8,8a-オクタヒドロ-1,4-エンド,エキソ-5,8-ジメタノナフタリン	1,2,3,4,10,10-ヘキサクロロ-1,4,4a,5,8,8a-ヘキサヒドロ-1,4-エンド,エキソ-5,8-ジメタノナフタリン	1,2,3,4,10,10-ヘキサクロロ-6,7-エポキシ-1,4,4a,5,6,7,8,8a-オクタヒドロ-1,4-エンド,エキソ-5,8-ジメタノナフタリン
分子量	380.91	364.91	380.91
蒸気圧(Pa)	4.0×10^{-4} (20℃)	9.0×10^{-3} (20℃)	—
水溶性	0.022〜0.25 mg/L (25℃)	0.2〜17 mg/L (25℃)	0.024 mg/L
ADI (mg/kg/日)	0.0001	0.0001	0.0002

環境省第2回POPs対策検討会資料. (斉藤 隆, 2014)

る.土壌中における有機塩素系殺虫剤の分解は微生物関与の反応であるといえる(金澤, 1992).

有機塩素系殺虫剤であるHCHは,わが国では1971年に販売禁止となって農薬登録が失効している.ドリン剤(アルドリン,エンドリン,ディルドリンなど)(表16-4)は1975年に販売が禁止されたが,強い残留性を示し,40年以上も経過しているものの,野菜類から基準値以上のディルドリンが検出されている.有機塩素系化合物による環境汚染が進行しており,汚染拡大を防止するために,残留性有機汚染物質(persistent organic pollutants, POPs)に関するストックホルム条約が採択された.土壌に残留したディルドリンのキュウリへの吸収は,キュウリの品種およびキュウリの栽培に一般的に用いられているカボチャ台木の種類によって異なる.したがって,ディルドリン低吸収カボチャ台木を用いると,キュウリのディルドリン吸収を50%程度抑制することができた(橋本, 2008).ディルドリンのキュウリへの吸収は,4年に1回程度の粉末活性炭の投入によっても抑制可能であり,経済的にも実現できると考えられる(斉藤, 2014).

2）有機塩素系殺虫剤汚染土壌の修復

有機塩素系殺虫剤によって汚染された土壌に対して，元来土壌に存在している土着の嫌気性浄化微生物によって浄化が期待できる．土壌汚染対策法の特定有害物質は，その特性から，第1種特定有害物質（揮発性有機化合物，VOC），第2種特定有害物質（重金属等），第3種特定有害物質（農薬等）の3群（表16-2）に分けられ，種類ごとに異なる対応策を講じることになる．有機塩素系殺虫剤は，第3種特定有害物質であり，原位置封じ込めは対策として認められないため，微生物の働きを活用するバイオレメディエーションが期待されている．有機塩素系殺虫剤を分解するためには，有機塩素系殺虫剤を電子受容体として脱塩素（脱ハロゲン呼吸）する嫌気微生物，さらに，それに続いて芳香環を嫌気的に酸化分解する微生物の働きを促す方法が採用される．現在，酸素濃度の低い地下地盤における有機塩素化合物の原位置バイオレメディエーションが推奨されている．

3．有機塩素化合物による土壌汚染と修復

1）有機塩素化合物による土壌汚染

1999年に「ダイオキシン類対策特別措置法」が成立し，猛毒のダイオキシン類の規制がなされた．この法律では，ポリ塩化ジベンゾフラン，ポリ塩化ジベンゾーパラージオキシン，コプラナーポリ塩化ビフェニルがダイオキシン類とされ，ヒトが生涯にわたって継続的に摂取したとしても健康に影響を及ぼす恐れがないダイオキシン類の摂取量（tolerable daily intake, TDI）を1日当たり体重1 kg当たり4 pg-TEQ[注]としている．また，ヒトの健康を保護するうえで維持されることが望ましい基準は，大気で0.6 pg-TEQ/m^3以下，水質1 pg-TEQ/L以下，底質150 pg-TEQ/g以下，土壌1,000 pg-TEQ/g以下とした．

その後，2002年に「土壌汚染対策法」が成立し，溶出量基準値の決められた揮発性有機化合物VOC（第1種特定有害物質）には，四塩化炭素，1,2-ジクロロエタン，1,1-ジクロロエチレン，シス-1,2-ジクロロエチレン，1,3-ジクロロ

注）TEQはToxic Equivalent（毒性等量）の略．類似化合物の量×毒性を意味する．

プロペン，ジクロロメタン，テトラクロロエチレン，1,1,1-トリクロロエタン，1,1,2-トリクロロエタン，トリクロロエチレン，ベンゼンが，重金属等（第2種特定有害物質）には，カドミウム及びその化合物，六価クロム化合物，シアン化合物，水銀及びその化合物（うちアルキル水銀），セレン及びその化合物，鉛及びその化合物，ヒ素及びその化合物，フッ素およびその化合物，ホウ素およびその化合物が，農薬等（第3種特定有害物質には，シマジン，チウラム，チオベンカルブ，PCB，有機リン化合物）が対象物質となり，指定基準値が定められた．

これまでに土壌汚染対策法に基づいて指定された汚染累積件数（旧指定区域，形質変更時要届出区域，要措置区域）は，揮発性有機化合物が995件，重金属等が4,084件，農薬等が54件である（環境省，2015）．

2）揮発性有機塩素化合物汚染土壌の修復

揮発性有機塩素化合物によって汚染された土壌の修復には，バイオレメディエーションの中でも，揮発性物質の特性を生かした方法が用いられている（片山，

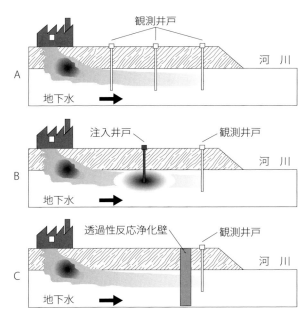

図 16-4　微生物浄化技術で期待される受動的浄化技術
A：科学的自然減衰法，B：反応ゾーン法，C：透過性反応浄化壁法．（片山　新，2010）

2010).土着微生物の中には,揮発性有機塩素化合物を分解する能力を有する微生物が存在する.土着微生物による浄化反応によって汚染域が縮小するのを観測するが,積極的な処理は行わない方法を自然減衰法と呼ぶ(図16-4A)(片山,2010).この方法が有効であるかどうかの判断は,5年以内で汚染物質濃度の環境基準以下に濃度が低下することとされている.この方法の他に,反応ゾーン法(土着微生物の浄化反応を活性化させる資材の導入を行って浄化速度の高い反応ゾーンを形成し,その下流で浄化程度を観測および確認する,図16-4B)や透過性反応浄化壁法(浄化微生物を固定化した多孔性の浄化壁を地面に埋め込み,地下水が透過する際に浄化を行う,図16-4C)などのバイオレメディエーションの技術が汚染土壌の修復に用いられている.自然減衰法はアメリカで実施例が多く,日本では反応ゾーン法の実施例が多い.透過性反応浄化壁法はEUで実施例が多い.

第17章

原発事故で放出された放射性セシウムの土壌中における動態

1. 土壌に捉えられる放射性セシウム

　2011年3月に起きた福島第一原子力発電所における放射性物質の漏洩事故は，福島県および近隣諸県の農林業や，それを支える地域社会そのものに対し，放射性セシウムによる土壌汚染という形で長期的かつ深刻な影響を及ぼすこととなった．水素爆発が起きた原子炉建屋からは，比較的沸点が低くガス化しやすい多種の放射性物質が漏洩し広域拡散しており，放射性セシウム（特にセシウム-137）もその一種であった．放射性ヨウ素やキセノンなども放射性セシウムに匹敵するレベルで広域的に拡散したが，短半減期核種であるこれらの環境中濃度は，事故から半年以内に検出限界以下まで低下している．これに対してセシウム-137は半減期が約30年と長いため，その濃度は100年近く経過してようやく1/10程度までしか低下しない．この環境残留時間の長さが，放射性セシウムによる土壌汚染問題が長期化する1つの要因である．一方，問題が長期化するもう1つの要因として本章で紹介するのが，土壌による放射性セシウムの「固定」である．

　放射性セシウムは大気中に放出されたのち，雨やエアロゾルの成分として地表に降下し，植物への直接沈着などを経由しながら，いずれは土壌表面に到達する．土壌表面に到達した放射性セシウムは速やかに土壌に吸着し，1年ほどかけて徐々に吸着の強さを増していき，植物による吸収によっても降雨に伴う下方溶脱によってもほとんど移動しない状態（固定）に落ち着く．そのため，斜面地からの土壌侵食や，代掻き直後の水田からの灌漑排水などによって土壌粒子そのものが流出しなければ，放射性セシウムの大部分が降下した地点の地表付近にとどまり続けることになる．実際のところ，福島原発事故から5年が経過したあとでも，10 cm以深の土壌層から放射性セシウムが高濃度検出されることはほと

んどない.この状況は数十年経過してもかわらないことが予想される.なぜなら,1950〜60年代に日本に降下した大気圏核実験由来の放射性セシウムが,50年以上経過したあとでも表層10 cm以下ではほとんど検出されていないためである.以下では,土壌が放射性セシウムを捉える力の実態について紹介する.

2.何が放射性セシウムを固定するのか

放射性セシウムは1価の陽イオン（Cs^+）として存在するため,土壌中の負電荷を持つコロイド粒子に静電気的に吸着する.その点は土壌中に存在する他の陽イオンと同じである.ただし,放射性セシウムは,土壌中の負電荷の種類によって吸着の強さが著しく異なる.例えば,放射性セシウムは,腐植などの有機コロイド中の負電荷に対してはCs^+を取り囲む水（水和水）を介した弱い結合を示すため,他の陽イオンによって可逆的に交換される.そのため,ほぼ有機物のみで構成される泥炭土や森林土壌の腐植層中の放射性セシウムは,他の土壌中と比べると著しく大きい割合で植物やキノコ類に吸収される.放射性セシウムに対して腐植と似た弱い結合を示すのが,アロフェンなどの低結晶性の無機コロイド粒子である.そのため,コロイド成分のほとんどが腐植やアロフェンである黒ボク土の場合,陽イオン交換容量（CEC）は大きいものの,放射性セシウムを固定する能力はむしろ低い.

腐植やアロフェンなどとは対照的に,放射性セシウムが特異的あるいは選択的に強く吸着する無機コロイド粒子として,2：1型層状ケイ酸塩がある.ただし,この種の鉱物中に選択的な吸着サイトが発現するためには,いくつかの条件が整わなければならない.

第5章「土壌の素材」にあるように,2：1型層状ケイ酸塩のSi四面体シート基底面の酸素原子は,密に充填されているのではなく,空洞を形成するように配列している（図17-1）.この空洞（六員環）のサイズは,水和した状態の陽イオンと比べるとかなり小さい.ただし,K^+,アンモニウムイオン（NH_4^+）,ルビジウムイオン（Rb^+）,Cs^+などの陽イオンは水和エネルギーが小さいため,常温常圧の土壌条件において層間で脱水和してしまう.脱水和した状態のイオンの大きさが六員環とほぼ同様であるため,これらの陽イオンは六員環に構造的に

第17章 原発事故で放出された放射性セシウムの土壌中における動態　297

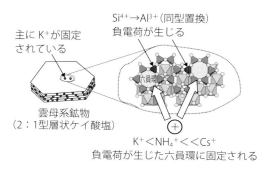

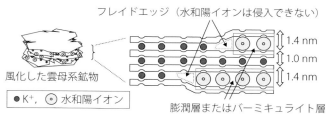

図 17-1　雲母系鉱物の風化に伴うフレイド・エッジ生成の概念図

フィットし，酸素原子との間に水を介さない強い結合（内圏錯体）を形成する．その結合力は，水和エネルギーの小さい順，すなわち，$K^+ < NH_4^+ < Rb^+ < Cs^+$ の順に大きくなる．K^+ は他の3つよりも六員環との結合力が比較的弱いものの，地殻中での存在量が圧倒的に多いため，負電荷を発現した六員環をほとんど占有する．すなわち，K^+ 固定によって層間から水分子や水和陽イオンが排除され，層間距離が 1.0 nm に閉じた層（非膨潤層）からなる 2：1 型層状ケイ酸塩鉱物（雲母系鉱物）を形成する．雲母系鉱物は，地下の高温・高圧条件下でマグマや堆積物が岩石化する過程で，岩石の構成物質（造岩鉱物）として生成する．イライト，白雲母，黒雲母などがこれに該当し，福島県東部の阿武隈山系に広く分布する花崗岩地帯の土壌では，黒雲母の存在割合が大きい．風化作用を受けていない雲母系鉱物では，構造全体が非膨潤層の状態を維持しているため，外部から加わった放射性セシウムが吸着できる場所は限られている．

　ところが，地表で岩石から土壌への変化が始まり，その過程で雲母系鉱物が風化作用を受けると，その層間から少しずつ K^+ が放出される．K^+ が放出された層間では，かわりに水和陽イオンが保持されるとともに水分子が侵入することに

よって，雲母系鉱物の構造中には層間距離が 1.4 nm に開いた層（膨潤層またはバーミキュライト層）が形成される（図 17-1）．そして，膨潤層と非膨潤層との中間に位置する中途半端に開いた部分では，空間的な制約により水和陽イオンが排除される．そのため，最も水和エネルギーが低く，六員環に形状的にフィットする Cs^+ は，放射性セシウムとして外部から加わった際この中間部位にきわめて高い選択性で吸着し，他の陽イオンによってほとんど交換されなくなると考えられている．その吸着の強さは，K^+ に対して平均でおよそ 1,000 倍，NH_4^+ に対して平均でおよそ 200 倍と圧倒的に大きい．この 2：1 型層間の一部で生じる選択的な吸着こそが，放射性セシウムが土壌に固定される主な原因である．なお，この選択的な吸着部位を指して，フレイド・エッジ（またはフレイド・エッジ・サイト）と呼ぶことが一般的である．異説もあるが，福島周辺の土壌における放射性セシウムの低い移動性は，主にこのフレイド・エッジの存在によって規定されているといってよいだろう．土壌におけるフレイド・エッジの容量は，0.001 ～ 0.5 $cmol_c$/kg の範囲内にあるという試算がある．この容量は，土壌の陽イオン交換容量（CEC）10 ～ 100 $cmol_c$/kg と比べると微量だが，土壌に汚染として加わる放射性セシウムをモル表記すると 5,000 Bq/kg で約 10^{-9} $cmol_c$/kg と桁違いに少ないため，これを固定するには十分である．ただし，腐植のように放射性セシウムに対する選択性が低い吸着体の量が相対的に多くなるほど，放射性セシウムがフレイド・エッジに吸着する確率が下がるため，フレイド・エッジ量が少ない土壌ほど，放射性セシウムが植物に移行する割合はやや大きい．

3．土壌に固定された放射性セシウムの再放出リスクと対策

　雲母系鉱物に固定された放射性セシウムは，植物による吸収によっても降雨に伴う下方溶脱によってもほとんど移動しない．しかし，いくら強い吸着であっても，再放出される確率はゼロではない．限られた事例ではあるものの，福島県内の水田から収穫された玄米中の放射性セシウム濃度が出荷制限基準である 100 Bq/kg を超えることがあった．その主な原因が土壌中の交換性カリウムの欠乏である．カリウム施肥が適正に実行されている農地では，雲母系鉱物中のカリウムは植物によってほとんど利用されない．しかし，カリウムが不足した土壌の

作物根のごく近傍では，雲母系鉱物の層間からのカリウム放出が促進され，付随してフレイド・エッジに固定されていた放射性セシウムの再放出も促進される．さらに植物根側でも，カリウム欠乏条件でセシウムの吸収が促進されることが指摘されている．すなわち，例外的に玄米の放射性セシウム濃度が基準値を超えた水田土壌では，雲母系鉱物が乏しいうえに，交換性カリウムが大きく欠乏していたことが検証された．これを受け汚染地域の農地では，土壌の交換性カリウムの含量を 25 mg/100 g 以上に維持するようカリウム散布することが推奨されるようになり，その結果，基準値越えの農作物が出荷されるリスクを最小限にとどめることに成功している．

　交換性カリウムが欠乏した土壌では放射性セシウムが植物に吸収されやすいとはいえ，土壌から除去される放射性セシウムの量は全体の 1% にも満たない．つまり条件を整えたとしても，植物を利用して放射性セシウムを土壌から除去することは不可能である．植物吸収よりも強い力，例えば土壌環境ではあり得ない高濃度の酸や塩溶液を用いて土壌を煮沸することで，土壌に固定された放射性セシウムの一部あるいは大部分を除去することは可能である．とはいえ，こうした劇的な化学的処理方法を広い面積の汚染土壌に適用することは現実的でないため，表土の物理的な掘削除去および中間貯蔵施設への隔離が除染方法として適用されている．

4．原発事故を受けて土壌学が果たしてきた役割と今後の課題

　日本には，原爆によって多数の犠牲者を出した暗い歴史があり，古来より目に見えない「悪しきもの」を本能的に恐れ，遠ざける穢れの思想が根づいている．そのため，放射性セシウムが沈着した農地で生産された農作物を避けたい，という忌避感情自体を無下に否定することはできない．ただし，放射性セシウムは超常的な悪しきものではなく実体のある化学物質である．研究の積み重ねによって，土壌に固定された放射性セシウムの移動性がきわめて小さいことや，カリウム散布による交換性カリウム量の引上げによって，放射性セシウムの農作物への移行リスクを最小化できることなどがすでに実証されている．ただし，こうした安心材料となり得る情報の認知度は低く，忌避感情の緩和には必ずしも貢献できてい

ない．そのため，科学コミュニケーションの重要性に対する意識改善と伝える技術の向上こそが，土壌学に課せられた大きな課題である．

第18章

古土壌学

1. 古土壌とは

　古土壌学とは，土壌学のうち，古土壌を研究する分野である．最近の地球科学は，地球を生物と無機的環境（大気，海洋，地殻）の共進化と捉え，地球惑星系の全体像を描き出す段階にきているので，古土壌学が扱う対象も多岐にわたってきている．古土壌[注1]とは地球の歴史の中で，地表面における風化，土壌生成作用の痕跡が過去において認められるものを指し，多くは堆積物に覆われていて（埋没土）[注2]，現在の土壌生成過程からは隔離されている場合が多い．しかし，埋没の時期が比較的新しい歴史時代，例えば河川の氾濫によって堆積物に被われた低地土，新しい火山灰に被われた黒ボク土などは現在の土壌生成環境との差異が認められないため古土壌とは見なされない（化石土壌）．一方，地表面の土壌であっても，現在の気候および植生環境と異なった条件で生成したと考えられる場合は古土壌と見なされ，レリック（遺存土壌）といわれる．土壌生成に費やされる時間は，一般に気候および植生の変化に比べて長い．1万年前に始まる後氷期の温暖化により，西南日本の落葉広葉樹林は常緑広葉樹林に変化した．地形面の安定している段丘では，土壌生成環境の変化が起こったので，台地土壌は多少とも多元土壌（poly-genetic）の性質を持つと考えられる．したがって，ある土壌が古土壌か，現在の気候・植生条件下で生成した現成土壌かという厳密な区別は不可能であり，土壌の断面形態と生成年代，土壌材料の物理・化学的性質，花粉分析による古環境の復元などによって明瞭に判別できる場合にのみ古土壌と見なすのが妥当である．

　注1）かつて日本が温暖な気候にあった時代に生成した古土壌が残存し，口絵16の⑥アルティソルのような赤みを帯びた土壌である．
　注2）表層部の土壌と全く異なる土壌生成作用を受けた土壌が下層部に存在することがあり，それら下層の土壌は古土壌と称される．

2．地表面プロセスとしての地形，風化，古土壌

　数万年から数十万年の時間的スケールで起こる地盤の隆起と風化，侵食のプロセスの中で，土壌は地表面を被う一時的な存在にすぎない．プレートの境界に位置する日本列島は世界でも有数の変動帯であり，第四紀に始まる日本の山地形成速度は1.6 mm/年に及ぶ（図18-1）．一方，侵食作用も激しく，それが山地の隆起とほぼバランスがとれていることは，線状の河川網が山地の隅々まで行きわたり，切り立った尾根筋を形成していることからもわかる．このような日本の不安定な土壌生成環境の中で，比較的安定していたのは，現在も平坦な地形面を保持している段丘（台地）である．河川の線状侵食は平坦面を破壊していないため，台地では土壌が保存されやすい．第四紀は氷河期と間氷期が交替する激しい環境変化が起こった時期であり，2万年前の最終氷期には，海水面が120 m低下した．そこは旧石器時代人の生活の舞台であった．このような激しい環境変化を古土壌学的に探ってみよう．

　東ヨーロッパ，アメリカ中西部には，より西方の融氷河流堆積物（アウトウオッ

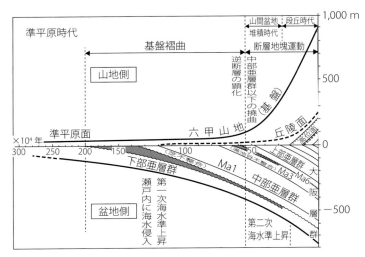

図18-1　六甲山地の成長曲線
（藤田和夫，1983）

シュ）を起源とするシルトを主体とする厚い風成塵の堆積（レス）が見られる．温暖湿潤の間氷期はレスの堆積が減少し，植生存在下で発達した数枚の古土壌層が見られる．また，中国の黄土高原には，中央アジアの砂漠地帯から飛来した風成塵が厚さ250 mにわたって堆積しており，その基底は260万年前の第四紀の始まりまでさかのぼる．未風化のレスに挟まれた9枚の古土壌層は，それぞれ古海水温の指標となる海洋酸素同位体ステージ（MIS）3～21に対比され（図18-2），脱石灰，粘土化，赤褐色化，構造の発達などの点で，レスと区別されている．日本では現在，冬季から春先にかけて黄砂が飛来するが，乾燥した氷河期にはより多量の黄砂が飛来したと考えられる．日本海沿岸には，古砂丘中に数枚の古土壌が存在するが，これらは粒度組成，粘土鉱物組成から砂丘形成の休止期に堆積した風成塵を母材としていることが明らかにされている．鳥取県倉吉市のローム層中には，挟在する火山灰によって編年された一連の古土壌層が認められ，MISステージでそれぞれ3，5，7，9，11に対比されている（図18-2）．

80年代の初めから，土壌粒子1～10ミクロンの石英中の酸素同位体比（$\delta^{18}O = \{(^{18}O/^{16}O\ 未知試料/^{18}O/^{16}O\ 標準試料) - 1\} \times 10^3$）を熱ルミネッセンス法によって測定し，石英の起源地を同定する研究が進められた．$\delta^{18}O$は，石英の生成条件を反映して，高温マグマ由来のものでは＋5～10‰，常温で水溶液

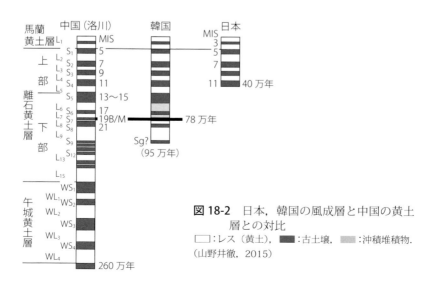

図18-2　日本，韓国の風成層と中国の黄土層との対比
□：レス（黄土），■：古土壌，▨：沖積堆積物．
（山野井徹，2015）

から晶出したチャートやプラントオパール，土壌中で生成されるオパーリンシリカは，+25～37‰と高い値を示し，^{18}O が著しく濃縮されている．一方，中央アジア乾燥地，黄土高原の δ^{18}O は，+16～17‰を示し，地殻の酸素同位体比とほぼ一致していることは，風成塵の給源地域では生成の異なる石英がよく混和していることを示している．母材，土壌分類の異なる日本，韓国における表層，次表層シルト画分の石英の δ^{18}O が 15.9～17.7 と均質であり，中央アジア起源の風成塵の混入が認められることが示された．さらに，南西諸島のサンゴ石灰岩母材を含む累積土層の δ^{18}O 値もすこぶる均一であり，このことから中央アジア起源の広域風成塵や東シナ海大陸棚起源の風成塵が南西諸島の赤黄色土壌の母材となっていることが示された．

このように，日本への風成塵の飛来が広域的に明らかにされた現在，これまで氾濫原堆積物（flood loam）と見なされてきた段丘礫層上の堆積物の多くが，風成塵を主体としている可能性が高い（特に，シルト，粘土含量が高く，雲母，2：1型粘土鉱物が卓越する場合）．このような古土壌の例を図 18-3 に示した．兵庫県加古川沿いに発達する高位段丘（青野ヶ原）は，赤色化した段丘礫層，トラ斑層，2つの広域火山灰層を含む広域風成塵の堆積という，3つの過去のイベントからなる．藤田（1983）は，高位段丘が，中位，低位段丘のように氷河期の海退による河川の浸食によってできた薄い礫層から構成されるのではなく，六甲山地の上昇に伴って生成された多量の礫からなる厚い扇状地性堆積物の堆積面であることを指摘している（図 18-1）．トラ斑層の δ^{18}O が 16.5 と，次表層の値 15.9 と近似していることは，トラ斑層も広域風成塵を母材としていることを強く示唆している．姶良Tn火山灰直下の風成塵がMISの3に対比されるとす

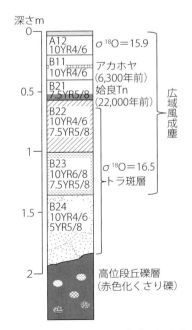

図 18-3 兵庫県小野市青野ヶ原における赤黄色土断面
（成瀬敏郎のデータを参考に作図）

ると，1 m以深のトラ斑層は，最終間氷期5e（11.5〜13万年前）あるいはそれ以前の間氷期に対比される．このように土壌生成と堆積のプロセス，気候変化が1つの古土壌断面に複合的に表れていることがわかる．

3．地球の歴史と最古の土壌

　南アフリカには，シアノバクテリアの光合成によって大気中の酸素が増加したことを示す古土壌が，地下100 mの深さに残されている．時代的には20〜22億年前の古原生代（Paleoproterozoic）のトランスバール累層群中の玄武岩を母材としており，風化による鉄の移動と酸化鉄の沈殿を示す最古のラテライト性土壌の例となる．地球の原始大気は，地下のマグマ由来の水蒸気，窒素，メタン，CO_2を主成分とした還元大気であり，およそ30億年前にラン藻類（シアノバクテリア）が光合成を開始して以来，現在の酸化的大気が形成されてきた．光合成はまず海水中の2価の鉄およびマンガンを酸化沈殿させ，酸素は海水中の還元物質を酸化しつくしたのちに，大気中にあふれ出たと考えられる．このとき大量に生成した酸化鉄は現在，縞状鉄鉱床として世界の各地に分布し，主要な鉄鉱物資源となっている．

　太陽放射は地質時代を通じて増加しており，CO_2，メタンが循環システムから

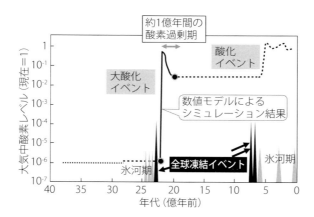

図18-4　大気中酸素濃度の変動モデル
（Harada, M. et al., 2015を一部改変）

除かれることによって温暖化が抑制され、結果的に生物が生存できる環境が維持されてきた。しかし、酸素-CO_2のバランスがときどき崩れて気候は大きく変動し、度重なる氷河期、3回の全球凍結（スノーボールアース）期が生起した。また、これらの変動が引き金となって、生物の大量絶滅とその後の生物進化が引き起こされたと考えられている。

一例を酸化的大気の生成期に見てみると、全球凍結がそれぞれ22億年、7億、6億年前に起こっている（図18-4）。風化、光合成による大気中のCO_2の消費は気候の寒冷化をもたらし、ひとたび極地に氷河が形成されると地表面反射（アルベド）の増大によって正のフィードバックが働き、全球凍結が起こった。この期間中、地上での風化、海中での生命活動が停止したため、大気CO_2は増加に転じ、温暖化をもたらした。温暖化による氷河の融解は光合成の再開を引き起こし、大量の酸素を大気中にもたらした（大酸化イベント）。Haradaら（2015）は、数値モデルによるシミュレーションを行った結果、全球凍結終了後の大気中酸素濃度の急上昇と、約1億年間の酸素過剰期の存在を再現している。南アフリカのトランスバール累層群には、これらが記録されており（図18-5）、海中の還元態の鉄が沈殿したあと、二酸化マンガンが沈殿した。氷河の後退によって露出した地表では炭酸による風化が開始され、海に運ばれて炭酸塩岩として沈殿した。地上の硫化物は硫酸に酸化され、硫酸カルシウムとして沈殿した。先に示した21億年前のラテライト性土壌に対比される赤色砂岩層が最古の酸化的土壌として認められる。シミュレーションの結果は、これら露頭の堆積物の変化をよく説明している。

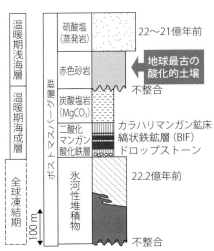

図18-5 南アフリカ・トランスバール累層群の層序
（Harada, M. et al., 2015を一部改変）

第 19 章

土壌教育

　2015 年は，国連が定めた「国際土壌年」であることから，世界や日本各地で記念イベントが開催された．日本で生活していると，国際社会が懸念している世界各地における土壌劣化の進行が人類の生存に直接関わっていることを実感しにくい．一方，日本では，学習指導要領の改訂に伴い，「土」という言葉が小学校学習指導要領の中で取り上げられる回数が減少している．学習指導要領の改訂の度に「土」の出現回数が減少し，教科書の記述に土が取り上げられにくくなるため，土を学習する機会が減少し，土を学ぶ態度が消極的になる．具体的には，小3で「石と土」の単元が平成元年に削除され，平成10年には，「土を発芽の条件や成長の要因として扱わないこと」と明示されるようになった．平成23年には，この文言が削除されたものの，「植物の成長には，日光や肥料などが関係していること」の表現には変化がなかった．小5では，土を使用しなくても種は発芽することを学ぶので，植物は土がなくても成長できると児童は考えるようになり，土離れが進むと考えられる．このことを憂慮して学習指導要領に「石と土」の単元を復活するように要望書が提出された．また，ある調査によれば，現代社会の日本人が1年間に食べている白米の重量とそれを生産している水田の面積の理解を尋ねる問に対して，中・高校生では，正答者が皆無で，大学生では数％であった．

　自分自身の生命維持にどれぐらいの広さの水田と土壌が必要であるかに関する認識がきわめて薄いことが明らかとなった．この調査結果は，児童生徒・学生が「土壌が人類の生存基盤である」または「Soils are fundamental to life on Earth」という事実を直感的に理解できるような教育を水田イネ作の現場で，土壌に触れながら実践することの重要性を強く示唆する．そこでは，日々口にする水や米には，土の存在が必要である感覚を，児童生徒および学生の脳裏に刻む工夫が必要である．私たちの生活に土は不可欠であると実感を伴って理解するためには，森の中で土に触れ，田植えや稲刈りをし，土の匂いを感じながら説明することが効

果的である.以下,執筆者の実施している土壌の観察会を例示し,土壌教育の内容を解説する.

1. 森の土が生命を支える水を保つ様子を実感する観察実験

地面に木々の葉が落ちたあとの変化を実感するために,地面に降り積もった落ち葉を1枚1枚めくりながら観察し,その分解過程やそれに寄与する土壌動物の役割を実感する.新しい落ち葉をめくるとその落ち葉は,湿り気があり色は黒ずむ.さらにめくると落葉の原形をとどめなくなり,黒く柔らかく変化する.この変化は菌類が柔らかくした落葉を土壌動物が細かく物理的に分解し,さらに細菌類により変性が進むことによる.この生命活動の結果,2次的に腐植が生成し,A層に黒い色(図19-1)と団粒構造がもたらされる.この過程により土壌中に無数の穴が生成し,雨の水が地中にしみ込む.しみ込んだ水は,土壌中の生物の呼吸から出る二酸化炭素を溶かし込んでいるので,酸性が少し強くなる.この酸性の水が岩石の成分である一次鉱物(造岩鉱物)と化学反応を起こし,その化学反応によって鉱物が二次変質して粘土鉱物を作り出し,鉄が鉱物の中から溶け出して酸化鉄として土壌に黄色,赤色,褐色の色を付け,B層が生成する(図19-1).

この一連の土壌生成のメカニズムを現場で説明したのち,演示実験を実施する(図19-1).具体的には,水槽とメスシリンダーと100 mLの円筒管を用いて

図19-1 土壌断面から採取した土壌試料とそれを用いた観察実験の様子
左から,土壌断面,採取した土壌試料,土の手触りを楽しむ家族,保水力の実験とそれを楽しむ児童(写真提供:岡本直人氏).

図 19-2 100 mL の円筒管を用いた森林の下の土壌中の空気に関する観察実験

水を満たした水槽に層位別に円筒管で採取した土壌試料をラップで包んだのち，上下に小さな穴を開け，水上置換法により放出された空気をメスシリンダーにトラップして，その容積を測定する（写真提供：岡本直人氏）.

土壌に含まれる空気の量を測定（図 19-2）し，A 層には，最も多く空気が含まれ，この孔隙に多くの土壌動物や土壌微生物を含む多様な土壌生物の生息を説明する．加えて，下層に向かうにつれて，気相が減少する様子を説明する．さらに，図 19-1 に示す保水力を観察する実験装置を製作して，A 層や B 層の水を保つ力について演示実験を行う．装置に設置するプラスチック容器に A 層や B 層から採取した土壌試料を加え，水をメスシリンダーで加える．土が水を保ってから，容器の下から水が徐々に浸み出してくる様子が観察される．土の保水力と水の供給力を，実感を伴いながら観察する．土には，この保水力と供給力があるので，降雨があっても洪水にはならないし，降雨がなくても私たちの命を保つ生活用水や田んぼに注がれる農業用水が枯渇しないことを説明する．この現場での観察実験から土の機能を学習すれば，自分自身の生命に不可欠な水を保ち，そして与える土壌の機能の重要性に気づき，理解する態度が醸成される．

2．米の消費量を活用した人の生命を支える土の役割

都市に住むわれわれは，日々，米を食べているが水田稲作の現場を体験する機会がほとんどないことから，水稲の生育観察，収量調査の結果を基に水田に生育

するイネと米の関係を考える機会を設けている．すなわち，水田に苗を移植し水稲栽培を行い，籾が収穫時に何倍に増えるかに関する計算，および自分自身が1年間に消費している米の面積を計算し，水田に描くという実習を行う．加えて，無肥料田，堆肥連用田，化学肥料連用田という異なる試験田を準備し，あらかじめ土の性質が異なるように工夫しておく．そして，それぞれの水田に3本の苗を正確に移植する．時期をかえて草丈，茎数や穂数を計測する観察実験が実施できれば，土づくりや施肥に応じた水稲の生育の相違を体験的に学ぶ機会が得られる（図19-3）．堆肥で土づくりをすると次第に地力が増大する様子や化学肥料の効果についても学習することができる．とりわけ，収穫期の籾の数を計測すると，もともと3粒から育成した苗が，無肥料の水田でも100倍以上に増加する事実を目の当たりにできる．すなわち，肥料を施用しなくても土と水と日光の力によりイネが成長できると実感できる．植物の成長の要因として，小学校学習指導要領では，「日光と肥料など」と記述されているが，主食である米の場合，土の土台の力があって初めて，日光や肥料によって米を生み出すイネの成長が成り立つ基本的な考え方を習得できる．

その計測が終了したのち，家族または個人が1年間に食べている米の重量を農地の面積に換算する演習を行う．あらかじめ1年間の消費量（白米）を算出する宿題を課すか，または，日本人1人当たりの白米の年間消費量（平成26年度））を55 kg（農林水産省）とした場合に，米の平均収量から，その白米の消費量が

図 19-3　茎数や穂数を計測する観察実験
左：5月の田植え（3本植え），右：9月の収穫時期の生育調査．春に植えた苗（籾3粒）が秋には何粒になるのか，籾の数を調査して計算する（写真提供：岡本直人氏）．

どの程度の面積の農地に相当するのかを算出し，圃場に描いてみる（図 19-4）．

今，精米で 10 a 当たり 480 kg 収穫（玄米であれば 532 kg）できるとすれば，1.15 a の面積が 1 人を養うのに必要な水田面積と計算できる．1.15 a の一辺を 10 m に固定した場合に，もう一辺は 11.5 m となるので，その 2 辺をメジャーで測定して，畦畔の上にスタッフが立ち，1 年間に 1 人が支えられている農地面積を描くことから，1 人の命を支えている土壌の面積を，実感を伴いながら理解できるようになる．その面積をワークシート（図 19-4）に記されている方眼紙に塗りつぶすように指導している．さらに，無肥料田，堆肥連年施用田，化学肥料連用田の収量を基にすれば，日本人の 1 人当たりの年間米消費量を賄うための水田面積を算出することができ，それを基に農業技術の進展によって単位面積当たりの収量が増大することによって，狭い面積で必要な食糧を賄うことができるという考え方や土づくりをすれば地力が向上し，化学肥料の減肥が可能になるという発展的な学習につなげることも可能となる．

ここでの重要なポイントは，学生の数％しか理解していなかった自分自身の生命を支えている土の面積を，収穫量のデータを基に計算し，目の前の水田に描く演習から，自分自身の生命が，広がりをもった水田土壌によって養われているという事実を，実感を伴いながら理解する態度を醸成することにある．

児童生徒および学生を対象としたこの演習によって，土の土台の力の理解から自然の力の大きさを解説できるきっかけづくりとなり，理科や道徳のみならず算数の理解増進にもつながり，総合的な学習の時間に相応しい内容となる．

図 19-4　1 年間に食べている米の重量を農地の面積に換算する観察実験
左：収穫時期の水稲栽培圃場，右：方眼紙．1 年間に消費している白米はどれぐらいの面積になるのか，実際の水稲栽培をしている圃場に描いてみる．また，その面積を方眼紙に描いてみる（写真および方眼紙の提供：岡本直人氏）．

第 20 章

土壌と文化

1. 土壌と人々の関わり

　土壌学という科学（サイエンス）があることと，その重要性がこれまでの章から理解していただけたであろう．この科学は土壌がどのように生成および分布し，どのように分類されるかということの他に，人類に食料を供給するための研究を行ってきた．しかし近年は，環境への関心が高まり生態学，物質循環，花卉などの視点から研究されることが増え，土壌生態学，環境土壌学，園芸学などの分野にも発展した．また，土壌は地殻の最表層にあることから，地質学，地形学，自然地理学の対象に含まれる．最近では，温暖化やオゾン層破壊など地球規模の環境変動や物質循環などの視点から，大気圏，地殻圏，水圏，生物圏などと同位概念で「土壌圏」としても位置づけられてきた．

　このような自然科学としての土壌学の他に，最近ではそこに生活している民族の思想，宗教，意識，生活，医療，芸術など，その地域と民族の生業，文化，文明，健康に関わる科学，すなわち文化土壌学としての位置づけも始まった．それは有史以前から人間が土壌から多くの恩恵を受けた証である．民族の繁栄は土壌に依存している．

2. 土壌は生命の源

　徳富健次郎こと徳富蘆花は「みみずのたはごと」で次のように述べている．「土の上に生まれ，土の生むものを食うて生き，而して死んで土になる．我等は畢竟土の化物である．土の化物に一番適当した仕事は，土に働くことであらねばならぬ．あらゆる生活の方法の中，尤もよきものを撰み得た者は農である」．

漢時代の 劉 向 は,「説苑」書の「臣術」篇に孔子の残した「土」に託する想いを記述している.「為人下者, 其犹土乎！種之則五穀生焉, 掘之則甘泉出焉, 禽獸育焉, 生人立焉, 死人入焉, 其多功而不言：人の下なるもの, 其はなお土か！これに種えれば, すなわち五穀を生じ, 掘ればうまい水は湧きいで, 禽獣育ち, 生ける人は立ち, 死せる人は入り, その功多くて言い切れない」. 孔子は土壌の偉大さについて熟知していた.

土壌は, 一見変哲もない地球の表面を覆う岩石の風化物のように見える. しかし, その内部に静かに光を当ててみると, 自然が創ったきわめて精緻なメカニズムのもとに, 地上の生命と環境を絶えず育んでいることが理解できる.

土壌粒子は多様な形状と大きさを持ち, 互いに連結しあいながら空隙を作り, 一定の水分を保ちながら粘土や腐植の形態で植物の養分を保持している. スプーン一杯の土壌には, 動植物の遺体を分解し, それを植物の養分と二酸化炭素などにかえる億を超える微生物が生息している. そのうえ土壌には, 絶えず移動を続ける水, 空気, 養分がある. これらの機作が命を生み出している. 土壌の中では, 化学, 物理学, 生化学, 微生物学などの学問分野に関わる現象が日夜営まれている. 土壌は生き物なのである.

人間がすべてを支配している工場と, 自然が支配している土壌とは大きく異なる. 近代農業はこの事実を見逃している. 例えば, 土壌中に生息する生物たちの助けなしに作物は生育できない. 農耕地や農業は自然の一部なのである. そして, 土壌は「人は土から生まれ」「死んで土になる」時空を超えた場所で, 動植物も人も生きている間は「土の化物」に他ならない. それでは, 土壌と人間の文化の関連を追ってみよう.

3. 土壌と文化

土壌は, 人類史の流れの中でさまざまな文化を産みそれを育んだ. その文化は, 情と知の中から, 卜占および宗教から科学への流れに沿って, 天地生存と社会生存のあり方から, 資本主義や社会主義と科学技術との相互作用を通して, そして文学や詩歌の思いから生まれてきた.

土壌と文化を語る前に両者の緩やかな定義が必要であろう. 土壌の定義は中国

の文献「中国土壌分類和土地利用」に従う．「土」とは人間が手を加えていない自然の状態で，「壤」は植物を栽培するために人間が一度「土」を砕いてやわらかな土にした耕作土をいう．「土壌」は，この自然土と耕作土の全体を表す．

次に文化である．これは英語のカルチャーの訳語である．Culture の原義は土地を耕して作物を育てることで，土壌とは切っても切れない縁がある．それが抽象化され，人間が自然に手を加えて生み出してきた物心両面の成果，すなわち衣食住をはじめ技術，学問，芸術，道徳，宗教，政治など生活形成の様式と内容を意味するようになった．したがって，風土に適した人間の精神的な生活も含むことになる．必ずしもすべての人にとって便利でも，暮らしやすくも，楽しくもないが，風土に適したもので，いわば山野にある宿屋や町並みに溶け込んだ旅館のようなものである．以上のような緩やかな定義のもとに，土壌と文化に関わる事象を紹介する．

土壌と文化に関わる課題はいくつもある．例えば，「土壌と」語源，字解，政策，環境神，意識，教育，癒し，地球，文化，医療，霊，景観，倫理，文学，詩歌，薬，陶器，染料，遺跡，言葉，諺などさまざまある．数ある課題のうち，ここでは字解，霊，思想，宗教，文化形成の例を紹介する．

1）土と字解

「土」という字の中心概念は，経済的な「土地」でも材料としての「土質」でもない．あくまで生命を育むものとしての「土」であることが，中国時代の「説文解字」からわかる．漢の時代の許慎は説文解字で，「土」は「地の萬物を吐生するものなり」と解説し，「土」が生物を生み出すものの象形であるという．また，「土」を次のように表現する．"二" は地表と地下を表す．つまり，土壌には層のつながりがあり，上の "一" は表層土を，下の "一" は下層土を表す．"｜" は地中から地上へ伸びる植物を示す．説文解字の「吐」は「土」と音が同じで，自然に物を生み出すことを意味する．漢の時代の鄭玄は，「壤」は「以人所耕而樹藝焉則言土：人が耕して作物を植えるもの」と解釈した．樹藝は植物を栽培すること，つまり土を耕し作物を植えると「土」は「壤」になる．これは耕作土壌のことである．

また，土と人の関わりは，土－生－世－姓への字形連鎖からも明らかで，土「地

の萬物を吐生するものなり」から生「草の生え出る形，草木の生じて土上に生ずるに象る」に転じ，世「草木の枝葉が分かれて，新芽が出ている形」に成長し，姓「血縁的な集団」に発展した．

2）土壌と霊

どの民族やどの地域にも，それらに固有で偉大な「土地の霊」がいる．その土地の霊に染めあげられていることが，その地域の民族の証である．白川静の字訓や字統によれば，「つち：土，地」は大地，地上をいう．地は天に対比していうことが多い．「ち」は「霊」の意である．「つ」はあるいは「処」の母音交替形であろう．「つち」は土一般を指すのではなく，その地中に潜む霊的なものを呼ぶ名であった．

「つち：地」の地は人間の生命のもとである血，霊（ヒ），火，日（太陽）につながる．「ヒ」も「チ」も語源的には同じである．土「ツチ」のうち「ツ」は聖力のあることを表し，「チ」は霊魂を意味する．ツチは神聖な霊魂の包含源であり，生命の萌芽源とも考えられた．地は天の刺激を受け，それと結合したときに初めて豊かな生産力としての力を発揮し，新しい生命を生む．例えば，雨が降るのも風が吹くのも天地合体の証しである．

イギリスにも「土地の霊（スピリット）」がある．ラテン語にもあり「ゲニウス・ロキ（地霊）」といわれる．ケルト語にある土の神（デイ・テレーニ）は，穀物を実らせ牛の乳の出をよくする農耕の神で，農民の守護神である．アボリジニは，大地を傷つけるのは自分自身を傷つけることだと感じている．スイスにもノームという精霊がいる．スイスの錬金術師パラケルススによる四大元素（地，水，風，火）のうちの1つ「土」には，老人のような容貌をした小人のノースが棲んでいる．

アジアでも形は異なるが，土の精霊信仰はいたるところにある．アイヌの「カムイ」，琉球の「ニライカナイ」，中国の「天帝」，タイの「ピー」，フィリピンの「アニート」などがそうである．

このような「土と霊」の意識は，その後，神話，宗教，倫理，思想，哲学，宇宙，浄土，穢土などとも密接に関連し，生活の中に生き続けている．地の神の地祇に酒を捧げる姿は，今なお家を建設する前の地鎮祭（トコシズメノマツリ）に見られる．その土地の悪霊を祓う儀式である．

3）土壌と思想・宗教

　土壌は，世界中の人々の思想や宗教にも大きな影響を与え続けた．例えば，わが大和の国には，土に関わる数多くの神々と神社が存在する．大土神（オオツチノカミ）は大年神の御子で，母神は天知迦流美豆比売（アメノチカルミヅヒメ）である．田地を守護する神は，またの名を土之御祖神（ツチノミオヤノカミ）と呼ばれる．大地主大神（オオジヌシノオオカミ）は土地を守護する神である．埴山姫大神（ハニヤスヒメノオオカミ）は土を守護する神であり，産土大神（ウブスナノオオカミ）はその土地の守り神である．伊勢の外宮の別宮には土宮（ツチノミヤ）がある．

　中国には陰陽五行思想がある．この思想に「土徳（どとく）」を讃える詩がある．木火土金水の思想である．「木は土がなければ生ぜず，繁茂もしない．火は土なくして勢いはなく，土あってはじめて火としての形をなす．金は土の鋳型に入ってこそ有益なものとなり得る．水は土がなければ溢（あふ）れて止まるところを知らない．水は堤防によって溢れずにすむ．土気は新たに萌（きざ）しくるものを扶（たす）け，衰えいくものを衰えさせて，そのものの道を達成させる．故に，五行循環は土徳の力に負うものである．土気は四季の変化の中央にいて四季を行きめぐらせ，四季の王となる」．このように，「土」は中央を意味しており，人間では君主を指し，自然現象では四季の王である．

　他にも，ギリシャの四大元素説（土，水，風，火），ギリシャ神話の天地創造（カオス：混沌，ガイア：大地，タルタロス：地獄，エロス：性愛），古代インドのバラモン教の聖典ヴェーダ（大地の歌，母なる大地），チベット仏教の五体投地（とうち）（大地の母，大地の神との一体化）などが土壌と深い関係にある思想や宗教である．

　一神教のユダヤ教，キリスト教，イスラム教では土から人間が創られた．旧約聖書は語る．主なる神は土（アダマ：ヘブライ語）の塵で人（アダム）を形づくり，その鼻に命の息を吹き入れられた．人はこうして生きる者となった．人間（homo）は大地（humus）からくる．人は一生，大地で働き終えたらまた大地に還る．それが人間性（humanity）の立場なのである．humanity は humility（謙虚な，謙遜）につながる．人は土の塵から創られ，最後は土に帰るという定めにある．創世記に「神は土塊で人の形を造り，命の息を吹き込んだ．すると人は生きものとなった」とある．これらは，先に述べた徳富蘆花や孔子の土への礼讃と同じである．

4．土壌と文化形成

　これまでの例だけでも，土壌は人類の文化形成に大きな役割を果たしてきたことがわかる．大胆にいえば，世界に分布する性質の異なる土壌が異なる文化を育んできた．環境の具象が土壌であるから，土壌を基調として異なる文化が成立してきたと考えられる．土壌を主体とした文化は，藤原彰夫によっておおむね次のように分類されている．

　①**水田土文化**：水田作物を栽培するために，土を湛水した文化．インド，タイ，越，呉などの民族文化．②**黄土文化**：黄土の上の文化．アルカリ性土壌．オオムギ，コムギ，アワ，キビなど古来の漢民族文化．③**オアシス土文化**：乾燥が激しいオアシスを求めた文化．アルカリ性の土壌，塩類土壌．果樹や蔬菜を栽培したウイグル民族文化．④**草原土文化**：乾燥した草原土に成立する牧畜を主とする文化．中性ないしアルカリ性の土壌．トルコやモンゴル系の遊牧民族文化．⑤**珊瑚石灰岩土文化**：大陸南部の緑辺や島嶼に分布する石灰岩を母材とする赤色の土壌．ココヤシ，パンノキ，バナナなどのオーストロネシア族文化．⑥**ラトソル土文化**：湿性の熱帯降雨林からサバンナまでの酸性の赭土(しゃど)に成立した文化．オーストロアジア系の住民農業が基本の文化で，モロコシ，キャサバ，タロ，ヤムなどの栽培文化．⑦**赤黄色土文化**：湿性の暖帯，亜熱帯の酸性の赤黄色土に成立した文化．東南アジア系焼き畑農業文化で，ヤオ族，ラフ族，リス族などが住み，リクトウ，アワ，クワなどを栽培．⑧**森林褐色土文化・火山灰土文化**：湿性の温帯に成立した酸性の褐色森林土の文化．東南アジア系の焼き畑農業文化．また，落葉広葉樹林を開墾したソバ，ヒエなどのツングース系民族文化．⑨**ポドソル土文化**：湿性の冷帯ないし亜寒帯の強酸性のポドソル土の文化．狩猟や漁猟を主とするブリヤードやトウヴァなどアルタイ語のシベリア系民族文化．

　このように，異なる土壌による異なる文化の成立により，われわれはさまざまな生き方をしてきたし，これからもしていくのであろうか．今後，文化土壌学と神話，宗教，倫理，思想，哲学，宇宙，文明，環境などの研究のさらなる深化が期待される．

参考図書

和　　書

青木淳一：だれでもできるやさしい土壌動物のしらべかた - 採集・標本・分類の基礎知識，合同出版，2005.

浅見輝男：日本土壌の有害金属汚染，アグネ技術センター，2001.

新井　正ら：都市の水文環境，共立出版，1987.

石渡良志ら（編）：環境中の腐植物質，三共出版，2008.

犬伏和之・安西徹郎（編）：土壌学概論，朝倉書店，2001.

岩田進午・内島善兵衛（監訳）：D. ヒレル・環境土壌物理学，農林統計協会，2001.

大羽　裕・永塚鎮男：土壌生成分類学，養賢堂，1988.

岡﨑正規ら：図説日本の土壌，朝倉書店，2010.

小原　洋ら：Inventory 別冊 土壌の写真集，農業環境インベントリーセンター，2015.

金子信博：土壌生態学入門，東海大学出版部，2007.

川口桂三郎（編）：水田土壌学，講談社，1978.

河田　弘：森林土壌学概論，博友社，1989.

環境情報科学センター（編）：土壌の質を採点する，環境情報センター，1976.

環境庁土壌農薬課（編）：土壌汚染，白亜書房，1973.

木村修一・左右田健次（編）：微量元素と生体，秀潤社，1987.

木村眞人ら：土壌生化学，朝倉書店，1994.

吉良竜夫：陸上生態系，共立出版，1976.

久馬一剛（編）：新土壌学，朝倉書店，1984.

久馬一剛：食料生産と環境 - 持続的農業を考える，化学同人，1997.

熊田恭一：土壌有機物の化学第2版，学会出版センター，1981.

古賀　愼：粘土とともに - 粘土鉱物と材料開発，三共出版，1997.

（財）発酵研究所（監修）：IFO 微生物学概論，培風館，2010.

佐藤　庚ら：作物の生態生理，文永堂出版，1984.

J-SRI 研究会（編）：稲作革命 SRI，日本経済出版社，2011.

周藤賢治・小山内康人：記載岩石学 岩石学のための情報収集マニュアル，共立出版，2002.

白水晴雄：粘土鉱物学 - 粘土科学の基礎，朝倉書店，1988.

森林立地学会（編）：森のバランス，東海大学出版部，2012.

関矢信一郎：農業技術大系 - 水田の土壌管理，農山漁村文化協会，1986.

全国農業協同組合連合会：施肥診断技術者ハンドブック，全国農業協同組合連合会肥料農薬部，2007.

相馬　暁：品質アップの野菜施肥，農山漁村文化協会，1988.

田中　明：作物比較栄養生理，学会出版センター，1982.

土の百科事典編集委員会（編）：土の百科事典，丸善出版，2014.

堤　利夫（編）：森林生態学，朝倉書店，1989.

藤間　充・三枝正彦：農業技術大系 - 資材の特性と利用（リン酸石膏），農山漁村文化協会，1996.

土壌物理学会（編）：新編土壌物理用語事典，養賢堂，2002.

土壌保全調査事業全国協議会（編）：日本の耕地土壌の実態と対策，博友社，1991.

富山和子：日本の米 - 環境と文化はかく作られた，中公新書，1993.

永塚鎮男：原色日本土壌生態図鑑，フジ・テクノシステム 1997.

永塚鎮男：土壌生成分類学，養賢堂，2014.

長野間宏：農業技術大系 - ダイズ（転換畑不耕起栽培），農山漁村文化協会，1991.

成瀬敏郎：世界の黄砂・風成塵，築地書館，2007.

西尾道徳：農業と環境汚染，農山漁村文化協会，2005.

日本土壌肥料学会（編）：水田土壌の窒素無機化と施肥，博友社，1990.

日本土壌肥料学会（編）：世界の土・日本の土は今，農山漁村文化協会，2015.

日本土壌肥料学会土壌教育委員会（編）：新版 土をどう教えるか - 現場で役立つ環境教育教材（上巻・下巻），古今書院，2009.

日本土壌肥料学会土壌教育委員会（編）：土をどう教えるか - 新たな環境教育教材 -，古今書院，1998.

日本粘土学会（編）：粘土ハンドブック第三版，技法堂出版，2009.

日本の森林土壌編集委員会：日本の森林土壌，日本林業技術協会，1983.

日本微生物生態学会（編）：環境と微生物の事典，朝倉書店，2014.

日本ペドロジー学会（編）：土壌を愛し，土壌を守る - 日本の土壌，ペドロジー学会50年の集大成，博友社，2006.

日本ペドロジー学会第四次土壌分類・命名委員会：日本の統一的土壌分類体系第二次案（2002），博友社，2003.

農山漁村文化協会（編）：土壌診断・生育診断大辞典，農山漁村文化協会，2009.

服部　勉ら：改訂版 土の微生物学，養賢堂，2008.

羽柴輝良（編）：人に役立つ微生物のはなし，学会出版センター，2002.

長谷川周一：土と農地，養賢堂，2013.

服部　勉ら：改訂版 土の微生物学，養賢堂，2008.

林　一六：植生地理学，大明堂，1990.

福島雅典（監修）：Beers, M. H.・メルクマニュアル第18版 日本語版，日経BP，2006.

藤井一至：大地の5億年，ヤマケイ新書，山と渓谷社，2016.

藤田和夫：日本の山地形成論，蒼樹書房，1983.

藤原彰夫：土と日本古代文化，博友社，1991.

藤原宏志：稲作の起源を探る，岩波新書，1998.

古野昭一郎：農業技術大系 - 畑の土壌管理，深耕の種類と特徴，農山漁村文化協会，1986.

北海道農政部：北海道施肥ガイド2015，北海道農業改良普及協会，2015.

堀越孝雄・二井一禎（編）：土壌微生物生態学，朝倉書店，2003.

松中照夫：土壌学の基礎，農山漁村文化協会，2007.

松中照夫・三枝俊哉：草地学の基礎 維持管理の理論と実際，農山漁村文化協会，2016.

松藤和人（編）：東アジアのレス - 古土壌と旧石器編年，雄山閣，2008.

松本　聡・三枝正彦（編）：植物生産学(Ⅱ) - 土環境技術編，文永堂出版，1998.

陽　捷行（編）：土壌圏と大気圏，朝倉書店，1994.

陽　捷行：農医連携論，養賢堂，2012.

宮﨑　毅ら：土壌物理学，朝倉書店，2005.

山崎不二夫：水田ものがたり - 縄文時代から現代まで，農山漁村文化協会，1996.

山路　健（訳）：V.G. カーター，T. デール・土と文明，家の光協会，1975.

山根一郎（編）：水田土壌学，農山漁村文化協会，1982.
山野井徹：日本の土，築地書館，2015.
渡辺和彦：原色・生理障害の診断法，農山漁村文化協会，1986.
渡邉　信ら（編）：微生物の事典，朝倉書店，2008.

洋　書

Brady, N. C. and Weil, R. R.：The Nature and Properties of Soils（14th ed.），Pearson Prentice Hall，2008.

Elvidge, C. D. et al.：Global Distribution and Density of Constructed Impervious Surfaces Sensors，7，1962-1979，2007.

FAO：Revised World Soil Charter，1-8，2015.

FAO and ITPS：Status of the World's Soil Resources，2015.

IPCC：Fifth Assessment Report，2013-2014.

Kitagishi, K. and Yamane, I.（eds.）：Heavy Metal Pollution in Soils of Japan, Japan Scientific Societies Press，1981.

Ramankutty N. et al.：Farming The Planet: 1. Geographic Distribution of Global Agricultural Lands in The Year 2000. Global Biogeochemical Cycles. 22, GB1003，doi:10.1029/2007GB002952，2008.

Soil Survey Staff：Keys to Soil Taxonomy，12th Ed.，USDA-Natural Resources Conservation Service，2014.

WEB サイト

農研機構農業環境変動センター　「日本土壌インベントリー」
　　http://soil-inventory.dc.affrc.go.jp/figure.php

農林水産省：食料自給率の推移（消費量の推移（国民一人当たり））
　　http://www.maff.go.jp/j/tokei/sihyo/data/02.html（2016 年 8 月現在）

GSP（Global Soil Partnership）
　　http://www.fao.org/global-soil-partnership/en/

NASA：Plant Productivity in a Warming World（2010）
　　http://svs.gsfc.nasa.gov/10630

索引

あ

アーキア　140
アーバスキュラー菌根菌　147
亜鉛　273, 285
亜寒帯常緑針葉樹林　4
秋落ち水田　78
アクチノマイシン　247
亜酸化窒素　12, 265
亜硝酸酸化細菌　50, 76, 154
アゾラ　67
暖かさの指数　186
アナベナ　154
亜熱帯常緑広葉樹林　4, 187
アパタイト　98
亜ヒ酸　286
D-アミノ酸　151
アミン　110
アメーバ　144
有明海干拓地　96
アリディソル　198
アルカリ長石　90
アルカリ土壌　51, 72, 111, 122
アルキル水銀　292
argillic 層　197
アルティソル　198, 203
アルフィソル　197, 203
Al/Fe-腐植複合体　106, 124, 189
アルミニウムイオン　118
アルミニウム過剰障害　123
アルミニウム耐性
　植物の―　124
アルミニウム八面体層　93
アルミン酸イオン　122
アロフェン　22, 93, 97, 106, 108, 110, 114, 121, 133, 189, 296
アロフェン質黒ボク土　45, 46, 53, 221
暗渠　184
安山岩　86
暗赤色土大群　193
アンディソル　203
Andosol　190
アンモニア揮散　31, 265
アンモニア酸化細菌　50, 76, 154

い

E 層　6
イオウ　155, 156
イオウ酸化細菌　156
イオン吸着　108
イオン強度　112
イオン交換能　99, 138
イオン交換反応　104, 110
イオンの固定　113
異質土壌物質　194
遺存土壌　301
イタイイタイ病　283
位置エネルギー　173
一次鉱物　7, 89, 92
一次生産　8, 233
一酸化二窒素　32, 36, 76, 154, 254
1:1 型鉱物　95
一定荷電　46, 95, 97
緯度的成帯性　5
イネ科牧草　27
稲麦二毛作水田　79

イノケイ酸塩　91
イノシトールリン酸　135, 155
易分解性有機物　63, 130, 141, 225
イモゴライト　93, 97, 106, 108, 133, 190
イライト　96, 133
陰イオン吸着能　111, 114, 121
陰イオン交換容量　110
インセプティソル　201, 203

う

ウイルス　141
埋立て　194
運積性土壌　85
雲母　91
雲母系鉱物　108, 297

え

永久萎凋点　56, 176
永久荷電　95, 108, 110
HCH　290
H 層　11
ATP 法　159
栄養成長型野菜　214, 215
栄養成長期　214
栄養成長・生殖成長同時進行型野菜　215
A_0 層　11
A 層　7
AWD　70
液相率　169
SRI　70
F 層　11
F/B 比　167

324　索　引

MIS　303
MAP　275
エルゴステロール法　160
L層　11
塩基性岩　86, 188, 194
塩基飽和度　10, 118, 191, 197
エンティソル　201, 203
エンドファイト　241
塩類集積　233, 253
塩類土壌　318

お

オアシス土文化　318
黄褐色森林土　5
黄土文化　318
黄緑藻　141
Oi層　7
大型土壌動物　144
O層　6, 11
おがくず堆肥　271
オキシソル　199
oxic層　199
オキソ酸イオン　114, 285
ochric表層　201
汚染物質の拡散制御能　137
オパーリンシリカ　97, 304
温室効果ガス　254, 260, 265
温暖化　251
温量指数　3

か

カーボンシンク　235
ガイア仮説　231
海岸砂丘地　192
外圏錯体　109
外生菌根菌　147
灰長石　90
カオリナイト　95, 133, 199
化学合成微生物　142
化学堆積岩　88
化学的修復方法　288
化学的風化作用　99, 236
化学物質汚染　253
鏡肌　200

可給態窒素　50, 239
可給態リン酸　42, 49, 52, 55, 76, 262, 263
拡散　49, 217
拡散二重層　108
学習指導要領　307
角閃石　91
花コウ岩　87, 188
火山ガラス　92, 103
火山灰　88, 101, 103, 106, 189
火山灰土壌　106, 200
火山灰土文化　318
火山放出物　88, 188, 190, 232
過剰障害　58
　アルミニウムの―　123
過剰施肥　232
加水酸化鉄　7
加水分解　99
ガス拡散係数　181
　―の比　181
火山岩　188
火成岩　85, 86
　―の分類　86
化石土壌　301
下層土　50, 56, 70, 172
　還元的―　221
　酸性―　220
　輪換水田の―　222, 223
家畜排せつ物　271
家畜ふん堆肥　261, 270, 271
褐色化作用　7
褐色森林土　5, 7, 21, 191, 203, 237
褐色森林土大群　190
褐色低地土　62, 191
褐色腐朽菌　148
活性アルミニウム　201
荷電ゼロ点　101
可動性養分　166
カドミウム　116, 273, 280, 283, 284, 287
カバークロップ　58, 266
河畔林　266

過放牧　229
カリウム供給能　52
カリウム循環
　草地の―　34
カリウムの贅沢吸収　35
カリ長石　91
仮比重　41
軽石　88
軽石風化物　97
カルサイト　98
カルボキシ基　108, 121, 124, 134
含イオウ鉄鉱物　98
灌漑　219
灌漑水　72
　―の生育調整機能　220
灌漑水中の栄養塩類　72
環境基準　244, 262, 282, 283, 289
環境基本法　283
環境残留時間　295
環境浄化　244
環境負荷　16, 34, 54, 219, 267
環境保全型農業　267
間隙水　107
還元層　68
還元溶脱　193
慣行水田　208
緩効性肥料　155
完熟堆肥　273
緩衝曲線　125
緩衝能　120
乾性型　18
岩石圏　85, 90, 236
岩石構造の喪失　190
乾燥地域　120
環太平洋火山帯　185
干拓地　96, 156
間断灌漑　66
乾田　62
乾田直播　213
関東ローム層　190
乾土効果　75
γ-HCH　246

カンラン石　91
含硫ガス　156

き

気候　3, 186, 195, 203
気候植生帯　185, 187
気候調節　254
気候変動　250
基質誘導呼吸法　159
輝石　91
気相率　169, 182
キチン　129, 140
機能性遺伝子　242
揮発性有機塩素化合物　292
揮発性有機化合物　244
ギブサイト　97, 199
基本骨格粒子　171
客土　78
吸引力　173
休耕地　60
qCO_2　167
吸湿係数　175
吸湿水　175
キュータン　172
吸着　107, 115
吸着水　174
丘陵　187
丘陵帯　4
凝灰岩　89
強グライ土水田　207
強酸性　193
強酸性土壌　17, 41
局所施肥　224, 263
巨大土壌動物　144
ギルガイ土壌　200
キレート化　99
金紅石　92
菌根　147
菌根菌　147
金属錯体形成反応　116
菌類バイオマス　160

く

空気率　169
空中窒素固定能力　153

クチクラ層　129
クチン　129
掘削除去　299
グライ層　62, 222
グライ低地土　191, 193
グライ土　21, 40, 62, 237
グライ特徴　193
グラステタニー症　27
グラム陰性細菌　140
グラム陽性細菌　140
グルムゾル　200
黒雲母　87, 91
黒ボク土　21, 38, 52, 97, 101, 106, 111, 114, 124, 133, 169, 203, 296
　―の畑地　39
黒ボク特徴　190
黒ボク土大群　189
クロライト　96, 133
クロロホルムくん蒸‐抽出法　159

け

ケイ酸　76
ケイ酸塩鉱物　90
ケイ酸鉱物　90
ケイ酸四面体　90
ケイ酸四面体層　93
珪藻　141
鶏ふん堆肥　271
ゲータイト　97
下水汚泥　273
下水汚泥焼却灰　274, 275
下水汚泥堆肥　271, 273
頁岩　88
嫌気性細菌　140
嫌気性微生物　63
嫌気的分解　79, 245
嫌気分解過程
　有機物の―　74
原生動物　144
現成土壌　301
懸濁物質　206

こ

高位段丘　304
耕耘　205, 207
光化学的分解反応　289
交換酸度　41, 45, 125
交換性アルミニウム　16, 41, 46, 106, 122, 125, 222
交換性塩基　10, 118
交換性カリウム　52
　―の欠乏　298
交換性水素　16, 125
交換性陽イオン　15, 41, 111, 117, 137
耕起　205
好気性細菌　140
好気性微生物　63
孔隙　169
孔隙半径　173
孔隙率　169, 182
光合成微生物　142
高山帯　4
鉱山廃棄物　194, 280
孔子　314
紅色イオウ細菌　143
紅色非イオウ細菌　143
耕深　205, 209
洪水の防止　81
降水量　187
抗生物質　243, 247
購入飼料　28
高濃度障害
　元素の―　122
後背湿地　62, 193
耕盤　205, 220, 223
鉱物の安定度系列　93
小型土壌動物　143
古期火山岩類　188
古期堆積岩　188
国際土壌科学会法　103
国際土壌年　255, 307
黒色土　237
黒色綿花土　200
国連環境計画　255
国連食糧農業機関　255

索引

固結岩石　236
古細菌　140
固　相　169
固相率　169
古土壌　301
固溶体　90
根　圏　146, 219, 240
根圏環境　210
根圏微生物　240
混合堆肥複合肥料　278
混合動物排せつ物複合肥料　278
根菜類　53, 211, 214
根伸長阻害要因　55
混　播　27
根粒菌　27, 147, 216, 241

さ

細　菌　140
砕屑堆積岩　88
最高分げつ期　66, 69
最少耕起　206, 207
　水田の—　212
　畑地の—　212
採草地　22
彩　度　191
砕土率　205, 222
再有機化　12
細粒強グライ土　212
砂　岩　89
砂丘未熟土　169
作土層　67
作　物
　—に必要な養分量　216
　—の生育促進効果　240
　—の目標収量　216
　—の養水分要求量　213
　—の養分吸収パターン　214
砂漠化　229, 259
砂漠地域の土壌　198
サバンナ　19, 152, 318
寒さの指数　186
酸化還元電位　65, 67, 208
酸化還元反応　65
三角州　62, 187
酸化剤　74

酸化層　67, 77
酸化鉄　64, 308
酸化物鉱物　93, 108
酸化物・和水酸化物鉱物　97, 199
酸性雨　99, 156, 229, 265
酸性化　8, 42, 253
酸性岩　86
酸性矯正
　草地の—　29
　—の目標値　125
酸性降下物　16
酸性シュウ酸塩可溶アルミニウム　106
酸性障害　46, 106, 222
酸性土壌　96, 112, 121, 123, 222
　—の改良　125
酸性硫酸塩土壌　98, 119, 156
残積性土壌　85, 101
三相分布　169, 207
酸素呼吸　74
酸素消費速度　181
酸素濃度　136, 171, 181, 291
山地帯　4
酸中和容量　15
三圃式（制）農業　60
三要素試験　71

し

シアノバクテリア　141, 305
シアン化合物　292
CEC　46, 111, 217, 296
C/N 比　152
ジェリソル　197
塩入松三郎　77, 78
しおれ点　176
時　間　186, 189
時間スケール　236
色　相　191
識別基準　196
自給飼料　28
糸状菌　141
施設土壌　111

自然含水比　41
自然減衰法　293
自然構造単位　171
自然植生　233
自然草地　20
　日本の—　37
自然堤防　62, 187
持続可能な開発目標　258
自脱型コンバイン　218
湿潤熱帯雨林下の土壌　199
湿性型　18
湿　地　193
湿　田　62
実容積　169
磁鉄鉱　92
シデライト　98
シデロフォア　157
子嚢菌　141
次表層土　13
シマジン　283, 292
弱酸性官能基　133
斜長石　90
斜面地形　18
ジャロサイト　98
重金属イオン　112, 113, 116, 283, 285
重金属類汚染土壌の修復　287
集積層　6, 197
集積培養　248
従属栄養微生物　142
重粘土　213, 222
重力ポテンシャル　179
16S rRNA　140
樹園地　39, 41
縮重合　131
ジュレンの式　173
純一次生産量　8
循環型農業　28
重金属類による土壌汚染　279
障害型冷害　65
硝化菌　148
硝化作用　76, 119
硝化反応　154
硝化抑制剤　155
照合土壌群　197

索　引　327

硝酸化成作用　50, 119
硝酸化成　12, 68
硝酸化成抑制剤　265
硝酸中毒　27
蒸発散量　186, 187, 193, 238
照葉樹林　187
常緑広葉樹林　5, 301
常緑針葉樹林　187
ショーレンベルガー法　111
植　生　4, 8, 186, 233, 234, 301
食品循環資源　276
植物遺体の分解　149
植物根　147
　－の水吸収　177
植物生育促進根圏菌類　240
植物生育促進根圏細菌　240
植物の病害抵抗性　241
植物バイオマス　126
植物養分緩衝能　137
植物養分保持能　137
食料安全保障　251
除染方法　299
シラノール基　121
飼料自給率　36
ジルコン　92
シロアリ　152
白雲母　91
代かき　68, 205, 211
人　為　67, 172, 186
深　耕　78, 211
人工物質　194
深　水　66
新第三紀堆積岩　188
浸透圧　176
針葉樹林　197
森　林
　日本の－　18
　－の耕地化　127
　－における物質循環　8
森林褐色土文化　318
森林生態系　8
森林土壌　3, 160, 296
　－の微生物　148

す

水　銀　273
水銀耐性細菌　157
水系の富栄養化　55
水耕栽培　138
水質汚濁　12, 55, 261, 264, 289
水　食　44, 229, 251
水生植物　66
水素細菌　143
垂直成帯性　5
水　田　205
　－の地力　81
　－の肥沃度　71
　－の立地　61
　－の老朽化　78
水田土壌　61
　－の微生物　148
　－の有機物蓄積　63
　－の養分供給能　71
水田土文化　318
水稲根活性　210
水稲の生育観察　309
水分ストレス　59, 219
水分飽和状態　174
鋤床　220
鋤床層　62, 70, 208
スコリア　88
ススキ草地　37
ステップ　19, 238
ストレプトマイシン　247
Streptomyces 属　140
ストレンジャイト　98
すべり面　200
スベリン　129
スポドソル　197, 203
スメクタイト　52, 96, 108, 110, 113, 115, 133
スラリー　31
スリッケンサイド　200

せ

生育阻害因子　44
生産性機能　237

生産力阻害要因　48
生産力等級　48
生殖成長　214
生態系内因性酸負荷　15
生態系における分解者　168
成帯性土壌　5, 185, 195, 237
成帯内性土壌　195
正長石　91
生物機能の安定性　248
生物系廃棄物　269
生物圏　233
生物資源　239
生物多様性　248, 255
生物的風化作用　100
生物濃縮　288
生理的酸性肥料　25, 43, 119
生理的中性肥料　25
ゼオライト　111
世界人口　249
世界土壌憲章　258
世界土壌資源照合基準　196
世界土壌資源報告書　256
世界土壌デー　256
世界一人当たり
　－の耕地面積　249
　－の穀物生産量　249
石　英　90
　－の起源地　303
赤黄色土　5, 7, 203, 237, 318
赤黄色特徴　190
赤黄色土大群　191
赤黄色土文化　318
赤色化作用　7
石油分解菌　245
セシウムの吸収　299
石灰質堆積物　193
石　膏　198
接合菌　141
接触施肥　212, 217, 264
接触変成作用　89
施肥基準　53, 271
施肥量の決定　217
セルロース　128
浅耕化　209

扇状地　187
全層施肥法　77
センチュウ　58, 81, 144, 243
繊毛虫　144

そ

造岩鉱物　89
雑木林　60
草原下の土壌　198
草原土文化　318
層状ケイ酸塩鉱物　93, 97, 106, 108, 133
造成土大群　194
相対湿度　175
草　地　19
　—の維持　26
　—の更新　27
草地造成　22
　耕起法による—　22
　不耕起法による—　23
草地土壌　19
　—の酸性化　23
　—の特徴　23
　—の微生物　149
草地面積　20
曹長石　90
藻　類　67, 141
側条施肥　217
粗孔隙　175
疎水性相互作用　133
速効性肥料　217
粗腐植　9

た

ダイオキシン類　245, 291
大気汚染　254
大気降下物　232
大気中酸素濃度　306
大区画水田　224
大工原酸度　125
代謝回転時間　165
ダイズ　225
堆積岩　88, 188
体積水分率　169
堆積腐植層　6

台　地　192, 302
台地段丘　187
ダニ類　144
堆　肥　270
堆肥化　79, 267, 271, 276
堆肥由来窒素　218
第四紀火山岩　188
第四紀堆積岩　188
多元土壌　301
脱塩基過程　100
脱塩素　291
脱ケイ酸過程　100
脱　窒　12, 68, 76, 77
脱窒菌　76, 143, 149, 154
脱ハロゲン呼吸　291
棚　田　60
谷底平野　187
WRB　196
多量要素　49
ダルシーの法則　178
暖温帯常緑広葉樹林　4
段　丘　302
炭酸塩　122
炭酸化合　99
炭酸カルシウム　198
担子菌　11, 141
湛　水　62
炭素循環
　草地の—　35
炭素貯留　137, 235, 237
炭素の循環　158
炭素率　152, 273, 277
タンニン　129, 135
団　粒　24, 171
団粒形成能　136
団粒構造　56, 57, 146, 172, 205
単粒状　184

ち

チェルノーゼム　133
地下水　71, 193, 260, 261, 270, 293
　—の硝酸汚染　54
地下水汚染　54, 125, 244

　硝酸態窒素による—　45
地下水含有量基準値　283
地下水湿性特徴　193
地下水面　62
地球温暖化　80, 229
地球土壌パートナーシップ　257
畜産廃棄物　262
逐次抽出法
　交換性陽イオンの—　112
地　形　185, 186, 187, 203
地耐力　184, 206, 208
窒　素
　—の循環　12, 158
　—の動態　64, 69, 209
　—の無機化　154, 240
　—の無機化パターン　50
　—の有機化　154, 273, 277
　—の利用率　68, 69, 70, 218
窒素ガス　76
窒素飢餓　152
窒素吸収パターン　214
窒素供給能　50, 122
窒素固定　30, 73, 74, 141, 168, 225, 241
窒素固定菌　146, 154
窒素固定酵素　154
窒素固定能　153
窒素循環
　草地における—　29
窒素肥沃度　38
窒素飽和　12
窒素無機化量　37, 50, 75
緻密層　220
チャート　304
中型土壌動物　144
中空管状構造　97
中性岩　86
沖積堆積物　191
沖積地　193
沖積低地　191
超集積植物　284, 288
長　石　90
直接検鏡法　159
地力増進法　225

索引　329

地力窒素　60, 75, 164, 224, 225, 273
　　－の無機化量　75
地力保全基本調査　48
地力マップ　224

つ

追肥　69
追肥窒素　69, 217

て

DNA法　160
TCE　244
DDT　246
低緯度域　238
低湿地　97
停滞水　193
停滞水成土大群　193
泥炭土　62, 169, 199, 237, 296
泥炭物質　193
低地水田土群　191
低地土　203
低地土大群　187, 191
低マグネシウム血症　35
ディルドリン　290
適潤性型　18
テクトケイ酸塩　90
鉄還元菌　143, 149
鉄集積層　71, 192
鉄の斑紋　63
テトラクロロエチレン　244
転換型野菜　215
電気石　92
天然養分供給量　66, 217
田畑輪換　212, 225
デンプン　130
田面水層　65

と

銅　273, 280, 285
　　－の過剰症　285
踏　圧
　放牧家畜による－　24
透過性反応浄化壁法　293

同型置換　94, 108
凍　結　98
銅欠乏　285
等高線栽培　58
動水勾配　178
土　塊　172
特異吸着　113
ドクチャエフ　194
特定有害物質　280, 283
徳富蘆花　313
独立栄養微生物　142
都市化　237
都市住民　250
土　壌
　－のアルカリ性　120
　－のイオン吸着　107
　－のガス交換　181
　－の還元化　68
　－の観察会　308
　－の緩衝能　120
　－の強酸性化　45
　－の構造　169
　－の酸性化　119
　－の酸性化（畑土壌における）　43
　－の強酸性化（多施肥による）　45
　－の団粒化　244
　－の電荷特性　110
　－の反応　117
　－の微小環境　146
　－の風化　101
　－の複合的機能　230
　－のpH　117
　－の養分保持力　217
　－の劣化　259
土壌汚染
　重金属類による－　279
　ヒ素による－　286
　有機塩素系殺虫剤による－　288
土壌汚染対策法　283, 291
土壌改良　48, 52, 211
土壌改良資材　22, 270
土壌改良目標値

　畑土壌の－　49
土壌環境基礎調査　262
土壌管理　256
土壌教育　307
土壌空気　169, 180, 309
土壌群
　水田土壌の－　62
　草地の－　21
　畑地の－　39
土壌圏　168, 231, 313
土壌構造　7, 184, 190
土壌硬度　24, 68, 172, 207, 212
土壌酸性　11, 12, 15, 16, 264
土壌三相　184
土壌資源　230
土壌システム　231, 237
土壌侵食　7, 44, 229, 251, 253
　－の防止　266
土壌侵食危険割合　44
土壌侵食対策　58
土壌診断　32, 264, 278
土壌水　169
　－の移動　178
土壌生成　43, 98, 305, 308
土壌生成因子　185, 186, 194
土壌生成過程　230
土壌生成作用　7, 13, 301
土壌生成速度　189, 236
土壌生物　121, 149, 309
土壌帯　5
土壌大群　188, 189
　－の分布面積割合　189
土壌タクソノミー　195, 203
土壌炭素の蓄積　265
土壌伝染性病原菌　242
土壌動物　151, 152
　－の役割　308
土壌反応の酸性化　25
土壌微生物　139
土壌被覆　250, 253
土壌病害　45, 58, 125
土壌肥沃度　60, 104, 152,

239, 260
土壌腐植　235
土壌分類
　　世界の―　203
　　日本の―　203
土壌崩壊　229
土壌母材　90, 236
土壌目　196
土壌有機物　126
　　―の機能　136
　　―の給源　127
　　―の生成　130
　　―の組成　133
　　―の蓄積　131
　　―の分解速度　131
　　―の量　126
土壌溶液　107, 110, 115, 169, 284
土壌粒子　146
　　―の懸濁　264
　　―の分散　121
土壌劣化　255, 259, 307
土色帖　191
土　性　104
土性三角図　104
土地の霊　316
土地利用　187
トビムシ　144
トラ斑層　304
トリクロロエチレン　244
ドリン剤　290
トルオーグ法　52
土呂久　287
ドロマイト　98
豚ぷん堆肥　271

な

内圏錯体　108, 285, 297
中干し　65, 70
ナトリウム土壌　121
生ごみ堆肥　271, 276, 277
鉛　283, 287
難分解性化合物　244
難溶性リン化合物　50, 155

に

二酸化炭素　100, 254
二酸化マンガン　64
二次鉱物　89, 93
二次遷移
　　火山活動に伴う―　38
二次代謝産物　248
2:1型～2:1:1型中間種鉱物　96
2:1型鉱物　95, 108
2:1型層状ケイ酸塩　296
2:1型粘土鉱物　52, 113, 238
2:1:1型鉱物　96
ニトロゲナーゼ　154, 242
人間活動　185

ね

ネソケイ酸塩　91
熱水抽出炭素　162
熱水変成　194
熱変成作用　89
根の伸張速度　172
根張り　46, 205, 209, 212, 222
年間米消費量　311
粘土化　190
粘土画分　93, 104, 107
粘土化作用　7
粘土鉱物　7, 89
粘土集積層　190, 192, 193, 197

の

農耕地土壌分類　33, 40, 62
農薬取締法　246
農薬分解菌　246
ノントロナイト　96

は

バーク堆肥　271
バーティソル　200
ハーバーボッシュ反応　154
バーミキュライト　96, 108, 110, 113, 115, 133
配位子交換反応　114, 132
灰色低地土　62, 191
バイオオーギュメンテーション　246
バイオスティミュレーション　246
バイオマス　9, 15, 67, 148, 233
バイオマス資源　269
バイオレメディエーション　246, 291
廃棄物系バイオマス　270
排　水　175
排水不良　62, 184, 221
排水不良水田　70
バイデライト　96
パイライト　156
白色腐朽菌　11, 148
バクテリオファージ　141
畑地面積　39
畑転換　213, 224
畑土壌　39
　　日本の―　42
　　―におけるリン酸の蓄積　55
　　―の水分供給能　56
　　―の土壌生産力　48
　　―の微生物　149
　　―の養分供給能　49
八郎潟干拓地　96, 120, 223
発病助長土壌　242
発病抑止土壌　242
バリスカイト　98
バルク溶液　108
ハロイサイト　95, 133
半自然草地　20
反応ゾーン法　293
反応速度式　50
反応速度論　50, 75, 153
氾濫原堆積物　304

ひ

非アロフェン質黒ボク土　41, 46, 106, 221
BHC　289

Bh 層　6
Bs 層　6
pF　174, 220
PCE　244
PCB　244
PGPR　240
PGPF　240
B 層　7
火入れ　20, 22, 135
干潟地帯　62
非交換態陽イオン　113
肥効調節型肥料　55, 77, 212, 217, 263
非根圏土壌　219
ヒ酸　286
非晶質酸化鉄　7
微小団粒　171
ヒストソル　199, 203
非成帯性土壌　195
微生物群集　241
微生物バイオマス　131, 150, 157, 159, 160, 238
　　－の機能　163
　　－の測定法　159
　　－の代謝回転　165
微生物バイオマス炭素　159, 161
微生物バイオマス窒素　160
微生物バイオマスリン　160
ヒ素　273, 280, 286
　　－による土壌汚染　286
必須要素　49
ヒドロキシアルミニウムイオン　96
比表面積　101, 133
被覆尿素　217, 264
非腐植物質　126, 135
皮膜　172
非毛管孔隙　175
ヒューミン　133
病害抵抗性
　　植物の－　241
病害抑制能　243
病原菌　126, 241
表層リター（粗腐植）　9

表土の緻密化　26
漂白層　192, 197
表面錯形成反応　108, 113
表面水酸基　109
表面水湿性特徴　193
表面張力　173
肥料　270
　　－の利用率　53, 114, 217
肥料換算係数　31, 34
肥料成分
　　－の過剰　261
肥料取締法　270, 271, 273
微量必須元素　116
微量要素　44, 49, 58, 273
微量要素欠乏　126

ふ

ファージ　141
ファイトレメディエーション　246, 288
VOCs　244
フィックの法則　181
VBNC 状態　248
フィロ（層状）ケイ酸塩　91
風化過程　199
風化作用　98
風化速度　189
風化変質層　190, 193
風乾土　175
風食　44, 251
風成塵　232
　　－の堆積　303
風成の堆積物　189
フェイチシャ　192
富栄養化　154, 264
　　水圏の－　260
フェノール性水酸基　13, 108, 134
フェリハイドライト　97, 189
不完全菌　141
副産リン酸肥料　274
福島第一原子力発電所　295
不耕起栽培　44, 206, 212, 222, 266
腐植　126, 149

腐植化　7
腐植酸　133
腐植層中の放射性セシウム　296
腐植 - 粘土複合体　152
腐植物質　99, 108, 110, 121, 126
　　－の生成過程　131
普通作物　211
普通畑　39
物質循環　168, 234
　　森林の－　10
　　草地における－　28
物理的制限要因　220
物理的風化過程　236
物理的風化作用　98
ブナ林　6
部分殺菌効果　153, 164
不飽和透水係数　179
フミン酸　133, 134
プラウ耕　205, 207, 209
ブラックカーボン　135
プランクトン　66
プラントオパール　304
フルボ酸　13, 133, 135
フレイド・エッジ　298
ブレイ法　52
分解者
　　生態系における－　168
文化土壌学　313
分類群　140

へ

平均滞留時間
　　リター層の－　13
平均分子量　134
平板培養法　145
pH 緩衝能　111
ヘキソサミン　160
ペッド　171
ペニシリン　247
ペプチドグリカン　129
ヘマタイト　97, 199
ヘミセルロース　127, 129
変異荷電　46, 97, 101, 110, 114, 137

片岩　89
変成岩　89, 194
変成作用　194
ベンゼン環-OH　108
片麻岩　89
鞭毛菌　141
鞭毛虫　144

ほ

膨圧　176
芳香族カルボン酸　79
胞子形成菌　140
放射性セシウム　295
　―の固定　295
　―の選択的吸着　296
放射性ヨウ素　295
膨潤層　298
飽水管理　66
崩積性土壌　85, 102
放線菌　140
放牧家畜による踏圧　24
放牧草地　22
飽和透水係数　179
牧草地　20
母材　85, 185, 186, 189, 203
母材鉱物の崩壊　102
圃場容水量　56, 175
保水　175
保水曲線　174, 182
保水力　309
ホスファターゼ　155
ポドゾル　5, 6, 97, 192, 237
ポドゾル化作用　6, 13
ポドソル土文化　318
ポリ塩化ビフェニル　244
ポリフェノール　129

ま

埋没土　301
埋没腐植層　38
マスフロー　49, 59, 217
マトリックス　173
マトリックポテンシャル　57, 173, 175, 177

マメ科植物　147
マメ科牧草　27, 30
マングローブ林土壌　156

み

未固結堆積物　194
未熟土大群　192
水吸収速度　181
水資源　253
水の移動速度　219
水ポテンシャル　59, 174, 178
minimum tillage　206
ミミズ　144
未利用系バイオマス　270

む

無機化　63
無機化過程　234
無機化作用　50
無機化容量　234
ムギネ酸類　284
無代かき栽培　206
無代かき水田　211
ムラミン酸　160
ムル型　11, 17

め

メタン　36, 68, 79, 80, 151, 254, 265
メタン酸化菌　148
メタン生成菌　80, 143, 149, 151
メタン発酵　31
メタン発生　209

も

毛管孔隙　23, 24, 146, 175, 222
毛管上昇　173, 222, 233
木質バイオマス資源　278
基肥　69
基肥窒素　221
もみ殻堆肥　271
モリソル　198
mollic 表層　198

モル型　11, 17
モンモリロナイト　96, 200

や

野草地　20, 22, 37
山中式硬度計　172

ゆ

融解　98
有機栄養微生物　11
有機塩素系化合物　246, 290
有機塩素系殺虫剤　289
　―による土壌汚染　288
有機化　54, 69, 155
有機酸　6, 13, 99, 114, 116, 205
有機酸生成　79
有機質土大群　193
有機堆積岩　88
有機態窒素の無機化　50, 75, 153
有機態ヒ素　286
有機態リン酸　51
有機土壌物質　199
有機農業　267
有機物施用　57
有機物蓄積量　11, 26
有機物
　―の嫌気的分解　74, 79
　―の土壌粒子への吸着様式　132
有機物分解モデル　153
有機・無機複合体　136, 200
有効水分　22, 56, 177, 184, 220
有効積算温度　75
有効土層　44, 51, 56, 220
融水河流堆積物　302

よ

陽イオン交換基　117
陽イオン交換反応　112, 138
陽イオン交換容量　111, 217, 296
溶出量基準値　283, 291

要水量　56, 219
熔成汚泥灰複合肥料　275
容積重　170, 189
溶存酸素　66
溶存有機物　130, 135
溶脱作用　6
溶脱層　6
養　分
　　—の供給源　164
　　—の貯蔵庫　163
養分吸収パターン
　　作物の—　214
養分供給能
　　畑土壌の—　49
養分欠乏　58
養分収支　54
養分ストレス　58
養分保持能力
　　土壌の—　217
四大元素説　317

ら

落　水　62, 70
落葉広葉樹林　187, 301
落葉層　7
ラトソル土文化　318
ラン藻　67, 74, 141, 154, 305

り

リグニン　11, 129, 131, 135, 141, 148
リター　6, 126, 160

リター層　11, 148
リボソーム RNA 塩基配列　140
硫化水素　77, 78, 156, 219
硫化鉄　78
粒径分析　121
硫酸還元菌　77, 78, 143, 149, 156
粒子配列　173
粒状有機物　130
粒　団　171
粒度区分　103
粒度組成　103
利用効率　261
緑色イオウ細菌　143, 154
緑　藻　141
緑　肥　58, 166
リ　ン　155
　　—の循環　158
　　—の蓄積　33, 262
輪　作　58
リン酸
　　難溶性の—　76
リン酸イオンの特異吸着　115
リン酸塩・硫酸塩・炭酸塩鉱物　98
リン酸カルシウム　274
リン酸吸収係数　32, 52, 114, 189
リン酸供給能　51
リン酸固定能　22, 52, 55
リン酸施肥　27, 42, 56
リン酸第一鉄　76
リン酸マグネシウムアンモニウム　275
リン循環
　　草地の—　32
林　床　6
林床植生　6
林　相　18
林　地　187
リン溶解菌　155

る

ルートマット　23, 26, 149, 160

れ

冷温帯落葉広葉樹林　4
レグール土　200
レ　ス　303
レピドクロサイト　97
連　作　81
連作障害　45, 58

ろ

漏洩事故　295
老朽化水田　77, 78, 156
ロータリ耕　205, 207, 209
ローム層　303
六価クロム　283, 292

わ

y_1　45, 125
Waksman　247

土壌サイエンス入門 第2版	定価（本体4,800円＋税）

2005 年 8 月 20 日　第 1 版第 1 刷発行　　　　　　　　＜検印省略＞
2018 年 2 月 28 日　第 2 版第 1 刷発行
2025 年 3 月 20 日　第 2 版第 5 刷発行

	木　村　眞　人
編集者	南　條　正　巳
発行者	福　　　　　毅
印　刷 製　本	㈱ムレコミュニケーションズ
発　行	文 永 堂 出 版 株 式 会 社 〒 113-0033　東京都文京区本郷 2-27-18 TEL　03-3814-3321　FAX　03-3814-9407 振替　00100-8-114601 番

Ⓒ 2018　南條正巳

ISBN 978-4-8300-4135-8

文永堂出版の農学書

書名	編著者	価格	〒
植物生産技術学	秋田・塩谷 編	¥4,000＋税	〒275
作　　物　　学	今井・平沢 編	¥4,800＋税	〒594
緑　地　環　境　学	小林・福山 編	¥4,000＋税	〒594
植物育種学 第5版	北柴・西尾 編	¥4,600＋税	〒594
植物病理学 第2版	眞山・土佐 編	¥5,700＋税	〒594
植物感染生理学	西村・大内 編	¥4,660＋税	〒594
園　芸　学 第2版	金山喜則 編	¥5,500＋税	〒275
園　芸　利　用　学	山内・今堀 編	¥4,400＋税	〒594
園芸生理学 分子生物学とバイオテクノロジー	山木昭平 編	¥4,000＋税	〒594
果　樹　園　芸　学	金浜耕基 編	¥4,800＋税	〒594
野菜園芸学 第2版	金山喜則 編	¥4,600＋税	〒594
観　賞　園　芸　学	金浜耕基 編	¥4,800＋税	〒275
畜　産　学　入　門	唐澤・大谷・菅原 編	¥4,800＋税	〒594
動物生産学概論	大久保・豊田・会田 編	¥4,000＋税	〒594
畜産物利用学	齋藤・根岸・八田 編	¥4,800＋税	〒594
動物資源利用学	伊藤・渡邊・伊藤 編	¥4,000＋税	〒594
動物生産生命工学	村松達夫 編	¥4,000＋税	〒275
家畜の生体機構	石橋武彦 編	¥7,000＋税	〒440
動物の栄養 第2版	唐澤・菅原 編	¥4,400＋税	〒594
動物の飼料 第2版	唐澤・菅原・神 編	¥4,000＋税	〒594
動物の衛生 第2版	末吉・髙井 編	¥4,400＋税	〒594
動物の飼育管理	鎌田・佐藤・祐森・安江 編	¥4,400＋税	〒594
"家畜"のサイエンス	森田・酒井・唐澤・近藤 共著	¥3,400＋税	〒275
農産食品プロセス工学	豊田・内野・北村 編	¥4,400＋税	〒594
農地環境工学 第2版	塩沢・山路・吉田 編	¥4,400＋税	〒594
農　業　水　利　学	飯田・加藤 編	¥4,000＋税	〒594
農業気象学入門	鮫島良次 編	¥4,400＋税	〒594
植物栄養学 第3版	馬・信濃・髙野 編	¥5,500＋税	〒275
土壌サイエンス入門 第2版	木村・南條 編	¥4,800＋税	〒594
応用微生物学 第4版	大西・小川 編	¥5,700＋税	〒594

食品の科学シリーズ

書名	編者	価格	〒
食　品　栄　養　学	木村・吉田 編	¥4,000＋税	〒594
食品微生物学	児玉・熊谷 編	¥4,000＋税	〒594
食　品　保　蔵　学	加藤・倉田 編	¥4,000＋税	〒275

森林科学

書名	編者	価格	〒
森　林　科　学	佐々木・大平・鈴木 編	¥4,800＋税	〒594
森林遺伝育種学	井出・白石 編	¥4,800＋税	〒594
林　　政　　学	半田良一 編	¥4,300＋税	〒594
森林風致計画学	伊藤精晤 編	¥3,980＋税	〒275
林業機械学	大河原昭二 編	¥4,000＋税	〒275
砂　防　工　学	武居有恒 編	¥4,200＋税	〒594
林　産　経　済　学	森田　学 編	¥4,000＋税	〒594
森　林　生　態　学	岩坪五郎 編	¥4,000＋税	〒594
樹木環境生理学	永田・佐々木 編	¥4,000＋税	〒275

木材の科学・木材の利用・木質生命科学

書名	編者	価格	〒
木　質　の　物　理	日本木材学会 編	¥4,000＋税	〒594
木　材　の　加　工	日本木材学会 編	¥3,980＋税	〒275
木　材　の　工　学	日本木材学会 編	¥3,980＋税	〒275
木質分子生物学	樋口隆昌 編	¥4,000＋税	〒275
木材切削加工用語辞典	社団法人 日本木材加工技術協会　製材・機械加工部会 編	¥3,200＋税	〒275

文永堂出版

〒113-0033　東京都文京区本郷 2-27-18
URL https://buneido-shuppan.com
TEL 03-3814-3321
FAX 03-3814-9407